图解
安全文明现场施工

马起柱
编著

化学工业出版社
·北京·

内容简介

本书根据建筑工程的特点，分别从基础配套设施、建筑工程常用设备、各分项工程施工以及建筑工程施工管理等几个方面对安全文明操作进行解析。全书共分为十章，每个章节层级分明，可以帮助读者快速找到自身需要的知识点，查阅方便，从而节省时间，提高工作效率。全书多以实际现场照片对安全文明操作进行辅助解析，同时在图中直观地标示出技术要求和操作要点，让读者能够看得懂、学得会且快速上手。书中注重实践，不仅有实际现场照片进行对照，还有很多实例解读，使读者可以轻松掌握关键技术点，实操性很强。

本书可作为从事建筑工程现场安全管理人员、质量检查人员、相关技术人员的参考用书，也可作为企业培训和土木工程相关专业大中专院校师生的参考资料。

图书在版编目（CIP）数据

图解安全文明现场施工 / 马起柱编著. -- 北京 ：化学工业出版社，2024. 11. -- ISBN 978-7-122-46437-8

Ⅰ. TU714-64

中国国家版本馆CIP数据核字第2024AB2346号

责任编辑：彭明兰
文字编辑：李旺鹏
责任校对：宋　夏
装帧设计：孙　沁

出版发行：化学工业出版社
（北京市东城区青年湖南街13号　邮政编码100011）
印　　装：大厂回族自治县聚鑫印刷有限责任公司
787mm×1092mm　1/16　印张16¼　字数432千字
2025年1月北京第1版第1次印刷

购书咨询：010-64518888　　售后服务：010-64518899
网　　址：http://www.cip.com.cn
凡购买本书，如有缺损质量问题，本社销售中心负责调换。

定　　价：68.00元　

前 言

随着我国建筑行业的快速发展，建筑业已成为我国国民经济五大支柱产业之一。近几年随着施工工艺的不断进步、新材料的不断研发，人们对建筑物的外观质量和内在要求也有着更高的要求。因此在建筑行业快速发展的过程中，“安全文明施工”这个话题也是十分火热，引起行业人士以及社会中各个群体不断关注。但如何做到安全、文明地施工，这是建筑行业中的重点和难点。

本书内容全面，从前期的准备工作，比如施工现场的基础设施安全布置、常用设备如何安全文明地操作，到实际施工中基础工程、脚手架搭设、钢筋混凝土工程、砌筑工程以及消防工程这五大工程的安全文明操作都有所讲解，甚至还精细到如何在施工现场安全用电、如何在高处安全作业以及如何进行安全文明的施工管理，可以说，兼顾了整个施工流程的方方面面。同时，在讲解基础知识的过程中，根据施工技术要求和规范等内容对各分项安全施工进行详解，在涉及施工重点和难点的位置都使用了现场图片辅助讲解，一些技术要求和操作细节都可以在图中得到直观的展示。书中图片选用的是实际现场照片，还原了真实的施工现场情况，让读者能够将书本与实际操作相结合，达到看得懂、学得会、轻松上手的目的。书中还针对常用的涉及安全的数据进行了整理，这种标题突出、简洁明了的内容编排形式，读者可以轻松找到自己所需要的内容，查阅起来十分方便。本书的编写贴合实际施工的情况，让读者在学习完本书之后可以将掌握的技术要点运用到实际工程当中，具有较强的实践指导价值。

本书在编写过程中参考了有关文献和一些项目施工管理经验性文件，并且得到了许多专家和相关单位的关心与大力支持，在此表示衷心的感谢。

由于编写时间和水平有限，尽管编者尽心尽力，反复推敲核实，但难免有疏漏及不妥之处，恳请广大读者批评指正，以便做进一步的修改和完善。

目 录

第八章　消防工程安全文明施工 / 182

第九章　高处作业安全文明施工 / 218

第十章　安全文明施工管理 / 228

第一章

建筑施工现场基础设施安全布置

第一节　施工现场基础配套设施布置

一、围挡的布置

为了便于施工管理，防止与施工作业无关的人员进入施工现场，防止施工作业影响周围环境，施工现场必须采用封闭围挡，如图 1–1 所示。

安全布置指导：在主要路段与市容景观道路及机场、码头、车站、广场设置的围栏，其高度不应低于2.5m；在其他路段设置的围栏，其高度不应低于1.8m。

图 1–1　封闭围挡

围挡布置的安全操作要点如下。

（1）围挡应当采用砖块（图 1–2）、木板或者瓦楞板等材料，不得采用竹笆、彩条布等。围挡应做到稳固、整洁、美观。

（2）围挡外不得堆放建筑材料、垃圾及工程渣土；围挡的设置必须沿工地四周连续进行，不能有缺口或者出现个别处不坚固等问题。

经验指导：砖墙围挡的墙面需抹光时，一般采用砂浆抹光。

图 1-2　砖墙围挡

（3）施工现场进出口应当设置大门，有门卫室，设警卫人员，制定值班制度，如图 1-3 所示。

二、施工现场标牌的布置

施工现场的入口处应当设置“一图五牌”，即工程总平面布置图（图 1-4）、工程概况牌（图 1-5）、管理人员及监督电话牌（图 1-6）、安全生产牌（图 1-7）、消防保卫牌（图 1-8）以及文明施工牌（图 1-9），以接受群众监督。

图 1-3　施工现场大门设置

图 1-4　工程总平面布置图

工　程　概　况

工程名称	深圳市承翰馒城花园		
建设单位	深圳市承翰投资开发有限公司	施工单位	深圳市承翰建筑工程有限公司
设计单位	深圳市建筑设计研究总院	质监单位	深圳市龙岗区质监站
监理单位	深圳市冈业工程建设监理有限公司	安监单位	深圳市龙岗区安监站
结构层数	框架二至十八层	建筑总高度	54.0M
建筑面积	98362.8M²	工程总造价	12000万元
开工日期	2005.3.25	竣工日期	2006年6月
施工许可证	440307200504180203	监督电话	89709125

经验指导：牌中应写明工程名称、面积、层数、建设单位、设计单位、监理单位、开竣工日期、项目经理及联系电话等内容。

图 1-5　工程概况牌

管理人员名单及监督电话牌				
建筑单位		施工单位		
工程名称		建筑面积		
总 造 价		层　　数		
企业经理		技术负责人		
项目经理		施 工 员		
质 检 员		安 全 员		
资 料 员				
监督电话				
文明施工领导小组	组长		副组长	
	成员			
消防领导小组	组长			
			副组长	
	成员			

图 1–6　管理人员及监督电话牌

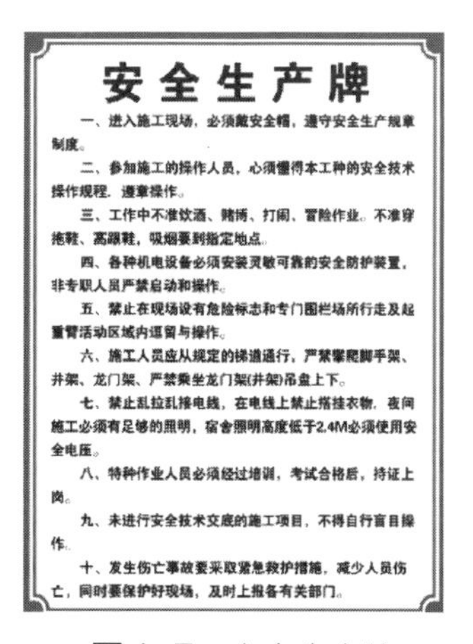

安全生产牌

一、进入施工现场，必须戴安全帽，遵守安全生产规章制度。

二、参加施工的操作人员，必须懂得本工种的安全技术操作规程，遵章操作。

三、工作中不准饮酒、赌博、打闹、冒险作业。不准穿拖鞋、高跟鞋，吸烟要到指定地点。

四、各种机电设备必须安装灵敏可靠的安全防护装置，非专职人员严禁启动和操作。

五、禁止在现场设有危险标志和专门围栏场所行走及起重臂活动区域内逗留与操作。

六、施工人员应从规定的梯道通行，严禁攀爬脚手架、井架、龙门架、严禁乘坐龙门架(井架)吊盘上下。

七、禁止乱拉乱接电线，在电线上禁止搭挂衣物，夜间施工必须有足够的照明，宿舍照明高度低于2.4M必须使用安全电压。

八、特种作业人员必须经过培训，考试合格后，持证上岗。

九、未进行安全技术交底的施工项目，不得自行盲目操作。

十、发生伤亡事故要采取紧急救护措施，减少人员伤亡，同时要保护好现场，及时上报备有关部门。

图 1–7　安全生产牌

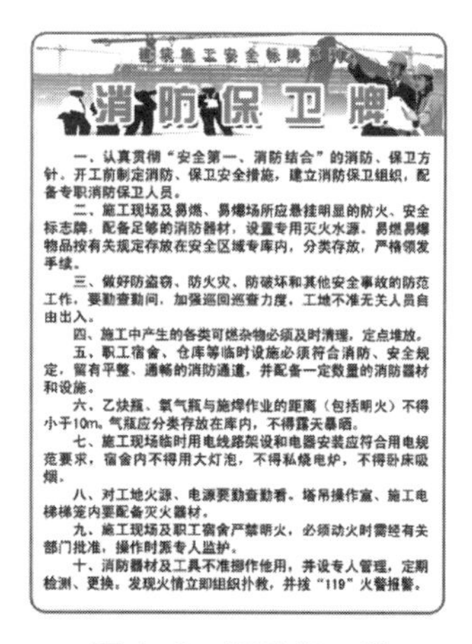

消防保卫牌

一、认真贯彻“安全第一、消防结合”的消防、保卫方针，开工前制定消防、保卫安全措施，建立消防保卫组织，配备专职消防保卫人员。

二、施工现场及易燃、易爆场所应悬挂明显的防火、安全标志牌，配备足够的消防器材，设置专用灭火水源。易燃易爆物品按有关规定存放在安全区域专库内，分类存放，严格领发手续。

三、做好防盗窃、防火灾、防破坏和其他安全事故的防范工作，要勤查勤问，加强巡回巡查力度，工地不准无关人员自由出入。

四、施工中产生的各类可燃杂物必须及时清理，定点堆放。

五、职工宿舍、仓库等临时设施必须符合消防、安全规定，留有平整、通畅的消防通道，并配备一定数量的消防器材和设施。

六、乙炔瓶、氧气瓶与施焊作业的距离（包括明火）不得小于10m。气瓶应分类存放在库内，不得露天暴晒。

七、施工现场临时用电线路架设和电器安装应符合用电规范要求，宿舍内不得用大灯泡，不得私烧电炉，不得卧床吸烟。

八、对工地火源、电源要勤查勤看。塔吊操作室、施工电梯梯笼内要配备灭火器材。

九、施工现场及职工宿舍严禁明火，必须动火时需经有关部门批准，操作时派专人监护。

十、消防器材及工具不准挪作他用，并设专人管理，定期检测、更换。发现火情立即组织扑救，并拨“119”火警报警。

图 1–8　消防保卫牌

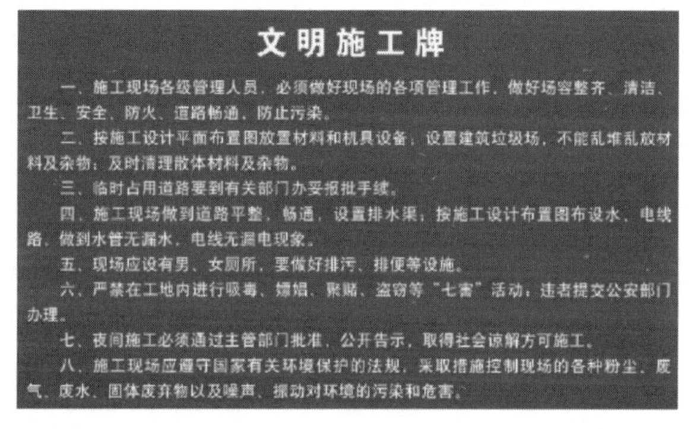

文明施工牌

一、施工现场各级管理人员，必须做好现场的各项管理工作，做好场容整齐、清洁、卫生、安全、防火、道路畅通、防止污染。

二、按施工设计平面布置图放置材料和机具设备；设置建筑垃圾场，不能乱堆乱放材料及杂物；及时清理散体材料及杂物。

三、临时占用道路要到有关部门办妥报批手续。

四、施工现场做到道路平整，畅通，设置排水渠；按施工设计布置图布设水、电线路，做到水管无漏水、电线无漏电现象。

五、现场应设有男、女厕所，要做好排污、排便等设施。

六、严禁在工地内进行吸毒、嫖娼、聚赌、盗窃等“七害”活动，违者提交公安部门办理。

七、夜间施工必须通过主管部门批准，公开告示，取得社会谅解方可施工。

八、施工现场应遵守国家有关环境保护的法规，采取措施控制现场的各种粉尘、废气、废水、固体废弃物以及噪声、振动对环境的污染和危害。

图 1–9　文明施工牌

施工现场标牌布置要点如下。

（1）施工单位应在施工起重机械、临时用电设施、脚手架、出入通道口、楼梯口、电梯井口、孔洞口、隧道口、桥梁口、基坑边沿、爆破物以及有害危险气体和液体存放处等危险部位，设置明显的安全警示标志（图 1–10）。

图 1–10　出入通道口安全警示标志布置

（2）生产作业场所需设有机械操作岗位安全操作规程牌，如图 1–11 所示。

安全布置指导：图牌应当设置稳固，规格统一，位置合理，字迹端正，线条清晰，表示明确。各种安全警示标志设置后，未经施工单位负责人批准，不得擅自移动或拆除。

图 1–11　安全操作规程牌的布置

三、材料堆放场地的布置

施工现场要保持场容场貌整洁，物料堆放整齐，各种物具要按施工平面图位置存放，并做好标记，使施工现场满足“布局合理、功能完备、环境整洁、物流有序、设备完好、生产均衡”的要求。

材料堆放场地布置的操作要点如下。

（1）建筑材料、设备器材、现场制品、成品、半成品、构配件等应当严格按现场平面布置图指定位置堆放且挂上标牌（图 1–12），注明名称、规格、品种，建立收、发、存管理制度。

（2）特殊材料在使用与保存时应有相应的防尘、防火、防爆、防潮、防雨、防毒等措施，如图 1–13 所示。

图 1–12　材料整齐堆放在规定位置

图 1–13　材料堆放采取防护措施

（3）易燃易爆物品应当设置危险品仓库（图 1–14），并做到分类存放。

库房应整洁，各类物品堆放整齐，过目能成数，账、卡、物三相符，有专人管理，有收、发、存管理制度。货架稳固整齐，库容整洁，道路通畅。

图 1–14　危险品仓库

（4）工作面每日应当做到工完料尽场地清。对坠落附着物须及时清理，严禁堆积建筑垃圾，同时注意与生活垃圾分开堆放（图 1–15）。

图 1–15　垃圾分类堆放

第二节　施工现场临时建筑以及设施的布置

一、宿舍的安全布置

施工现场应按照相关规定在指定的地点建造临时集体宿舍（图 1–16），在未竣工的建筑物内不得设置员工集体宿舍。

宿舍内应当保证有必要的生活空间，室内净高不得小于2.4m，通道宽度不得小于0.9m，每间宿舍居住人员不能超过16人。

图 1–16　某施工现场集体宿舍

宿舍安全布置的操作要点如下。

（1）施工现场宿舍需设置可开启式窗户（图 1–17）。宿舍内的床铺不得超过 2 层，严禁使用通铺。

（2）宿舍内应当设置生活用品专柜，有条件的宿舍宜设置生活用品储藏室。

（3）宿舍内应当设置垃圾桶，宿舍外宜设置鞋柜或者鞋架。生活区内应当提供为作业人员晾晒衣物的场地（图 1–18）。

图 1–17　宿舍采用开启式窗户

图 1–18　衣物晾晒场地

（4）生活区应当有污水池（图 1–19），二楼以上也要有水源及水池，做到卫生区内无污水、无污物。

二、食堂的安全布置

建筑施工现场的食堂（图 1–20）应当设置在远离厕所、垃圾站、有毒有害场所等污染源的地方；食堂应当有相应的更衣、消毒、盥洗、采光、照明、通风、防蝇、防尘设备及通畅的给排水管道。采购运输需有专用食品容器及专用车。

图 1–19　生活区污水池

图 1–20　施工现场食堂

施工现场食堂安全布置的操作要点如下。

（1）食堂要有与进餐人数相适应的餐厅。餐厅应当设有洗碗池、洗手设备。餐厅外应当设置密闭式泔水桶，且应及时清运。

（2）食堂应当设置独立的制作间（图 1–21）、储藏间。门扇下方应设不低于 0.2m 的采用金属材料包裹的防鼠挡板，以防老鼠啃咬。

制作间应当分为主食间、副食间、烧火间，有条件的，可以分开设置生料间、择菜间、炒菜间、冷荤间及面点间。制作间灶台及其周边应贴瓷砖，所贴瓷砖高度不宜小于1.5m，地面应做硬化与防滑处理。炉灶应有通风排烟设备。

图 1–21　施工现场食堂的制作间

（3）食堂应当设置隔油池（图 1-22），且应及时清理。

隔油池是指食堂在生活用水排入市政管道之前设置的阻挡废弃油污进入市政管道的池子。

图1-22　隔油池

（4）食堂、盥洗室、淋浴间的下水管线应当设置过滤网，并应与市政污水管连通，保证排水通畅。

三、拌合站的安全布置

施工单位签订合同后，应按照“工厂化、集约化、专业化”的要求立即着手进行拌合站（图 1-23）的选址与规划，在规定的时间内明确拌合站设置规模及位置，并编写建设方案，内容包括位置、占地面积、功能区划分、场内道路布置、排水设施布置、水电设施设置及施工设备的型号、数量等。使用商品混凝土的施工单位在规定的时间内确定商品混凝土拌合站的单位，并初步达成合作意向。

图1-23　施工现场拌合站

拌合站安全布置的操作要点如下。

（1）拌合站由项目部直接进行建设及管理，不得分包、转包给其他单位或个人。

（2）拌合站作业地点的选择、施工便道的修建要保证混凝土运输车等施工车辆在晴天和雨天都能顺畅通行。

（3）拌合站建设应综合考虑施工生产情况，合理划分生活区、搅拌作业区、材料计量区、材料库及运输车辆停放区等。拌合站的生活区应同其他区隔离开，场地应进行硬化处理。

四、钢筋加工场的安全布置

施工单位签订合同后，应按照“工厂化、集约化、专业化”的要求立即着手进行钢筋加工场（图 1–24）的选址与规划，一个月内明确钢筋加工场设置规模及位置，并编写建设方案，内容包括位置、占地面积、功能区划分、场内道路布置、排水设施布置、水电设施设置及施工设备的型号、数量等。

钢筋加工场安全布置操作要点如下。

（1）钢筋加工场的规模及功能应符合投标文件承诺的有关要求及满足施工需要。材料堆放区、成品区、作业区应分开或隔离。

大型钢筋加工场必须配备数控钢筋弯曲机1台、数控弯箍机1台，保证工程所需各种钢筋均由机械自动加工成型。

图 1–24　钢筋加工场

（2）钢筋加工场必须配备桁式起重机或门式起重机（图 1–25）。起重机必须由专业厂家生产，使用前须获得有关部门的鉴定，严禁使用自行组装的起重机。

门式起重机是桥式起重机的一种变形，又叫龙门吊。它的金属结构像门形框架，承载主梁下安装两条支脚，可以直接在地面的轨道上行走，主梁两端可以具有外伸悬臂梁。门式起重机具有场地利用率高、作业范围大、适应面广、通用性强等特点。

图 1–25　钢筋加工场的门式起重机

五、厕所的安全布置

施工现场应当设置水冲式或者移动式厕所（图 1–26），厕所地面应硬化，门窗应齐全，蹲位之间宜设置隔板，隔板高度不宜低于 0.9m。

厕所安全布置的操作要点如下。

（1）厕所规模应当根据作业人员的数量设置。高层建筑施工超过 8 层时，每隔 4 层宜设置临时厕所。临时厕所是指便于清运及使用方便的厕所设施。厕所应当设专人负责清扫、消毒，化粪池应当及时清掏。

（2）厕所的化粪池应当做抗渗处理。

（3）淋浴间（图 1–27）内应当设置满足需要的淋浴喷头，可设置储衣柜或者挂衣架。

（4）应当设置满足作业人员使用要求的盥洗池，并且应使用节水龙头。

图 1–26　施工现场移动式厕所

图 1–27　施工现场淋浴间的设置

第二章

建筑工程常用设备安全文明操作

第一节　土石方施工常用机械安全文明操作

一、单斗挖掘机安全文明操作

单斗挖掘机（图 2-1）是一种土方机械。在建筑工程中，单斗反铲挖掘机可挖掘基坑、沟槽，清理和平整场地，是建筑工程土方施工中很重要的机械设备。在更换工作装置后还可以进行破碎、装卸、起重、打桩等作业任务。

单斗挖掘机的种类：根据其工作装置的不同，分为正铲、反铲、拉铲、抓铲4种。

图 2-1　单斗挖掘机

（一）单斗挖掘机安全文明施工作业要点

（1）挖掘机作业时，除松散土壤外，其最大开挖高度和深度，不应超过机械本身性能规定。

在拉铲或反铲作业时，履带距工作面边缘距离应大于 1.0m（图 2–2），轮胎距工作面边缘距离应大于 1.5m。

图 2–2　拉铲作业

（2）作业中，当液压缸伸缩将达到极限位时，应动作平稳，不得冲撞极限块。

（3）作业中，当需制动时，应将变速阀置于低速挡位置。

（4）作业中，当发现挖掘力突然变化，应停机检查，严禁在未查明原因前擅自调整分配阀压力。

（5）反铲作业时，斗臂应停稳后再挖土。挖土时，斗柄伸出不宜过长，提斗不得过猛。

（6）作业中，履带式挖掘机作短距离行走时，主动轮应在后面，斗臂应在正前方与履带平行，制动住回转机构，铲斗应离地面 1m。上、下坡道不得超过机械本身允许的最大坡度，下坡应慢速行驶。不得在坡道上变速和空挡滑行。

（二）单斗挖掘机安全文明操作经验指导

（1）遇较大的坚硬石块或障碍物时，应待清除后方可开挖，不得用铲斗破碎石块、冻土，或用单边斗齿硬啃。

（2）在坑边进行挖掘作业，当发现有塌方危险时，应立即处理或将挖掘机撤至安全地带。作业面不得留有伞沿状及松动的大块石。

（3）向运土车辆装车时（图 2–3），应降低挖铲斗卸落高度，不得偏装或砸坏车厢。

经验指导：回转时严禁铲斗从运输车驾驶室顶上越过。

图 2–3　装土作业

（4）轮胎式挖掘机行驶前（图 2–4），应收回支腿并固定好，监控仪表和报警信号灯应处于正常显示状态。

经验指导：轮胎气压应符合规定，工作装置应处于行驶方向的正前方，铲斗应离地面1m。长距离行驶时，应采用固定销将回转平台锁定，并将回转制动板踩下后锁定。

图 2-4　轮胎式挖掘机行驶

二、挖掘装载机安全文明操作

挖掘装载机（图 2-5）是由三台建筑设备组成的单一装置，俗称“两头忙”。施工时，操作手只需转动一下座椅，就可以转变工作端。一台挖掘装载机包含了动力总成、装载端、挖掘端。每台设备都是针对特定类型的工作而设计的。在典型的建筑工地上，挖掘机操作员通常需要使用所有这三个组成部分才能完成工作。

图 2-5　挖掘装载机

（一）挖掘装载机安全文明施工作业要点

（1）挖掘装载机挖掘前要将装载斗的斗口和支腿与地面固定（图 2-6），使前后轮稍离地面，并保持机身的水平，以提高机械的稳定性。

经验指导：挖掘作业前应先将装载斗翻转，使斗口朝地，并使前轮稍离开地面，踏下并锁住制动踏板，然后伸出支腿，使后轮离地并保持水平位置。

图 2-6　作业前支腿固定

（2）动臂下降中途如突然制动，其惯性造成的冲击力将损坏挖掘装置，并能破坏机械的稳定性而造成倾翻事故。作业时，操纵手柄应平稳，不得急剧移动；动臂下降时不得中途制动。挖掘时不得使用高速挡。回转应平稳，不得撞击并用于砸实沟槽的侧面。动臂后端的缓冲块应保持完好；如有损坏，应修复后方可使用。移位时（图 2–7），应将挖掘装置处于中间运输状态，收起支腿，提起提升臂后方可进行。

图 2–7　挖掘装载机移位

（3）装载作业前，应将挖掘装置的回转机构置于中间位置，并用拉板固定。在装载过程中，应使用低速挡。铲斗提升臂在举升时，不应使用阀的浮动位置。液压操纵系统的分配阀有前四阀和后四阀之分，前四阀操纵支腿、提升臂和装载斗等，用于支腿伸缩和装载作业；后四阀操纵铲斗、回转、动臂及斗柄等，用于回转和挖掘作业。机械的动力性能和液压系统的能力都不允许也不可能同时进行装载和挖掘作业。

（二）挖掘装载机安全文明操作经验指导

（1）在边坡、壕沟、凹坑卸料时，应有专人指挥，轮胎距沟、坑边缘的距离应大于 1.5m。

（2）当停放时间超过 1h 时，应支起支腿，使后轮离地；停放时间超过 1d 时，应使后轮离地，并应在后悬架下面用垫块支撑。

三、拖式铲运机安全文明操作

拖式铲运机（图 2–8）的铲土宽度是 2700mm，载重 8860kg，外形尺寸（长 × 宽 × 高）为 9220mm × 3132mm × 2900mm。

（一）拖式铲运机安全文明施工作业要点

（1）开动前，应使铲斗离开地面，机械周围应无障碍物，确认安全后，方可开动。

（2）作业前，应检查钢丝绳、轮胎气压、铲土斗及卸土板回缩弹簧、拖把万向接头、撑架以及各部滑轮等，液压式铲运机铲斗与拖拉机连接叉座及牵引连接块应锁定，各液压管路连接应可靠，确认正常后，方可启动。

图 2–8　拖式铲运机

（3）铲土时，铲斗与机身应保持直线行驶（图 2-9）。助铲时应有助铲装置，应正确掌握斗门开启的大小，不得切土过深。两机动作应协调配合，做到平稳接触，等速助铲。

经验指导：在下陡坡铲土时，铲斗装满后，在铲斗后轮未达到缓坡地段前，不得将铲斗提离地面，以防铲斗快速下滑冲击主机。

图 2-9　铲斗与机身保持直线行驶

（4）作业后，应将铲运机停放在平坦地面，并应将铲斗落在地面上。液压操纵的铲运机应将液压缸缩回，将操纵杆放在中间位置，进行清洁、润滑后，锁好门窗。

（二）拖式铲运机安全文明操作经验指导

（1）铲运机作业时，应先采用松土器翻松。铲运作业区内应无树根、树桩、大的石块和过多的杂草等。

（2）多台铲运机联合作业时，各机之间前后距离不得小于 10m（铲土时不得小于 5m），左右距离不得小于 2m。行驶中，应遵守下坡让上坡、空载让重载、支线让干线的原则。

（3）在狭窄地段运行时，未经前机同意，后机不得超越。两机交会或超越平行时应减速，两机间距不得小于 0.5m。

（4）铲运机上、下坡道时，应低速行驶，不得中途换挡，下坡时不得空挡滑行，行驶的横向坡度不得超过 6°，坡宽应大于机身 2m 以上。

（5）在新填筑的土堤上作业时，离堤坡边缘不得小于 1m。需要在斜坡横向作业时，应先将斜坡挖填，使机身保持平衡。

四、振动压路机安全文明操作

振动压路机（图 2-10）可以利用其自身的重力振动压实各种建筑和筑路材料。在道路建设中，振动压路机最适宜压实各种非黏性土壤、碎石、碎石混合料以及各种沥青混凝土。

图 2-10　振动压路机

（一）振动压路机安全文明施工作业要点

（1）作业时，压路机应先起步后才能起振，内燃机应先调至中速，然后再调至高速。

（2）变速与换向时应先停机，变速时应降低内燃机转速。

（3）严禁压路机在坚实的地面上进行振动。

（4）换向离合器、起振离合器和制动器的调整，应在主离合器脱开后进行。

（5）上、下坡时，不得使用快速挡。在急转弯时，包括铰接式振动压路机在小转弯绕圈碾压时，严禁使用快速挡。

（6）停机时应先停振，然后将换向机构置于中间位置，变速器置于空挡，最后拉起手制动操纵杆，内燃机怠速运转数分钟后熄火。

（二）振动式压路机安全文明操作经验指导

（1）碾压松软路基时，应先在不振动的情况下碾压 1 ~ 2 遍，然后再振动碾压。

（2）碾压时（图 2-11），振动频率应保持一致。

五、蛙式夯实机安全文明操作

蛙式夯实机（图 2-12）适用于灰土和素土地基夯实、地坪及场地平整，不得用于夯实坚硬或软硬不一的地面、冻土及混有砖石碎块的杂土。

图 2-11　振动式压路机碾压施工

图 2-12　蛙式夯实机

（一）蛙式夯实机安全文明施工作业要点

（1）作业前应重点检查以下项目，并应符合下列要求。

① 漏电保护器灵敏有效，接零或接地及电缆线接头绝缘良好。

② 传动皮带松紧合适，皮带轮与偏心块安装牢固。

③ 转动部分有防护装置，并进行试运转，确认正常后，方可作业。

④ 负荷线应采用耐气候型的四芯橡皮护套软电缆，电缆线长应不大于 50m。

（2）作业时夯实机扶手上的按钮开关和电动机的接线均应绝缘良好。当发现有漏电现象时，应立即切断电源，进行检修。

（3）夯实机作业（图 2-13）时，应一人扶夯，一人传递电缆线，且必须戴绝缘手套和穿绝缘鞋。递线人员应跟随夯机后或两侧调顺电缆线，电缆线不得扭结或缠绕，且不得张拉过紧，应保持有 3 ~ 4m 的余量。

（4）作业时，应防止电缆线被夯击。移动时，应将电缆线移至夯机后方，不得隔机抢扔电缆线，当转向倒线困难时，应停机调整。

（5）夯实填高土方时，应在边缘以内 100 ~ 150mm 夯实 2 ~ 3 遍后，再夯实边缘。

经验指导：作业时，手握扶手应保持机身平衡，不得用力向后压，并应随时调整行进方向。转弯时不得用力过猛，不得急转弯。

图 2-13　夯实机作业

（6）不得在斜坡上夯行，以防夯头后折。

（7）夯实房心土时，夯板应避开钢筋混凝土基础及地下管道等地下构筑物。

（8）在建筑物内部作业时，夯板或偏心块不得打在墙壁上。

（二）蛙式夯实机安全文明操作经验指导

（1）多机作业时，其平行间距不得小于 5m，前后间距不得小于 10m。

（2）夯机前进方向和夯机四周 1m 范围内，不得站立非操作人员。

（3）夯机连续作业时间不应过长，当电动机超过额定温升时，应停机降温。

（4）夯机发生故障时，应先切断电源，然后排除故障。

（5）作业后，应切断电源，卷好电缆线，清除夯机上的泥土，并妥善保管。

六、强夯机械安全文明操作

强夯机械（图 2-14）的门架、横梁、脱钩器等主要结构和部件的材料及制作质量，应经过严格检查，对不符合设计要求的，不得使用。夯机驾驶室挡风玻璃前应增设防护网。

图 2-14　强夯机械

（一）强夯机械安全文明施工作业要点

（1）夯机的作业场地应平整，门架底座与夯机着地部位应保持水平，当下沉超过 100mm 时，应重新垫高。

（2）夯机在工作状态时，起重臂仰角应置于 70°。

（3）梯形门架（图 2-15）支腿不得前后错位，门架支腿在未支稳垫实前，不得提锤。变换夯位后，应重新检查门架支腿，确认稳固可靠，然后将锤提升 100 ~ 300mm，检查整机的稳定性，确认可靠后，方可作业。

经验指导：夯锤下落后，在吊钩尚未降至夯锤吊环附近前，操作人员不得提前下坑挂钩。从坑中提锤时，严禁挂钩人员站在锤上随锤提升。

图 2-15　梯形门架布置现场

（4）夯锤起吊后，地面操作人员应迅速撤至安全距离以外，非强夯施工人员不得进入夯点 30m 范围内。

（5）夯锤升起如超过脱钩高度仍不能自动脱钩时，起重指挥应立即发出停车信号，将夯锤落下，待查明原因处理后方可继续施工。

（二）强夯机械安全文明操作经验指导

（1）当夯锤的通气孔在作业中出现堵塞现象时，应及时清理，但不应在锤下进行清理。

（2）当夯坑内有积水或因黏土产生的锤底吸附力增大时，应采取措施排除，不得强行提锤。

（3）转移夯点时，夯锤应由辅机协助转移，门架随夯机移动前，支腿离地面高度不得超过 500mm。

（4）作业后，应将夯锤下降，放实在地面上。在非作业时不得将锤悬挂在空中。

第二节　桩基施工常用机械安全文明操作

一、锤式打桩机安全文明操作

锤式打桩机（图 2-16）主要由桩锤组成（一个钢质重块），由卷扬机用吊钩提升，脱钩后沿导向架自由下落而打桩。

（一）锤式打桩机安全文明施工作业要点

（1）作业前，打桩机应先空载运行各机构，确认运转正常。

（2）打桩机不允许侧面吊桩和远距离拖桩。正前方吊桩时，对混凝土预制桩的水平距离不应大于 4m，对钢桩不应大于 7m，并应防止桩与立柱碰撞。

（3）打桩机吊锤桩时，锤桩的最高点离立柱顶部的最小距离应确保安全。

（4）施打斜桩时，应先将桩锤提升到预定位置，并将桩吊起，套入桩帽，桩尖插入桩位后再后仰立柱。履带三支点式桩架在后倾打斜桩时，应使用后支撑杆顶紧；轨道式桩架应在平台后增加支撑，并夹紧夹轨器。立柱后仰时打桩机不得回转和行走。

图 2-16　锤式打桩机

（二）锤式打桩机安全文明操作经验指导

（1）在斜坡上行走时，应将打桩机重心置于斜坡的上方，坡度要符合使用说明书的规定。自行式打桩机行走时，应注意地面的平整度与坚实度，并应有专人指挥；履带式打桩机驱动轮应置于尾部位置；走管式打桩机横移时，距滚管终端的距离不应小于 1m。打桩机在斜坡上不得回转。

（2）作业后，应将桩锤放在已打入地下的桩头或地面垫板上，将操纵杆置于停机位置，起落架升至比桩锤高 1m 的位置，锁住安全限位装置，并应使全部制动生效。

二、螺旋钻孔机安全文明操作

螺旋钻孔机（图 2-17）是一种螺旋叶片钻孔机，包括钻机框架，框架上设有滑道，还设有可沿滑道上下滑动的减速箱，减速箱接动力输入轴和动力输出轴，动力输入轴的另一端接液压马达，动力输出轴的另一端接钻杆，钻杆的下端接钻头。

图 2-17　螺旋钻孔机

（一）螺旋钻孔机安全文明施工作业要点

（1）安装前，应检查并确认钻杆及各部件无变形；安装后，钻杆与动力头中心线的偏斜不应超过全长的 1%。

（2）安装钻杆时，应从动力头开始，逐节往下安装。不得将所需钻杆长度在地面上全部接好后一次起吊安装。

（3）启动前应检查并确认钻机各部件连接牢固，传动带的松紧度适当，减速箱内油位符合规定，钻深限位报警装置有效。

（4）施钻时（图 2-18），应先将钻杆缓慢放下，使钻头对准孔位，当电流表指针偏向无负荷状态时即可下钻。在钻孔过程中，当电流表超过额定电流时，应放慢下钻速度。

（5）作业中，当发现阻力过大、钻进困难、钻头发出异响或机架出现摇晃、移动、偏斜时，应立即停钻，经处理后，方可继续施钻。

经验指导：①钻机发出下钻限位报警信号时，应停钻，并将钻杆稍稍提升，待解除报警信号后，方可继续下钻。
②卡钻时，应立即切断电源，停止下钻。查明原因前，不得强行启动。

图 2-18 施钻作业

（二）螺旋钻孔机安全文明操作经验指导

（1）钻孔时，严禁用手清除螺旋片中的泥土。成孔后，应将孔口加盖防护。

（2）钻孔过程中，应经常检查钻头的磨损情况，当钻头磨损量达 20mm 时，应予更换。

（3）作业中停电时，应将各控制器置于零位，切断电源，并及时将钻杆全部从孔内拔出，使钻头接触地面。

（4）作业后，应将钻杆及钻头全部提升至孔外，先清除钻杆和螺旋叶片上的泥土（图 2-19），再将钻头按下接触地面，钻孔机的各部制动住，钻孔机的操纵杆放到空挡位置，切断电源。

图 2-19 清理合格的钻杆

三、静压力桩机安全文明操作

静压力桩法是利用压桩机桩架自重和配重的静压力将预制桩压入泥土的沉桩方法（图 2-20）。静压力桩法施工时无噪声、无振动、无冲击力、施工应力小，可以减小打桩振动对地基和邻近建筑物的影响，桩顶不易损害，不易产生偏心，节约制桩材料和降低工程成本，且能在沉桩施工中测定沉桩阻力，为设计、施工提供参数，便于预估和验证桩的承载力。

（一）静压力桩机安全文明施工作业要点

（1）压桩机升降过程中，四个顶升缸应两个一组交替动作，每次行程不得超过 100mm。当单个顶升缸动作时，行程不得超过 50mm。压桩机在顶升过程中，船形轨道不应压在已入土的单一桩顶上。

（2）压桩作业时，应有统一指挥，压桩人员和吊桩人员应密切联系，相互配合。

（3）起重机吊桩进入夹持机构进行接桩或插桩作业时，应确认在压桩开始前吊钩已安全脱离桩体。

（4）压桩机发生浮机时，严禁起重机吊物，若起重机已起吊物体，应立即将起吊物卸下，暂停压桩，待查明原因，采取相应措施后，方可继续施工。

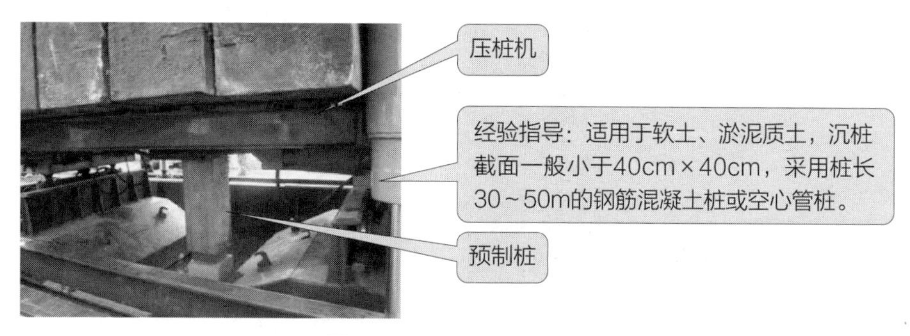

压桩机
经验指导：适用于软土、淤泥质土，沉桩截面一般小于40cm×40cm，采用桩长30～50m的钢筋混凝土桩或空心管桩。
预制桩

图 2–20　静压力桩施工

（5）压桩（图 2–21）过程中，应保持桩的垂直度，如遇地下障碍物使桩产生倾斜时，不得采用压桩机行走的方法强行纠正，应先将桩拔起，待地下障碍物清除后，重新插桩。

（二）静压力桩机安全文明操作经验指导

（1）接桩时，上一级应提升 350 ～ 400mm，此时，不得松开夹持板。

（2）当桩的贯入阻力太大，使桩不能压至标高时，不得任意增加配重。应保护液压元件和构件不受损坏。

（3）当桩顶不能最后压到设计标高时，应将桩顶部分凿去（图 2–22），不得用压桩机行走的方式，将桩强行推断。

图 2–21　压桩操作

图 2–22　凿桩头操作

四、地下连续墙施工成槽机安全文明操作

成槽机（图 2–23）又称开槽机，是指地下连续墙施工时由地表向下开挖成槽的机械装备。作业时，根据地层条件和工程设计在土层或岩体中开挖成具有一定宽度和深度的槽，放置钢筋笼和灌注混凝土而形成地下连续墙体。

（一）成槽机安全文明施工操作要点

（1）安装时，成槽抓斗放置在平行把杆方向的地面上，抓斗位置应在把杆 75° ~ 78° 时顶部的垂直线上，起升把杆时，起升钢丝绳也随着逐渐慢速提升成槽抓斗，同时，电缆与油管也同步卷起，以防油管与电缆损坏，接油管时应保持油管的清洁。

经验指导：成槽机有多头螺旋钻、冲抓斗、冲击钻、多头钻以及轮铣式、盘铣式、钳槽式和刨切式等。成墙厚度可为400～1500mm，一次施工成墙长度可为2500～2700mm。

图 2-23 成槽机

（2）工作时，应在平坦坚实场地。在松软地面作业时，应在履带下铺设 30mm 厚钢板，间距不大于 30cm，起重臂最大仰角不得超过 78°，同时应勤检查，钢丝绳、滑轮不得有磨损严重及脱槽等不正常现象，传动部件、限位保险装置、油温等也不得有不正常现象。

（二）成槽机安全文明操作经验指导

（1）成槽过程中利用成槽机的显示仪进行垂直度跟踪观测，做到随挖随纠，达到 0.3% 的垂直度要求。

（2）挖槽（图 2-24）过程中，抓斗出入槽应慢速、稳当，根据成槽机仪表及实测的垂直度及时纠偏。在抓土时槽段两侧采用双向闸板插入导墙，使导墙内泥浆不受污染。

经验指导：槽段划分应综合考虑工程地质和水文地质情况、槽壁的稳定性、钢筋笼重量、设备起吊能力、混凝土供应能力等条件。槽段分段接缝位置应尽量避开转角部位，并与诱导缝位置相重合。

图 2-24 成槽机挖槽

（3）成槽机械在地下墙拐角处挖槽时，即使紧贴导墙作业，也会因为抓斗斗壳和斗齿不在成槽断面之内的缘故，而使拐角内留有该挖而未能挖出的土体。为此，在导墙拐角处根据所用的挖槽机械端面形状相应延伸出去 30cm，以免成槽断面不足，妨碍钢筋笼下槽。

五、旋挖钻机安全文明操作

旋挖钻机（图 2-25）作业时，地面应坚实平整，作业过程中地面不得下陷，工作坡度不得大于 2°。

图 2-25 旋挖钻机

（一）旋挖钻机安全文明施工操作要点

（1）钻机驾驶员进出驾驶室时，应面向钻机，利用阶梯和扶手上下。在进入或离开驾驶室时，不得把任何操纵杆当扶手使用。

（2）钻机作业（图 2–26）或行驶过程中，除驾驶员外，不得搭载其他人员。

（3）钻机行驶时，应将上车转台和底盘车架销住，履带式钻机还应锁定履带伸缩油缸的保护装置。

（4）装卸钻具钻杆、转移工作点、收臂放塔、检修调试必须有专人指挥，确认附近无人和可能碰触的物体时，方可进行。

经验指导：钻孔作业前，应确认固定上车转台和底盘车架的销轴已拔出。履带式钻机应将履带的轨距伸至最大，以增加设备的稳定性。

图 2–26 旋挖钻机作业现场

（5）卷扬机提升钻杆、钻头和其他钻具时，重物必须位于桅杆正前方。钢丝绳与桅杆夹角必须符合使用说明书的规定。

（二）旋挖钻机文明操作经验指导

（1）开始钻孔时，应使钻杆保持垂直，位置正确，以慢速开始钻进，待钻头进入土层后再加快进尺。当钻斗穿过软硬土层交界处时，应放慢进尺。提钻时，不得转动钻斗。

（2）作业中，如钻机发生浮机现象，应立即停止作业，查明原因后及时处理。

（3）钻机移位时，应将钻桅及钻具提升到一定高度，并注意检查钻杆，防止钻杆脱落。

（4）钻机短时停机，可不放下钻桅，将动力头与钻具下放，使其尽量接近地面。长时停机，应将钻桅放至规定位置。

（5）作业后，应将机器停放在平地上，清理污物。

（6）钻机使用一定时间后，应按设备使用说明书的要求进行保养。维修、保养时，应将钻机支撑好。

图 2–27 深层搅拌机

六、深层搅拌机安全文明操作

深层搅拌机（图 2–27）是用深层搅拌法加固软土地基的专用机械设备，它可在地基深部就地将软黏土和输入的水泥浆强制拌和，使软黏土硬结成具有整体性、水稳性和足够强度的水泥土。

（一）深层搅拌机安全文明施工操作要点

（1）桩机就位后，应检查设备的平整度和导向架的垂直度，导向架垂直度偏差应符合使用说明书的要求。

（2）作业前，应先空载试机，检查仪表显示、油泵工作等是否正常，设备各部位有无异响。确认无误后，方可正式开机运转。

（3）吸浆、输浆管路或粉喷高压软管的各接头应紧固，以防管路脱落，泥浆或水泥粉喷出伤人，或使电机受潮。泵送水泥浆前，管路应保持湿润，以利输浆。

（4）作业中，应注意控制深层搅拌机（图 2–28）的入土切削和提升搅拌的速度，经常检查电流表，当电流过大时，应降低速度，直至电流恢复正常。

经验指导：发生卡钻、停钻或管路堵塞现象时，应立即停机，将搅拌头提离地面，查明原因，妥善处理后，方可重新开机运行。

图 2–28　深层搅拌机现场作业

（二）深层搅拌机文明操作经验指导

（1）作业中应注意检查搅拌机动力头的润滑情况，确保动力头不断油。

（2）喷浆式搅拌机如停机超过 3h，应拆卸输浆管路，排除灰浆，清洗管道。

（3）粉喷式搅拌机应严格控制提升速度，选择慢挡提升，确保喷粉量足，搅拌均匀。

（4）作业后，应按使用说明书的要求对设备做好清洁保养工作。喷浆式搅拌机还应对整个输浆管路及灰浆泵做彻底冲洗，以防水泥在泵或浆管内凝固。

第三节　焊接施工常用机械安全文明操作

一、对焊机安全文明操作

对焊机（图 2–29）也称为电流焊机或电阻碰焊机。利用两工件接触面之间的电阻，瞬间通过低电压大电流，使两个互相对接的金属的接触面瞬间发热至熔化并融合，达到把两块金属焊接到一起的目的。

UN-100型
对焊机
UN-100型
焊接范围：①焊接适用范围广，原则上能锻造的金属材料都可以用闪光对焊焊接，例如低碳钢、高碳钢、合金钢、不锈钢等有色金属及合金等。
②焊接截面积范围大，一般从几十至几万平方毫米的截面积都能焊接。

图 2-29　对焊机

（一）对焊机安全文明施工操作要点

（1）严禁对焊超过规定直径的钢筋，主筋对焊必须先焊后冷拉。为确保焊接质量，在端头约150mm 范围内，要进行清污、除锈及矫正等工作。

图 2-30　钢筋对焊后质量不合格

（2）对焊机应停放在清洁、干燥和通风的地方，现场使用的对焊机应设有防雨、防潮、防晒的机棚，并备有消防器具，施焊范围内不可堆放易燃物。

（3）对焊机应设有专用接线开关，并装在开关箱内，熔丝的容量应为该机容量的 1.5 倍。焊机外壳接地必须良好。

（4）对焊后应进行外观检查（图 2-30），钢筋接头应适当镦粗，表面没有裂纹和明显烧伤。接头轴线曲轴不大于 6°，偏移不大于钢筋直径的 1/10，并不得大于 2mm。

（二）对焊机安全文明操作经验指导

（1）调整两钳口间的距离。旋动调节螺钉使操纵杆位于左极限时钳口间距为两焊件总伸出长度和挤压量之差。当操纵杆处于右极限时，钳口间距应为两焊件总伸出长度再加上 2 ~ 3mm。

（2）为防止焊件的瞬时过热，试焊时要逐次增加调节级数，选用适当次级电压。在闪光对焊时，宜用较高的次级电压。

（3）为避免部件在焊接时发生过热现象，必须打开冷却水阀通水后方可施焊。为了便于检查，焊机左侧前方设有一漏斗，可直接观察水流情况，以便检查焊机内部有无冷却水流过。

二、点焊机安全文明操作

点焊机（图 2-31）采用双面双点过流焊接的原理，工作时两个电极加压工件使两层金属在两电极的压力下形成一定的接触电阻，而焊接电流从一电极流经另一电极时在两接触电阻点形成瞬间的热熔接，且焊接电流瞬间从另一电极沿两工件流至此电极形成回路，不伤及被焊工件的内部结构。

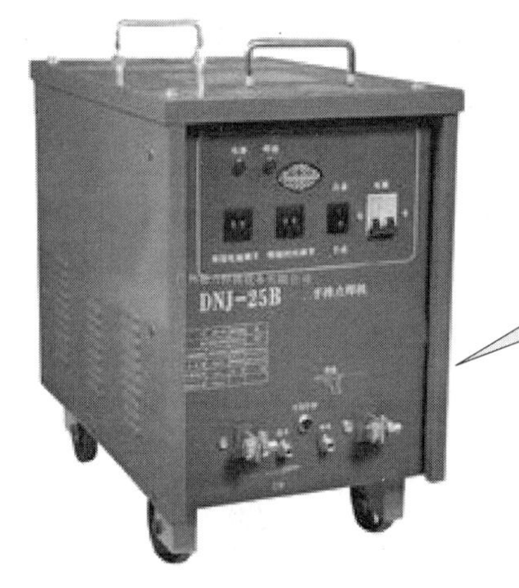

点焊机常用分类：按照用途分，有万能式（通用式）、专用式；按照同时焊接的焊点数目分，有单点式、双点式、多点式；按照导电方式分，有单侧的、双侧的；按照加压机构的传动方式分，有脚踏式、电动机-凸轮式、气压式、液压式、复合式（气液压合式）；按照运转的特性分，有非自动化、自动化；按照安装的方法分，有固定式、移动式或轻便式（悬挂式）。

图 2-31　点焊机

（一）点焊机安全文明施工操作要点

（1）焊接时应先调节电极杆的位置，使电极刚好压到焊件时，电极臂保持互相平行。

（2）电流调节开关级数可按焊件厚度与材质而选定。通电后电源指示灯应亮，电极压力大小可通过调整弹簧压力螺母，改变其压缩程度而获得。

（3）在完成上述（1）和（2）调整后，可先接通冷却水后再接通电源准备焊接（图 2-32）。

焊接程序：焊件置于两电极之间，踩下脚踏板，使上电极与焊件接触并加压，在继续压下脚踏板时，电源触头开关接通，于是变压器开始工作，次级回路通电使焊件加热。当焊接一定时间后，松开脚踏板时电极上升，借弹簧的拉力先切断电源而后恢复原状，单点焊接过程即告结束。

图 2-32　钢筋电焊操作

（二）点焊机安全文明操作经验指导

（1）焊接前：必须清除上、下两电极的油渍及污物。通电检查电气设备、操作机构、冷却系统、气路系统及机体外壳有无漏电；室内温度不应低于 15℃。

（2）焊接中：上电极的工作行程调节螺母（气缸体下面）必须拧紧。电极压力可根据焊接规范的要求，通过旋转减压阀手柄来调节；严禁在引燃电路中加大熔断器，以防引燃管和硅整流器损坏。当负载过小，引燃管内电弧不能发生时，严禁闭合控制箱的引燃电路。

（3）焊接后：焊机停止工作，应先切断电源、气源，最后关闭水源，清除杂物和焊渣溅末；焊机长期停用，应在不涂漆的活动部位涂上防锈油脂，每月通电加热 30min。更换闸流管亦应预热 30min，正常工作控制箱的预热不少于 5min。

三、电渣压力焊机安全文明操作

电渣压力焊机（图 2–33）由焊接电源、焊接夹具和控制箱三部分组成。

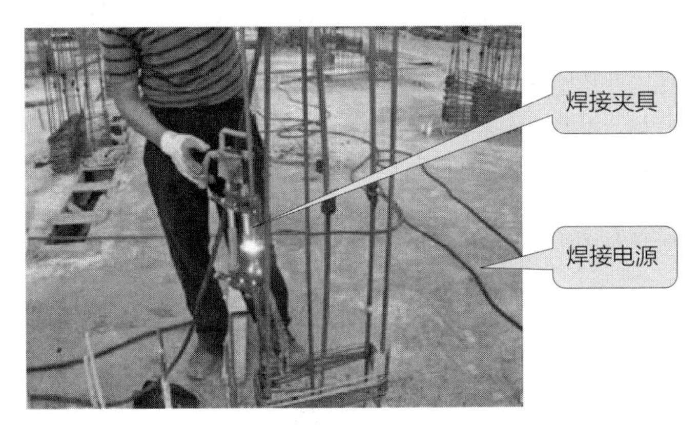

图 2–33　焊接电源与夹具

（一）电渣压力焊机安全文明施工操作要点

（1）应根据施焊钢筋直径选择具有足够输出电流的电焊机。电源电缆和控制电缆连接应正确、牢固。控制箱的外壳应牢靠接地。

（2）施焊前，应检查供电电压并确认正常，当一次电压降大于 8% 时，不宜焊接。焊接导线长度不得大于 30m，截面面积不得小于 $50mm^2$。

（3）施焊前应检查并确认电源及控制电路正常，定时准确，误差不大于 5%，机具的传动系统、夹装系统及焊钳的转动部分灵活自如，焊剂已干燥，所需附件齐全。

（4）施焊前，应按所焊钢筋的直径，根据参数表，标定好所需的电源和时间。一般情况下，时间（s）可为钢筋的直径数（mm），电流（A）可为钢筋直径（mm）的 20 倍数。

（二）电渣压力焊安全文明操作经验指导

（1）施焊过程中，应随时检查焊接质量。当发现倾斜、偏心（图 2–34）、未熔合、有气孔等现象时，应重新施焊。

图 2–34　电渣压力焊的钢筋偏心

（2）每个接头焊完后，应停留5 ~ 6min保温，寒冷季节应适当延长。当拆下机具时（图2-35），应扶住钢筋，过热的接头不得过于受力。焊渣应待完全冷却后清除。

四、气焊机安全文明操作

气焊机（图2-36）是在阴极和喷嘴的内壁之间产生电弧，输入气体后，气体被阴极和喷嘴之间的电弧加热并造成全部或部分电离，然后由喷嘴喷出形成等离子火焰，外部火焰温度高达1500 ~ 2800℃，可直接代替钎焊或高频焊进行热处理。

图2-35　拆除夹具

图2-36　施工现场气焊操作

（一）气焊机安全文明施工操作要点

（1）乙炔软管、氧气软管不得错装。乙炔气胶管、防止回火装置及气瓶冻结时，应用40℃以下热水加热解冻，严禁用火烤。

（2）安装减压器时（图2-37），应先检查氧气瓶阀门接头，不得有油脂，并略开氧气瓶阀门吹除污垢，然后安装减压器，操作者不得正对氧气瓶阀门出气口，关闭氧气瓶阀门时，应先松开减压器的活门螺栓。

经验指导：氧气瓶、氧气表及焊割工具上严禁沾染油脂。开启氧气瓶阀门时，应采用专用工具，动作应缓慢，不得面对减压器，压力表指针应灵敏正常。氧气瓶中的氧气不得全部用尽，应留49kPa以上的剩余压力。

图2-37　减压器安装

（二）气焊机安全文明操作经验指导

（1）点燃焊（割）炬时，应先开乙炔阀点火，再开氧气阀调整火焰。关闭时，应先关闭乙炔阀，再关闭氧气阀。氢氧并用时，应先开乙炔气，再开氢气，最后开氧气点燃。熄灭火时，应先关氧气，再关氢气，最后关乙炔气。

（2）操作时，氢气瓶、乙炔瓶应直立放置且必须安放稳固，防止倾倒，不得卧放使用，气瓶存放点温度不得超过 40℃。

（3）使用中，当氧气软管着火时，不得折弯软管断气，应迅速关闭氧气阀门，停止供氧。当乙炔软管着火时，应先关熄炬火，可采用弯折前面一段软管的方法将火熄灭。

五、交直流焊机安全文明操作

交直流焊机（图 2–38）在使用前，应检查并确认初、次级线接线是否正确，输入电压应符合电焊机的铭牌规定。接通电源后，严禁接触初级线路的带电部分。直流焊机换向器与电刷接触应良好。

（一）交直流焊机安全文明施工操作要点

（1）交流电焊机二次侧应安装漏电保护器。

（2）次级线接头应加垫圈压紧，合闸前，应详细检查并确认接线螺帽、螺栓及其他部件完好齐全、无松动或损坏。

（3）当数台电焊机在同一场地作业时，应逐台启动。

（4）多台电焊机集中使用时，应使三相负载平衡。多台电焊机的接地装置不得串联。

（5）移动电焊机时，应切断电源，不得用拖拉电缆的方法移动电焊机。当焊接中突然停电时，应立即切断电源。

（二）交直流焊机安全文明操作经验指导

（1）运行中，当需调节焊接电流和极性开关时，不得在负荷时进行。调节不得过快、过猛。

（2）硅整流直流电焊机主变压器的次级线圈和控制变压器的次级线圈严禁用摇表测试。

（3）启用长期停用的焊机时，应空载通电一定时间进行干燥处理。

（4）搬运由高导磁材料制成的磁放大铁芯时，应防止强烈震击引起磁能恶化。

六、氩弧焊机安全文明操作

氩弧焊机（图 2–39）是使用氩弧焊的机器，采用高压击穿的起弧方式。氩弧焊即钨极惰性气体保护弧焊，是指用工业钨或活性钨作不熔化电极，惰性气体（氩气）作保护的焊接方法，简称 TIG。

图 2–38　交直流焊机

图 2–39　氩弧焊机

（一）氩弧焊机安全文明施工操作要点

（1）高频引弧的焊机，其高频防护装置应良好，亦可通过降低频率进行防护；不得发生短路，振荡器电源线路中的联锁开关严禁分接。

（2）使用氩弧焊（图 2-40）时，操作者应戴防毒面罩，钍钨棒的打磨应设有抽风装置，储存时宜放在铅盒内。钨极粗细应根据焊接厚度确定，更换钨极时，必须切断电源。磨削钨极端头时，操作人员必须戴手套和口罩，磨削下来的粉尘，应及时清除，钍、铈、钨极不得随身携带。

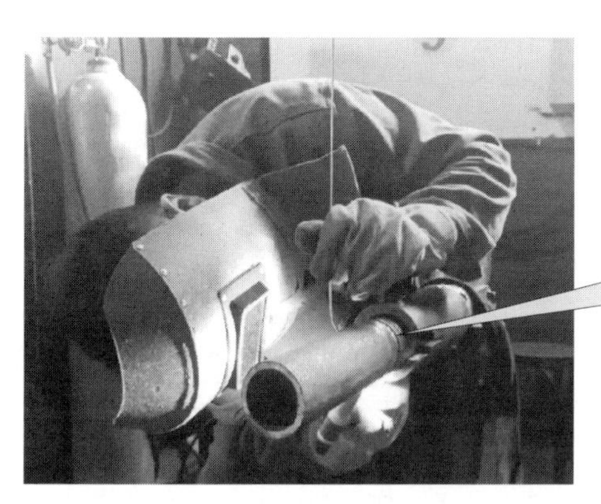

经验指导：氩弧焊一般用于6～10mm的薄板焊接及厚板单面焊双面成形的封底焊。

图 2-40　氩弧焊现场作业

（3）安装的氩气减压阀、管接头不得沾有油脂。安装后，应进行试验并确认无障碍和漏气。

（二）氩弧焊机安全文明操作经验指导

（1）焊机作业附近不宜设置会产生振动的其他机械设备，不得放置易燃、易爆物品。工作场所应有良好的通风措施。

（2）应检查并确认电源、电压符合要求，接地装置安全可靠。

（3）应检查并确认气管、水管不受外压和无外漏。

（4）应根据材质的性能、尺寸、形状先确定极性，再确定电压、电流和氩气的流量。

（5）冷却水应保持清洁，水冷型焊机在焊接过程中，冷却水的流量应正常，不得断水施焊。

（6）作业后，应切断电源，关闭水源和气源。焊接人员必须及时脱去工作服，清洗手、脸和外露的皮肤。

第四节　钢筋加工施工常用机械安全文明操作

一、钢筋调直机安全文明操作

钢筋调直机（图 2-41）首先由电动机通过皮带传动增速，使调直筒高速旋转，穿过调直筒的钢筋被调直，并由调直模清除钢筋表面的锈皮；由电动机通过另一对减速皮带传动和齿轮减速箱，一方面驱动两个传送压辊，牵引钢筋向前运动，另一方面带动曲柄轮，使锤头上下运动。当钢筋调直到预定长度，锤头锤击上刀架，将钢筋切断，切断的钢筋落入受料架时，由于弹簧作用，刀台又回到原位，完成一个循环。

图 2-41 钢筋调直机

（一）钢筋调直机安全文明施工操作要点

（1）料架、料槽应安装平直，并应对准导向筒、调直筒和下切刀孔的中心线。

（2）应按需调直钢筋的直径，选用适当的调直块（图 2-42）、曳轮槽及传动速度。在调直块未固定、防护罩未盖好前不得送料。作业中严禁打开各部防护罩及调整间隙。

（3）送料前，应将不直的钢筋端头切除。导向筒前应安装一根长的钢管，钢筋应先穿过钢管再送入调直机前端的导孔内。

（4）切断 3 ~ 4 根钢筋后，应停机检查其长度，当超过允许偏差时，应调整限位开关或定尺板。

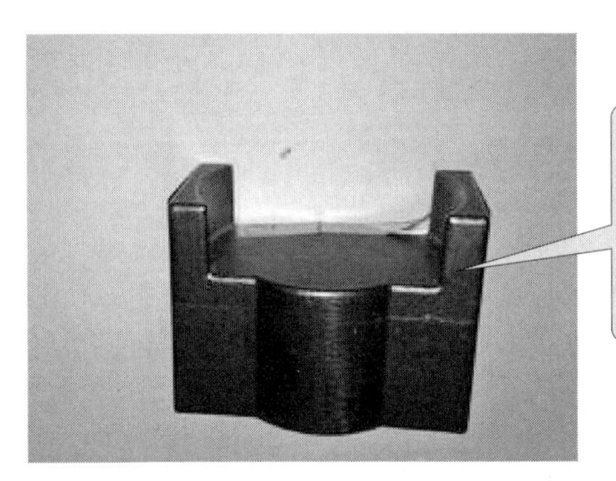

经验指导：调直块的孔径应比钢筋直径大 2 ~ 5mm，曳轮槽宽应和所需调直钢筋的直径相符合，传动速度应根据钢筋直径选用，直径大的宜选用慢速，经调试合格，方可送料。

图 2-42 调直块

（二）钢筋调直机安全文明操作经验指导

（1）钢筋调直（图 2-43）过程中，当发生钢筋跳出托盘导料槽，顶不到定长机构，以及乱丝或钢筋脱架时，应及时按动限位开关，停止切断钢筋，待调整好后方准使用。

经验指导：每盘钢筋调直到末尾或调直短钢筋时，应手持套管护送钢筋到导向器和调直筒，以免当其自由甩动时发生伤人事故。

图 2-43 钢筋调直操作

（2）调直模未固定、防护罩未盖好前，不准穿入钢筋，以防止开动机器后，调直模飞出伤人。

（3）机械在运转过程中，不得调整滚筒，严禁戴手套操作，并严禁在机械运转过程中进行维修保养作业。

二、钢筋切断机安全文明操作

钢筋切断机是剪切钢筋所使用的一种工具。一般有全自动钢筋切断机（图 2-44）和半自动钢筋切断机（图 2-45）之分。

全自动钢筋切断机也叫电动切断机，其利用电能通过马达转化为动能控制切刀切口，来达到剪切钢筋的目的。

图 2-44　全自动钢筋切断机

半自动钢筋切断机是人工控制切口，从而进行剪切钢筋操作。其中使用较多的为液压钢筋切断机，其又分为充电式和便携式两大类。

图 2-45　半自动钢筋切断机

（一）钢筋切断机安全文明施工操作要点

（1）接送料的工作台面应和切刀下部保持水平，工作台的长度可根据加工材料长度确定。

（2）机械未达到正常转速时，不得切料。切料时，应使用切刀的中、下部位，紧握钢筋对准刃口迅速投入，操作者应站在固定刀片一侧用力压住钢筋，应防止钢筋末端弹出伤人。严禁用两手分在刀片两边握住钢筋俯身送料。

（3）不得剪切直径及强度超过机械铭牌规定的钢筋和烧红的钢筋。一次切断多根钢筋时，其总截面积应在规定范围内。

（4）切断短料时，手和切刀之间的距离应保持在 150mm 以上，如手握端小于 400mm，应采用套管或夹具将钢筋短头压住或夹牢。

（二）钢筋切断机安全文明操作经验指导

（1）启动前，应检查并确认切刀无裂纹，刀架螺栓紧固，防护罩牢靠。然后用手转动皮带轮，检查齿轮啮合间隙，调整切刀间隙。

（2）液压传动式切断机作业前，应检查并确认液压油位及电动机旋转方向符合要求。启动后，应空载运转，松开放油阀，排净液压缸体内的空气，方可进行切筋。

图 2-46 手动液压式切断机

（3）手动液压式切断机（图 2 46）使用前，应将放油阀按顺时针方向旋紧，切割完毕后，应立即按逆时针方向旋松。作业中，手应持稳切断机，并戴好绝缘手套。

三、钢筋弯曲机安全文明操作

钢筋弯曲机（图 2-47），钢筋加工机械之一。其工作机构是一个在垂直轴上旋转的水平工作圆盘，把钢筋置于工作平台上，支承销轴固定在机床上，中心销轴和压弯销轴装在工作圆盘上，圆盘回转时便将钢筋弯曲。为了弯曲各种直径的钢筋，在工作盘上有几个孔，用以插压弯销轴，也可相应地更换不同直径的中心销轴。

图 2-47 钢筋弯曲机

（一）钢筋弯曲机安全文明施工操作要点

（1）钢筋手工弯曲成形安全文明操作。

用横口扳子弯曲粗钢筋（图 2-48）时，要注意掌握操作要领，脚跟要站稳，两脚站成弓步，搭好扳子，注意扳锯，扳口卡牢钢筋，弯曲时用力要慢，不要用力过猛，防止扳子扳脱，人被甩倒。

（2）钢筋机械弯曲成形安全文明操作。

操作时（图 2-49）注意力要集中，要熟悉工作盘旋转的方向，钢筋放置要和挡架、工作盘旋转方向相配合，不能放反。

图 2-48 手工弯曲钢筋

（二）钢筋弯曲机安全文明操作经验指导

（1）手工弯曲直径 12mm 以下细筋可用手摇扳子，弯曲粗钢筋可用铁板扳柱和横门扳手。

（2）弯曲粗钢筋及形状比较复杂的钢筋（如弯起钢筋、牛腿钢筋）时，必须在钢筋弯曲前，根据钢筋料牌上标明的尺寸，用石笔将各弯曲点位置画出。

操作时，钢筋必须放在插头的中、下部，严禁弯曲超截面尺寸的钢筋，回转方向必须准确，手与插头的距离不得小于200mm。

图 2-49　机械弯曲钢筋操作

（3）弯曲细钢筋（如架立钢筋、分布钢筋、箍筋）时，可以不画线，而在工作台上按各段尺寸要求，钉上若干标志，按标志进行操作。

四、钢筋冷拉机安全文明操作

采用钢筋冷拉机（图 2-50）是钢筋强化的主要方法，在常温下用冷拉机对各级热轧钢进行强力拉伸，使其拉应力超过钢筋的屈服点而又不大于抗拉强度，使钢筋产生塑性变形，然后放松钢筋。

图 2-50　钢筋冷拉机

（一）钢筋冷拉机安全文明施工操作要点

（1）应根据冷拉钢筋（图 2-51）的直径，合理选用卷扬机。卷扬钢丝绳应经封闭式导向滑轮，并和被拉钢筋成直角。卷扬机的位置应使操作人员能见到全部冷拉场地，卷扬机与冷拉中线距离不得小于 5m。

冷拉HPB300级钢筋一般用于钢筋混凝土结构的受拉钢筋，冷拉HRB335、HRB400、RRB400级钢筋可用作预应力混凝土结构的预应力钢筋。

图 2-51　钢筋冷拉现场

（2）冷拉场地应在两端地锚外侧设置警戒区，并应安装防护栏及警告标志。无关人员不得在此停留。操作人员在作业时必须离开钢筋 2m 以外。

（二）钢筋冷拉机安全文明操作经验指导

（1）钢筋冷拉速度不宜过快（一般细钢筋为 6 ~ 8m/min，粗钢筋为 0.7 ~ 1.5m/min），待拉到规定控制力或冷拉率后，须静停 2 ~ 3min，然后量其长度，再进行冷拉。

（2）预应力钢筋应先对焊后冷拉，以免因焊接而降低冷拉后的强度。如焊接接头被拉断，可重新焊接后再冷拉，但一般不超过两次。

（3）钢筋在负温下进行冷拉时，其环境温度不得低于 -20℃。当采用冷拉率控制法进行钢筋冷拉时，冷拉率的确定与常温条件相同；当采用应力控制法进行钢筋冷拉时，冷拉应力应较常温提高 30N/mm^2。

五、预应力钢丝拉伸设备安全文明操作

（一）预应力钢丝拉伸设备安全文明施工操作要点

（1）作业场地两端外侧应设有防护栏杆和警告标志。

（2）作业前，应检查被拉钢丝两端的镦头，当有裂纹或损伤时，应及时更换。

（3）作业中（图 2-52），操作应平稳、均匀。张拉时，两端不得站人。拉伸机在有压力情况下，严禁拆卸液压系统的任何零件。

经验指导：固定钢丝镦头的端钢板上圆孔直径应较所拉钢丝的直径大0.2mm。

图 2-52　钢丝拉伸作业现场

（4）高压油泵启动前，应将各油路调节阀松开，然后开动油泵，待空载运转正常后，再紧闭回油阀，逐渐拧开进油阀，待压力表指示值达到要求，油路无泄漏，确认正常后，方可作业。

（二）预应力钢丝拉伸设备安全文明操作经验指导

（1）高压油泵不得超载作业，安全阀应按设备额定油压调整，严禁任意调整。

（2）测量钢丝的伸长时，应先停止拉伸，操作人员必须站在侧面操作。

（3）用电热张拉法带电操作时，应穿戴绝缘胶鞋和绝缘手套。

（4）高压油泵停止作业时，应先断开电源，再将回油阀缓慢松开，待压力表退回至零位时，方可卸开通往千斤顶的油管接头，使千斤顶全部卸荷。

六、钢筋螺纹成型机安全文明操作

图 2–53　钢筋螺纹成型机

钢筋螺纹成型机（图 2–53）在使用前，应检查确保刀具安装正确，连接牢固，各运转部位润滑情况良好，无漏电现象，空车试运转确认无误后，方可作业。

（一）钢筋螺纹成型机安全文明施工操作要点

（1）钢筋应先调直再下料。切口端面应与钢筋轴线垂直，不得呈马蹄形或有挠曲，不得用气割下料。

（2）加工钢筋锥螺纹（图 2–54）时，应采用水溶性切削润滑液；当气温低于 0℃时，应掺入 15% ~ 20% 亚硝酸钠。不得用机油作润滑液或不加润滑液套螺纹。

经验指导：机械在运转过程中，严禁清扫刀片上面的积屑杂污，发现工况不良应立即停机检查、修理。

图 2–54　钢筋螺纹加工

（二）钢筋螺纹成型机安全文明操作经验指导

（1）加工时必须确保钢筋夹持牢固。

（2）严禁对超过机械铭牌规定直径的钢筋进行加工。

（3）作业后，应切断电源，用钢刷清除切刀间的杂物，进行整机清洁润滑。

第五节　垂直运输机械安全文明操作

一、塔式起重机安全文明操作

塔式起重机（图 2–55）简称塔机，亦称塔吊，是动臂装在高耸塔身上部的旋转起重机。其作业空间大，主要用于房屋建筑施工中物料的垂直和水平输送及建筑构件的安装。

（一）塔式起重机安全文明施工操作要点

（1）机上各种安全保护装置在运转中发生故障、失效或不准确时，必须立即停机修复，严禁带病作业和在运转中进行维修保养。

组成结构：由金属结构、工作机构和电气系统三部分组成。金属结构包括塔身、动臂和底座等。工作机构有起升、变幅、回转和行走四部分。电气系统包括电动机、控制器、配电柜、连接线路、信号及照明装置等。

图 2-55 塔式起重机

（2）司机必须在佩有指挥信号袖标人员的指挥下严格按照指挥信号、旗语、手势进行操作。操作前应发出音响信号，对指挥信号辨别不清时不得盲目操作。对错误指挥有权拒绝执行或主动采取防范或相应紧急措施。

（3）对于起重量、起升高度、变幅等，安全装置显示或接近临界警报值时，司机必须严密关注，严禁强行操作。

（4）当吊钩滑轮组起升到接近起重臂时应用低速起升。

（5）严禁重物自由下落，当起重物下降接近就位点时，必须采取慢速就位。重物就位时，可用制动器使之缓慢下降。

（6）使用非直撞式高度限位器时，高度限位器调整为：吊钩滑轮组与对应的最低零件的距离不得小于 1m，直撞式不得小于 1.5m。

（二）塔式起重机安全文明操作经验指导

（1）操纵控制器时，必须从零点开始，推到第一挡，然后逐级加挡，每挡停 1 ~ 2s，直至最高挡。当需要传动装置在运动中改变方向时，应先将控制器拉到零位，待传动停止后再逆向操作，严禁直接变换运转方向。对慢就位挡有操作时间限制的塔式起重机，必须按规定时间使用，不得无限制使用慢就位挡。

（2）起吊重物时（图 2-56），不得提升悬挂不稳的重物，严禁在提升的物体上附加重物。

起吊零散物料或异形构件时必须用钢丝绳捆绑牢固，应先将重物吊离地面约50cm后停住，确定制动、物料绑扎和吊索具是否正常，确认无误后方可指挥起升。

图 2-56 塔式起重机吊运重物

（3）两台塔式起重机同在一条轨道上或两条相平行的或相互垂直的轨道上进行作业时，应确保两机之间任何部位保持安全距离，最小不得低于 5m。

二、履带式起重机安全文明操作

履带式起重机（图 2-57）是一种高层建筑施工用的自行式起重机，是利用履带行走的动臂旋转起重机。履带接地面积大，通过性好，适应性强，可带载行走，适用于建筑工地的吊装作业。

图 2-57　履带式起重机

（一）履带式起重机安全文明施工操作要点

（1）起重机应在平坦坚实的地面上作业、行走和停放。在作业时，工作坡度不得大于 5°，并应与沟渠、基坑保持安全距离。

（2）作业时，起重臂的最大仰角不得超过出厂规定。当无资料可查时，不得超过 78°。

（3）在起吊载荷达到额定起重量的 90% 及以上时，升降动作应慢速进行，严禁同时进行两种及以上动作，严禁下降起重臂。

（4）起吊重物时应先试吊使其稍离地面，当确认重物已挂牢，起重机的稳定性和制动器的可靠性均良好，再继续起吊。在重物升起过程中，操作人员应把脚放在制动踏板上，密切注意起升重物，防止吊钩冒顶。当起重机停止运转而重物仍悬在空中时，即使制动踏板被固定，脚仍应踩在制动踏板上。

（5）采用双机抬吊作业时，应选用起重性能相似的起重机。抬吊时应统一指挥，动作应配合协调，载荷应分配合理，起吊重量不得超过两台起重机在该工况下允许起重量总和的 75%，单机的起吊载荷不得超过允许载荷的 80%。在吊装过程中，两台起重机的吊钩滑轮组应保持垂直状态。

（二）履带式起重机安全文明操作经验指导

（1）起重机如需带载行走时，起重量不得超过相应工况额定起重量的 70%，行走道路应坚实平整，起重臂位于行驶方向正前方向，载荷离地面高度不得大于 200mm，并应拴好拉绳，缓慢行驶。不宜长距离带载行驶。

（2）起重机行走时，转弯不应过急。当转弯半径过小时，应分次转弯。

（3）起重机上下坡道应无载行走，上坡时应将起重臂仰角适当放小，下坡时应将起重臂仰角适当放大。严禁下坡空挡滑行。严禁在坡道上带载回转。

（4）起重机工作时，在起升、回转、变幅三种动作中，只允许同时进行其中两种动作的复合操作。

三、卷扬机安全文明操作

卷扬机（图 2–58）是一种用卷筒缠绕钢丝绳或链条提升或牵引重物的轻小型起重设备，又称绞车。

卷扬机可以垂直提升、水平或倾斜拽引重物。卷扬机分为手动卷扬机和电动卷扬机两种。现在以电动卷扬机为主。

图 2–58　卷扬机

（一）卷扬机安全文明施工操作要点

（1）安装时，基面平稳牢固，周围排水畅通，地锚设置可靠，并应搭设工作棚（图 2–59）。

预防为主
作业前，应检查卷扬机与地面的固定情况，弹性联轴器不得松旷，并应检查安全装置、防护设施、电气线路、接零或接地线、制动装置和钢丝绳等，全部合格后方可使用。

图 2–59　卷扬机工作棚

（2）作业中，操作人员不得离开卷扬机，物件或吊笼下面严禁人员停留或通过。休息时应将物件或吊笼降至地面。

（3）作业中如发现异响、制动失灵、制动带或轴承等温度剧烈上升等异常情况，应立即停机检查，排除故障后方可使用。

（4）作业中停电时，应将控制手柄或按钮置于零位，并切断电源，将提升物件或吊笼降至地面。

（二）卷扬机安全文明操作经验指导

（1）卷扬机设置位置必须满足：卷筒中心线与导向滑轮的轴线位置应垂直，且导向滑轮的轴线应在卷筒中间位置；卷筒轴心线与导向滑轮轴心线的距离，对光卷筒不应小于卷筒长度的 20 倍，对有槽卷筒不应小于卷筒长度的 15 倍。

（2）卷扬机应装设于能在紧急情况下迅速切断总控制电源的紧急断电开关，并且司机操作方便的地方。

（3）卷筒上的钢丝绳应排列整齐（图 2-60），当重叠或斜绕时，应停机重新排列，严禁在转动中手拉脚踩钢丝绳。

钢丝绳卷绕在卷筒上的安全圈数应不少于3圈。钢丝绳末端固定应可靠，在保留两圈的状态下，应能承受1.25倍的钢丝绳额定拉力。

图 2-60　钢丝绳排列整齐

四、升降机安全文明操作

升降机（图 2-61）是由行走机构、液压机构、电动控制机构和支撑机构组成的一种升降机设备。

升降机分类：按照升降机结构的不同分为剪叉式升降机（固定剪叉式升降机、移动式升降机）、套缸式升降机、铝合金（立柱）式升降机、曲臂式升降机（折臂式的更新换代）、导轨链条式升降机（电梯、货梯）、钢索式液压提升装置。

图 2-61　导轨链条升降机

（一）升降机安全文明施工操作要点

（1）施工升降机额定载重量、额定乘员数标牌应置于吊笼醒目位置。严禁在超过额定载重量或额定乘员数的情况下使用施工升降机。

（2）当电源电压值与施工升降机额定电压值的偏差超过 ±5%，或供电总功率小于施工升降机的规定值时，不得使用施工升降机。

（3）应在施工升降机作业范围内设置明显的安全警示标志，应在集中作业区做好安全防护（图 2-62）。

（4）当建筑物超过 2 层时，施工升降机地面通道上方应搭设防护棚。当建筑物高度超过 24m 时，应设置双层防护棚（图 2-63）。

图 2-62　升降机集中防护

图 2-63　设置双层防护棚

（5）当遇大雨、大雪、大雾、施工升降机顶部风速大于 20m/s 或导轨架、电缆表面结有冰层时，不得使用施工升降机。

（6）在施工升降机基础周边水平距离 5m 以内，不得开挖井沟，不得堆放易燃易爆物品及其他杂物。

（7）施工升降机运行通道内不得有障碍物。不得利用施工升降机的导轨架、横竖支撑、层站等牵拉或悬挂脚手架、施工管道、绳缆标语、旗帜等。

（8）施工升降机安装在建筑物内部井道中时，应在运行通道四周搭设封闭屏障。

（9）实行多班作业的施工升降机，应执行交接班制度，交班司机应填写交接班记录表。接班司机应进行班前检查，确认无误后，方能开机作业。

（二）升降机安全文明操作经验指导

（1）施工升降机每天第一次使用前，司机应将吊笼升离地面 1 ~ 2m，停机检验制动器的可靠性。如发现问题，应经修复合格后方能启运。

（2）操作手动开关的施工升降机时，不得利用机电联锁开动或停止施工升降机。

（3）施工升降机专用开关箱（图 2-64）应设置在导轨架附近便于操作的位置，配电容量应满足施工升降机直接启动的要求。

（4）散状物料运载时应装入容器、进行捆绑或使用织物袋包装，堆放时应使载荷分布均匀。

（5）当使用搬运机械向施工升降机吊笼内搬运物料时，搬运机械不得碰撞施工升降机。卸料时，物料放置速度应缓慢。

（6）吊笼上的各类安全装置应保持完好有效。经过大雨、大雪、台风等恶劣天气后应对各安全装置进行全面检查，确认安全有效后方能使用。

（7）当施工升降机在运行中由于断电或其他原因中途停止时，可进行手动下降。吊笼手动下降速度不得超过额定运行速度。

（8）作业结束后应将施工升降机返回最底层停放，将各控制开关拨到零位，切断电源，锁好开关箱、吊笼门和地面防护围栏门。

图 2-64　升降机开关箱设置

第六节　混凝土施工常用机械安全文明操作

一、混凝土搅拌机安全文明操作

混凝土搅拌机（图 2-65）安装应平稳牢固，并应搭设定型化、装配式操作棚，且具有防风、防雨功能。操作棚应有足够的操作空间，顶部在任一 0.1m × 0.1m 区域内应能承受 1.5kN 的力而无永久变形。

图 2-65　混凝土搅拌机

（一）混凝土搅拌机安全文明施工操作要点

（1）作业前应先进行空载运转，确认搅拌筒或叶片运转方向正确。反转出料的搅拌机应进行正、反转运转。空载运转无冲击和异常噪声。

（2）搅拌机运转时（图 2-66），严禁进行维修、清理工作。当作业人员需进入搅拌筒内作业时，必须先切断电源，锁好开关箱，悬挂“禁止合闸”的警示牌，并派专人监护。

（3）作业区应设置排水沟渠、沉淀池及除尘设施。

（4）搅拌机操作台处应视线良好，操作人员应能观察到各部工作情况。操作台应铺垫橡胶绝缘垫。

经验指导：搅拌机应达到正常转速后进行上料，不应带负荷启动。上料量及上料程序应符合说明书要求。

图 2-66　混凝土现场搅拌作业

（5）作业前应重点检查以下项目，并符合下列规定。

① 料斗上、下限位装置灵敏有效，保险销、保险链齐全完好。钢丝绳断丝、断股、磨损未超标准。

② 制动器、离合器灵敏可靠。

③ 各传动机构、工作装置无异常。开式齿轮、皮带轮等传动装置的安全防护罩齐全可靠。齿轮箱、液压油箱内的油质和油量符合要求。

④ 搅拌筒与托轮接触良好，不窜动、不跑偏。

⑤ 搅拌筒内叶片紧固不松动，与衬板间隙应符合说明书规定。

（二）混凝土搅拌机安全文明操作经验指导

（1）供水系统的仪表应计量准确，水泵、管道等部件连接无误，正常供水无泄漏。

（2）料斗提升时，严禁作业人员在料斗下停留或通过，当需要在料斗下方进行清理或检修时，应将料斗提升至上止点并用保险销锁牢。

（3）作业完毕，应将料斗降到最低位置，并切断电源。冬季应将冷却水放净。

（4）搅拌机在场内移动或远距离运输时，应将料斗提升至上止点，并用保险销锁牢。

二、混凝土输送泵安全文明操作

混凝土输送泵（图 2-67）应安放在平整、坚实的地面上，周围不得有障碍物，在放下支腿并调整后应使机身保持水平和稳定，轮胎应楔紧。

图 2-67　混凝土输送泵

（一）混凝土输送泵安全文明施工操作要点

（1）混凝土输送管道的敷设应符合下列规定。

① 管道敷设（图 2–68）前检查确认管壁的磨损减薄量在说明书允许范围内，并不得有裂纹、砂眼等缺陷。新管或磨损量较小的管应敷设在泵出口附近。

经验指导：管道应使用支架与建筑结构固定牢固。底部弯管应依据泵送高度、混凝土排量等设置独立的基础，并能承受最大荷载。

图 2–68　管道现场敷设

② 敷设垂直向上的管道时，垂直管不得直接与泵的输出口连接，应在泵与垂直管之间敷设长度不小于 15m 的水平管，并加装逆止阀。

③ 敷设向下倾斜的管道时，应在泵与斜管之间敷设长度不小于 5 倍落差的水平管。当倾斜度大于 7° 时应加装排气阀。

（2）作业前应检查确认管道各连接处管卡扣牢不泄漏，防护装置齐全可靠，各部位操纵开关、手柄等位置正确，搅拌斗防护网完好牢固。

（二）混凝土输送泵安全文明操作经验指导

（1）砂石粒径、水泥标号及配合比应按出厂规定，满足泵机可泵性的要求。

（2）启动后，应空载运转，观察各仪表的指示值，检查泵和搅拌装置的运转情况，确认一切正常后，方可作业。泵送前应向料斗加入 10L 清水和 0.3m^3 的水泥砂浆润滑泵及管道。

三、插入式振捣器安全文明操作

使用插入式振捣器（图 2–69）作业前应检查确认电动机、软管、电缆线、控制开关等完好无破损，电缆线连接正确。

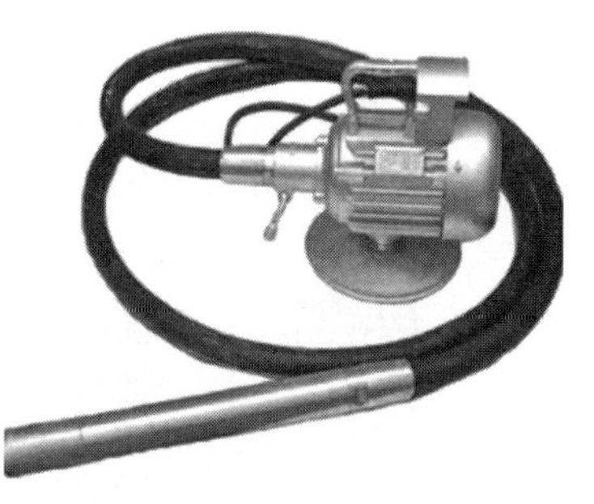

图 2–69　插入式振捣器

（一）插入式振捣器安全文明施工操作要点

（1）振捣器（图 2–70）不得在初凝的混凝土、脚手板和干硬的地面上进行试振，在检修或作业间断时应切断电源。

（2）操作人员作业时必须穿戴符合要求的绝缘鞋和绝缘手套。

（3）电缆线应采用耐气候型橡皮护套铜芯软电缆，并不得有接头。

（二）插入式振捣器安全文明操作经验指导

（1）振捣器软管的弯曲半径不得小于 500mm，操作时应将振捣器垂直插入混凝土，深度不宜超过振捣器长度的 3/4，应避免触及钢筋及预埋件。

（2）作业完毕，应切断电源并将电动机、软管及振捣棒清理干净。

经验指导：电缆线长度不应大于30m，不得缠绕、扭结和挤压，并不得承受任何外力。

图 2-70　现场使用插入式振捣器作业

四、平板式振动器安全文明操作

平板式振动器（图 2-71）是一种用于现代建筑中，用于混凝土捣实和表面振实，浇筑混凝土、墙、主梁、次梁及预制构件等的设备。

平板式振动器具有激振频率高、激振力大、振幅小的特点，可令混凝土流动性、可塑性增加，构件密实度提高，成型快，施工质量可大幅度提高。

图 2-71　平板式振动器

（一）平板式振动器安全文明施工操作要点

（1）作业前应检查确认电动机、电源线、控制开关等完好无破损，附着式振动器的安装位置正确，连接牢固，并应安装减振装置。

（2）平板式振动器作业（图 2-72）时应使用牵引绳控制移动速度，不得牵拉电缆。

图 2-72　平板式振动器作业现场

（3）平板式振动器操作人员必须穿戴符合要求的绝缘橡胶鞋和绝缘手套。

（4）平板式振动器应采用耐气候型橡皮护套铜芯软电缆，并不得有接头和承受任何外力，其长度不应超过 30m。

（二）平板式振动器安全文明操作经验指导

（1）附着式、平板式振动器的轴承不应承受轴向力，使用时应保持电动机轴线在水平状态。

（2）在同一个混凝土模板或料仓上同时使用多台附着式振动器时，各振动器的振频应一致，安装位置宜交错设置。

（3）安装在混凝土模板上的附着式振动器，每次振动作业时间应根据方案执行。

（4）作业完毕，应切断电源并将振动器清理干净。

五、混凝土布料机安全文明操作

混凝土布料机（图 2-73）是泵送混凝土的末端设备，其作用是将泵压来的混凝土通过管道送到要浇筑构件的模板内。

混凝土布料机分为液压布料机和手动布料机两类。其中手动布料机又分12m、15m、18m三种。

图 2-73　混凝土布料机

（一）混凝土布料机安全文明施工操作要点

（1）固定式混凝土布料机（图 2-74）的工作面应平整坚实。当设置在楼板上时，其支撑强度必须符合说明书的要求。

经验指导：设置混凝土布料机前应确认现场有足够的作业空间，混凝土布料机任一部位与其他设备及构筑物的安全距离不应小于6m。

图 2-74　混凝土布料机作业现场

（2）混凝土布料机作业前应重点检查以下项目，并符合下列规定。

① 各支腿打开垫实并锁紧。

② 塔架的垂直度符合说明书要求。

③ 配重块应与臂架安装长度匹配。

④ 臂架回转机构润滑充足，转动灵活。

⑤ 机动混凝土布料机的动力装置、传动装置、安全及制动装置符合要求。

⑥ 混凝土输送管道连接牢固。

（二）混凝土布料机安全文明操作经验指导

（1）手动混凝土布料机，臂架回转速度应缓慢均匀，牵引绳长度应满足安全距离的要求。

（2）输送管出料口与混凝土浇筑面保持 1m 左右的距离，不得被混凝土堆埋。

（3）严禁作业人员在臂架下方停留。

（4）当风速达到 10.8m/s 以上或大雨、大雾等恶劣天气应停止作业。

第七节　木工施工常用机械安全文明操作

一、圆盘锯安全文明操作

图 2-75　圆盘锯

圆盘锯（图 2-75）在进入施工现场前，必须经过验收，安装三级配电二级保护，电气开关良好（必须采用单向按钮开关），熔丝规格符合规定，确认符合要求方能使用，设备应挂上合格牌。

（一）圆盘锯安全文明施工操作要点

（1）锯片上方必须安装保险挡板，在锯片后面，离齿 10 ~ 15mm 处，必须安装弧形楔刀。锯片的安装，应保持与轴同心，夹持锯片的法兰盘直径应为锯片直径的 1/4。

（2）圆盘锯启动后（图 2-76），待转速正常后方可进行锯料。送料时不得将木料左右晃动或高抬，遇木节要缓缓送料。接近端头时，应用推棍送料。

经验指导：被锯木料厚度，以锯片能露出木料10~20mm为限，长度应不小于500mm。

图 2-76　圆盘锯锯木料作业

（二）圆盘锯安全文明操作经验指导

（1）锯片必须锯齿尖锐，不得连续缺齿两个，锯片不得有裂纹。

（2）如锯线走偏，应逐渐纠正，不得猛扳，以免损坏锯片。

（3）操作人员应戴防护眼镜，不得站在面对锯片离心力方向操作。作业时手臂不得跨越锯片。

二、压刨安全文明操作

制作家具和木料接合时对木料的平整度都有严格的要求，压刨（图 2-77）能够帮助制作出平整方正的木料截面。

> 压刨的使用方法：首先设置压刨的高度到预期的厚度，然后确保进料轴与齿轮轴相连。平稳地将工件从机器左侧送入，并保持其平面与台面平整。一旦进料轴“抓”住工件，松手让其自行送料并从出料口出料。

图 2-77　压刨

（一）压刨安全文明施工操作要点

（1）作业时（图 2-78），严禁一次刨削两块不同材质、规格的木料，被刨木料的厚度不得超过使用说明书的规定。

> 经验指导：刨削过程中，遇木料走横或卡住时，应先停机，再放低台面，取出木料，排除故障。

图 2-78　压刨现场作业

（2）每次进刀量应为 2 ～ 5mm，如遇硬木或节疤，应减小进刀量，降低送料速度。

（3）刨料长度不得短于前后压滚的中心距离，厚度小于 10mm 的薄板，必须垫托板。

（4）压刨必须装有回弹灵敏的逆止装置，进料齿辊及托料光辊应调整水平和上下距离一致，齿辊应低于工件表面 1 ~ 2mm，光辊应高出台面 0.3 ~ 0.8mm，工作台面不得歪斜和高低不平。

（二）压刨安全文明操作经验指导

（1）操作者应站在进料的一侧，接、送料时不得戴手套，送料时必须先进大头，接料人员待被刨料离开料辊后方能接料。

（2）刨刀与刨床台面的水平间隙应在 10 ~ 30mm 之间，严禁使用带开口槽的刨刀。

三、开榫机安全文明操作

开榫机分为台式（图 2-79）和立式两种，主要用来切割榫眼。当然也可以使用其他工具来做同样的工作，例如台钻。相对来说开榫机在开榫眼方面更为实用，因其能够制作出非常干净、方正的榫眼。

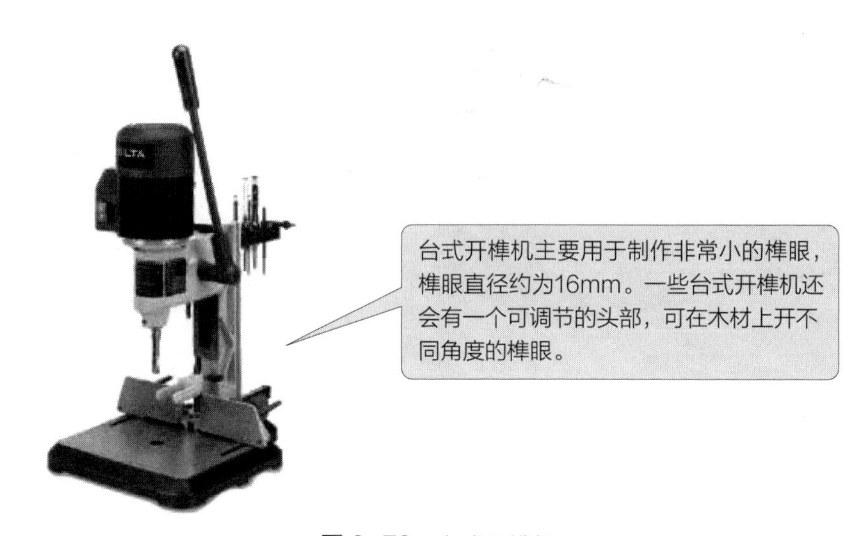

台式开榫机主要用于制作非常小的榫眼，
榫眼直径约为16mm。一些台式开榫机还
会有一个可调节的头部，可在木材上开不
同角度的榫眼。

图 2-79　台式开榫机

（一）开榫机安全文明施工操作要点

（1）作业前，要紧固好刨刀、锯片，并试运转 3 ~ 25min。确认正常后，方可作业。

（2）作业时，应侧身操作，严禁面对刀具。

（二）开榫机安全文明操作经验指导

（1）被加工的木料，必须用压料杆压紧，待切削完毕后，方可松开，短料开榫，必须用垫板夹牢，不得用手直接握料。

（2）遇有节疤的木料不得上机加工。

四、磨光机安全文明操作

磨光机（图 2-80）是用来进行金属表面打磨处理的一种手动电动工具。

（一）磨光机安全文明施工操作要点

图 2-80　磨光机

电动磨光机能够将平常的人工打磨变得快速而简单。与手持电动磨光机相似，有一系列的台式磨光机可以在家庭中使用。下面将对圆盘砂光机（图 2-81）和砂带机（图 2-82）进行详细解析。

（二）磨光机安全文明操作经验指导

（1）作业前应先检查：圆盘砂光机防护装置齐全有效，砂轮无裂纹破损；砂带机应调整砂筒上砂带的张紧程度；润滑各轴承和紧固连接件，确认正常后，方可启动。

（2）磨削小面积工件时应尽量在台面整个宽度内排满工件，磨削时应渐次连续进行。用砂带机磨光时，对压垫的压力要均匀，砂带纵向移动时应和工作台横向移动互相配合。

（3）工件应放在向下旋转的半面进行磨光，手不准靠近磨盘。

经验指导：圆盘砂光机可用于大面积的打磨工作。其极大的磨垫可以在高速转动下做椭圆运动。这也使得圆盘砂光机能够在任何木纹方向上打磨，但同时会在工件上留下一些轻微的椭圆形打磨痕迹。

图 2-81　圆盘砂光机

经验指导：砂带机通常由两个滚轴带动砂纸转动进行打磨。它主要用于大面积木料的找平工作，例如地板、甲板和门廊等。砂带机打磨的速度非常快，使用时一定要非常小心。更换砂带时，一定要检查砂带与滚轮是否对齐，否则砂带或机器可能会受损。

图 2-82　砂带机

第三章

基础工程安全文明施工

第一节　土方挖掘及基坑支护安全文明操作

一、土方挖掘安全文明操作

（一）土方挖掘的方法

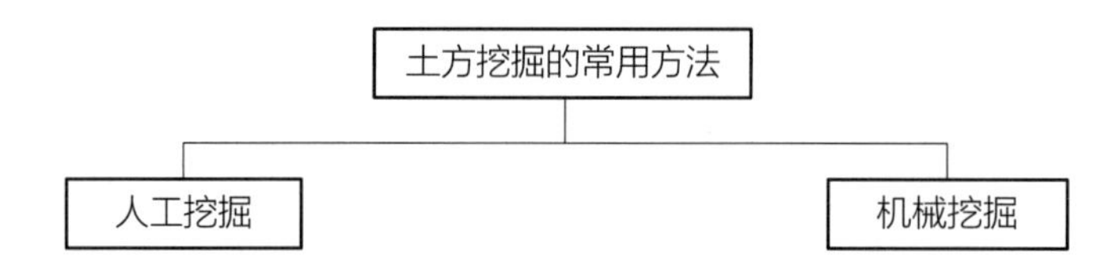

1. 人工挖掘安全文明操作详解

人工挖掘（图 3–1）常使用锹镐、风镐、风钻等简单工具，配合挑抬或者简易小型的运输工具进行作业，适用于小型建筑工程。

人工挖掘安全文明操作要点如下。

（1）开挖浅的条基，如不放坡时，应先沿灰线直边切除槽轮廓线，然后自上至下分层开挖。每层深 500mm 为宜，每层应清理出土，逐步挖掘。

（2）在挖方上侧弃土时，应保证边坡和直立壁的稳定，抛于槽边的土应距槽边 1m 以外。

（3）在接近地下水位时，应先完成标高最低处的挖方，以便在该槽处集中排水。

（4）挖到一定深度时，测量人员应及时测出距槽底 500mm 的水平线，每条槽端部开始，每隔 2 ~ 3m 在槽边上钉小木楔。

开挖时应注意：距离槽边600mm挖200mm×300mm明沟，并有0.2%坡度，排除地面雨水。

图 3-1 人工挖掘施工现场

（5）挖至槽底标高后，由两端轴线引桩拉通线，检查基槽尺寸，然后修槽清底。

（6）开挖放坡基槽时，应在槽帮中间留出 800mm 左右的倒土台。

2. 机械挖掘安全文明操作

大中型建筑工程的土石方开挖多用机械挖掘（图 3-2）施工。机械开挖常用的机械有单斗挖掘机或多斗挖掘机等，铲运机械有推土机、铲运机和装载机等。

开挖时应注意基底保护，基坑（槽）开挖后应尽量减少对基土的扰动。如果基础不能及时施工，可在基底标高以上预留300mm土层不挖，待做基础时再挖。

图 3-2 机械挖掘施工现场

机械挖掘安全文明操作要点如下。

（1）当基坑（槽）或管沟受周边环境条件和土质情况限制无法进行放坡开挖时，应采取有效的边坡支护方案，开挖时应综合考虑支护结构是否形成，做到先支护后开挖。一般支护结构强度达到设计强度的 70% 以上时，才可继续开挖。

（2）采用挖土机开挖大型基坑（槽）时，应从上而下分层分段，按照坡度线向下开挖，严禁在高度超过 3m 或在不稳定土体之下作业，但每层的中心地段应比两边稍高一些，以防积水。

（3）暂留土层。一般铲运机、推土机挖土时，暂留土层应大于 200mm；挖土机用反铲、正铲和拉铲挖土时，暂留土层大于 300mm 为宜。

（4）防止基底超挖。开挖基坑（槽）、管沟不得超过基底标高，一般可在设计标高以上暂留 300mm 的土层不挖，以便经抄平后由人工清底挖出。如个别地方超挖时，其处理方法应取得设计单位同意。

（5）防止施工机械下沉。施工时必须了解土质和地下水位情况。推土机、铲土机一般需要在地下水位 0.5m 以上推铲土；挖土机一般需在地下水位 0.8m 以上挖土，以防机械自身下沉。正铲挖土机挖方的台阶高度不得超过最大挖掘高度的 1.2 倍。

（二）土方挖掘安全文明操作的常用数据

土方挖掘安全文明操作的常用数据见表 3–1。

表 3–1　临时性挖方边坡值

土的类别		边坡值
砂土（不包括细砂、粉砂）		（1 ∶ 1.25）～（1 ∶ 1.50）
一般性黏土	硬	（1 ∶ 0.75）～（1 ∶ 1.00）
	硬、塑	（1 ∶ 1.00）～（1 ∶ 1.25）
	软	1 ∶ 1.50 或更缓
碎土	充填坚硬、硬塑黏性土	（1 ∶ 0.50）～（1 ∶ 1.00）
	充填砂石	（1 ∶ 1.00）～（1 ∶ 1.50）

（三）土方挖掘安全文明操作施工总结

（1）土方挖掘方法、挖掘顺序应根据支护方案和降排水要求进行，当采用局部或全部放坡开挖时，放坡坡度应满足其稳定性要求。

（2）当基坑开挖深度大于相邻建筑的基础深度时，应保持一定距离或采取边坡支撑加固措施，并进行沉降和移位观测。

（3）施工中如发现不能辨认的物品时，应停止施工，保护现场，并立即报告所在地有关部门处理，严禁随意敲击或玩弄。

（4）挖土机作业的边坡应验算其稳定性，当不能满足时，应采取加固措施。在停机作业面以下挖土应选用反铲或拉铲作业，当使用正铲作业时，挖掘深度应严格按其说明书规定进行。有支撑的基坑使用机械挖掘时，应防止作业中碰撞支撑。

二、基坑支护安全文明操作

（一）基坑支护的方法

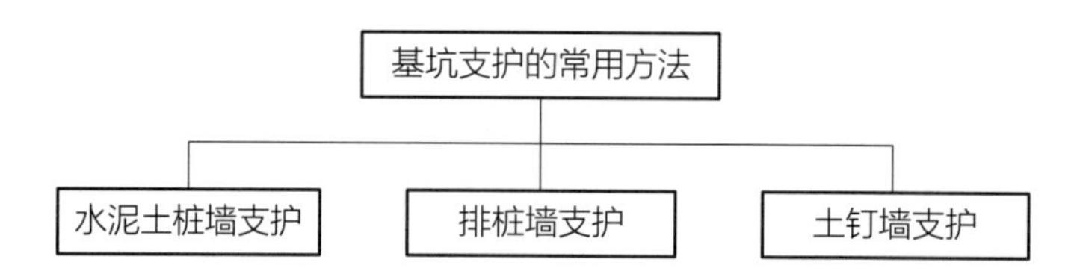

1. 水泥土桩墙支护安全文明操作

（1）水泥土桩墙支护（图 3–3）工艺适用于加固淤泥、淤泥质土和含水量高的黏土、粉质黏土、粉土等土层。

（2）水泥土桩墙支护安全文明操作要点如下。

① 水泥土桩与桩之间的搭接（图 3–4）宽度应根据挡土及载土要求确定，考虑截水作用时，桩的有效搭接宽度不宜小于 200mm。

② 当变形不能满足要求时，宜采用基坑内侧土体加固或水泥土墙插筋加混凝土面板及加大锚固深度等措施。

③ 当水泥土桩墙需设置插筋时，桩身插筋应在桩顶搅拌完成后及时进行。插筋材料、插入长度和露出长度等均应符合设计要求。

水泥土桩墙现场施工
水泥土桩墙可直接作为基坑开挖重力式围护结构，用于较软土的基坑支护时深度不宜大于6m；对于非软土的基坑支护，支护深度不宜大于10m；止水帷幕则受到垂直度要求的控制。水泥土桩施工范围内地基承载力不宜大于150kPa。

图 3-3 水泥土桩墙支护施工

水泥土桩墙
水泥土桩墙采用格栅布置时，水泥土和置换率要求：对于淤泥不宜小于0.8；淤泥质土不宜小于0.7；一般黏性土及砂土不宜小于0.6。格栅长宽比不宜大于2。

图 3-4 水泥土桩与桩之间的搭接

④ 水泥土桩墙施工前，必须具备完整的勘察资料及充分了解工程附近管线、建筑物、构筑物和其他公共设施的构造情况，必要时应进行施工勘察和调查以确保工程质量及附近建筑的安全。

2. 排桩墙支护安全文明操作

（1）排桩墙支护操作的基本步骤如下：

测量放线 ⇨ 桩基就位 ⇨ 钢板桩排桩墙施工

（2）排桩墙支护安全文明操作要点如下。

① 排桩墙测量放线。应按照排桩墙设计图在施工现场依据测量控制点进行。测量时应注意排桩墙形式（疏式、密式、双排式）和所采用的施工顺序。桩位偏差在轴线和垂直轴线方向均不宜超过表 3-2 的规定，桩位放线误差不超过 10mm。

表 3-2 桩位允许偏差 单位：mm

项目		允许偏差
有冠梁的桩	垂直梁中心线	100+0.01H
	沿梁中心线	150+0.01H

注：H 为施工现场地面标高与桩顶设计标高之差。

② 桩机就位（图 3-5）。为保证打桩机下地表土受力均匀，防止不均匀沉降，保证打桩机施工安全，采用厚度为 2 ~ 3cm 的钢板铺设在桩机履带板下，钢板宽度比桩机宽 2m 左右，以保证打桩机行走和打桩的稳定性。

桩机行走时，应将桩锤放置于桩架中下部，以桩锤导向脚不伸出导杆末端为准。根据打桩机下端的角度调整桩架的垂直度，并用线坠由桩帽中心点吊下，与地上桩位点对中。

图 3-5　桩机就位

③ 钢板桩排桩墙施工。钢板桩的设置（图 3-6）位置应便于基础施工，即在基础结构边缘之外，并留有支、拆模板的余地。

钢板桩简易的形式是以槽钢、工字钢等型钢，采用正反扣组成，由于其抗弯、抗渗能力较强，且生产定尺为6 ~ 8m，一般只用于较浅(基坑开挖深度$h \leq 4$m）的基坑。钢板桩里面应平直，以一块长1.5~2m、锁扣符合标准的同型板桩进行检查，凡锁扣不合格的都应进行修正，合格后方可使用。

图 3-6　钢板桩现场设置

④ 钢板桩的检验及校正（图 3-7）。用于基坑支护的成品钢板桩如新桩，可按出厂标准进行检验；重复使用的钢板桩使用前，应当对外观质量进行检验，检查包括长度、宽度、厚度、高度等是否符合设计要求，有无表面缺陷，端头矩形比、垂直度和锁扣形状是否符合要求等。

导架安装。导架通常是由导梁和围檩桩组成，在平面上有单面和双面之分，在高度上有单层和双层之分。一般常用的单层双面导架，围檩桩的间距一般为2.5~3.5m，双面围檩之间的间距一般比板桩墙厚度大8~15mm。

图 3-7　钢板桩的检验及校正

3. 土钉墙支护安全文明操作

土钉墙支护（图 3–8）是以土钉为主要受力构件的边坡支护技术。它由密集的土钉群、被加固的原位土体、喷射混凝土面层和必要的防水系统组成。

土钉墙支护安全文明操作要点如下。

（1）土钉设置（图 3–9）。土钉设置通常做法是先在土体上成孔，然后置入土钉钢筋并沿全长注浆，也可以采用专门设备将土钉钢筋击入土体内。

图 3–8　土钉墙支护施工现场

图 3–9　土钉设置施工现场

（2）钻孔（图 3–10）。钻孔前应根据设计要求定出孔位并做出标记和编号，钻孔时要保证位置正确（上下左右及角度），防止高低参差不齐和相互交错。

钻进时要比设计深度多钻进100~200mm，以防止孔深不够。

图 3–10　钻孔施工

（3）插入土钉钢筋（图 3–11）。插入土钉钢筋前要进行清孔检查，若孔中出现局部渗水、塌孔或掉落松土的情况，应立即处理。

（4）注浆（图 3–12）。注浆材料宜选用水泥浆、水泥砂浆。注浆用水泥砂浆的水灰比不宜超过 0.4 ~ 0.45，当用水泥净浆时水灰比不宜超过 0.45 ~ 0.5，并宜加入适量的速凝剂等外加剂以促进早凝和控制泌水。

（5）喷射面层（图 3–13）。当设计层厚度超过 100mm 时，混凝土应分两次喷射，一次喷射厚度不宜小于 40mm，且接缝错开。混凝土接缝在继续喷射混凝土之前应清除浮浆碎屑，并喷少量水润湿。

土钉钢筋置入孔中前，要先在钢筋上安装对中定位支架，以保证钢筋处于孔位中心且注浆后其保护层厚度不小于25mm。支架沿钉长的间距可为2～3m，支架可为金属或塑料件，以不妨碍浆体自由流动为宜。

图 3-11 现场插入土钉钢筋

一般可采用重力、低压（0.4~0.6MPa）或高压（1~2MPa）注浆，水平孔应采用低压或高压注浆。压力注浆时应在孔口或规定位置设置止浆塞，注满后保持压力3~5min。重力注浆以满孔为止，但在浆体初凝前需补浆1~2次。

图 3-12 注浆现场操作

图 3-13 喷射面层施工

（二）基坑支护安全文明操作常用数据

水泥土桩墙采用格栅布置时，水泥土和置换率对于淤泥不宜小于 0.8，淤泥质土不宜小于 0.7，一般黏性土及砂土不宜小于 0.6，格栅长宽比不宜大于 2。

（三）基坑支护安全文明操作施工总结

（1）支护结构的选型应考虑结构的空间效应和基坑特点，选择有利的结构型式或采用几种型式相结合。

（2）当采用悬臂式结构支护时，基坑深度不宜大于6m。基坑深度超过6m时，可选用单支点和多支点的支护结构。地下水位低的地区和能保证降水施工时，也可采用土钉支护。

（3）寒冷地区基坑设计应考虑土体冻胀力的影响。

（4）支撑安装必须按设计位置进行，施工过程严禁随意变更，并应切实使围檩与挡土桩墙结合紧密。挡土板或板桩与坑壁间的回填土应分层回填夯实。

（5）支撑的安装和拆除顺序必须与设计工况相符合，并与土方开挖和主体工程的施工顺序相配合。分层开挖时，应先支撑后开挖；同层开挖时，应边开挖边支撑。支撑拆除前，应采取换撑措施，防止边坡卸载过快。

第二节　支护结构拆除及地下水控制安全文明操作

一、支护结构拆除安全文明操作

支护结构拆除安全文明操作要点如下。

（1）拆除支护结构应与回填土紧密结合，应当自下而上分段、分层进行。拆除中，严禁碰撞、损坏未拆除部分的支护结构。

（2）采用机械拆除沉、埋桩时，必须由信号工负责指挥。拔除桩后的孔应当及时填实，恢复地面原貌。

（3）拆除前，应当先用千斤顶将桩松动。吊拔时应垂直向上，不得斜拉、斜吊，严禁超过机械的起拔能力。吊拔到半桩长时，应当系控制缆绳保持桩的稳定。

（4）拆除立板撑，应当在填土至撑杆底面30cm以内，方可拆除撑杆与相应的横梁，撑板应随填土的加高逐渐上拔。

（5）拆除相邻桩间的挡土板时，每次拆除高度应当依据土质、槽深而定；拆除后应当及时回填土，槽壁的外露时间不宜超过4h。

（6）拆除沉、埋桩的撑杆时，应当待回填土至撑杆以下30cm以内或者施工设计规定位置，方可倒撑或者拆除撑杆。

（7）拆除横板密撑应当随填土的加高自下而上拆除，一次拆除撑板不宜大于30cm或者一横板宽。一次拆撑不能保证安全时应倒撑，每步倒撑不得大于原支撑的间距。

二、地下水控制安全文明操作

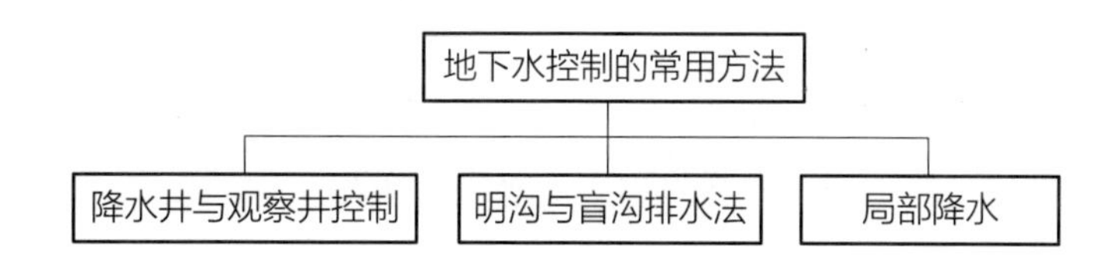

（一）降水井与观察井控制地下水安全文明操作要点

（1）井点系统应以单根集水总管为单位，围绕基坑布置。当井点环宽度超过40m时，可征得设计同意，在中部设置临时井点系统进行辅助降水。当井点环不能封闭时，应在开口部位向基坑外侧延长 1/2 井点环宽度作为保护段，以确保降水效果。

（2）在抽水工程中（图 3–14），应经常检查和调节离心泵的出水阀门，以控制流水量。当地下水位降到所要求的水位后，减少出水阀门的出水量，尽量使抽吸与排水保持均匀，达到细水长流。

（3）井点位置应距坑边 2 ~ 2.5m，以防止井点设置影响边坑土坡的稳定性。

（4）井点抽水时应保持要求的真空度，除降水系统做好密封外，还应采取保护坡面的措施，以避免随着开挖的进行，坡面因暴露造成漏气。

（二）明沟与盲沟排水法控制地下水安全文明操作要点

（1）排水沟布置（图 3–15）在基坑两侧或四周，集水坑在基坑四角每隔 30 ~ 40m 设置，坡度宜为 0.1% ~ 0.2%。

在抽水过程中，特别是开始抽水时，应检查有无井点淤塞的死井，如死井数量超过10%，将严重影响降水效果，应及时采取措施，采用高压水反复冲洗处理。

图 3–14　降水井抽水

排水沟宜布置在拟建建筑基础边0.4m 以外，集水坑地面应比沟底低0.5m。水泵型号依据水量计算确定。明沟排水应注意保持排水通道畅通。视水量大小可以选择连续抽水或间断抽水。沟槽宽阔时宜采用明沟，狭窄时宜采用盲沟。

图 3–15　基坑排水沟布置

（2）普通明沟排水法的施工方法如下。

① 在基坑（槽）的周围一侧或两侧设置排水边沟，每隔 20 ~ 30m 设置一个集水井，使地下水汇集于井内。

② 集水井的截面为 600mm × 600mm ~ 800mm × 800mm，井底保持低于沟底 0.1 ~ 0.4m，井壁用竹筏、模板加固。

（三）局部降水安全文明操作要点

（1）局部降水井点（图 3-16）使用时，基坑周围井点应对称，同时抽水，使水位差控制在要求的限度内。

（2）采用沉井成孔法。在下沉过程中，应控制井位和井身垂直度偏差在允许范围内，使井管竖直、准确就位。

（3）施工完毕后，应在井口设置护栏，高度不低于 1.2m，并加装井盖，防止杂物掉进井内。

（四）地下水位控制安全文明操作施工总结

（1）膨胀土场地应在基坑边缘采取抹水泥地面等防水措施，封闭坡顶及坡面，防止各种水流（渗）入坑壁。不得向基坑边缘倾倒各种废水并应防止水管泄漏冲走桩间土。

（2）软土基坑、高水位地区应做截水帷幕，应防止单纯降水造成基土流失。

（3）截水结构的设计必须根据地质、水文资料及开挖深度等条件进行，截水结构必须满足隔渗质量，且支护结构必须满足变形要求。

（4）在降水井点与重要建筑物之间宜设置回灌井（或回灌沟），在基坑降水的同时，应沿建筑物地下回灌，保持原地下水位，或采取减缓降水速度的方式，控制地面沉降。

潜水泵在运行时应经常观测水位变化情况，检查电缆线是否与井壁相碰，以防磨损后水沿电缆芯渗入电动机内。同时，还必须定期检查密封的可靠性，以保证正常运转。

图 3-16　局部降水井水泵安装

第四章

脚手架搭设安全文明施工

第一节　落地式脚手架搭设安全文明施工

一、扣件式钢管脚手架搭设安全文明操作

（一）扣件式钢管脚手架的搭设程序

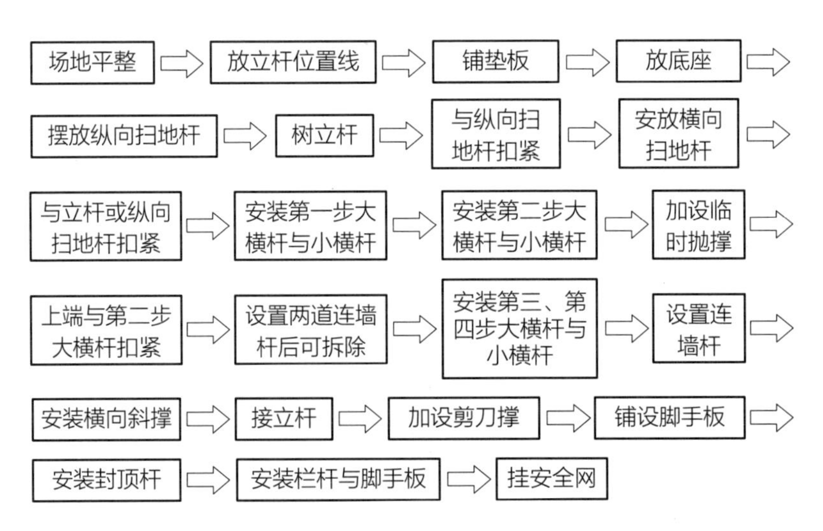

（二）扣件式钢管脚手架安全文明搭设要点

1. 摆放扫地杆、树立杆

根据脚手架的宽度摆放纵向扫地杆，然后将各立杆的底部按规定跨距与纵向扫地杆用直角扣件

固定，并安装好横向扫地杆，如图 4-1 所示。

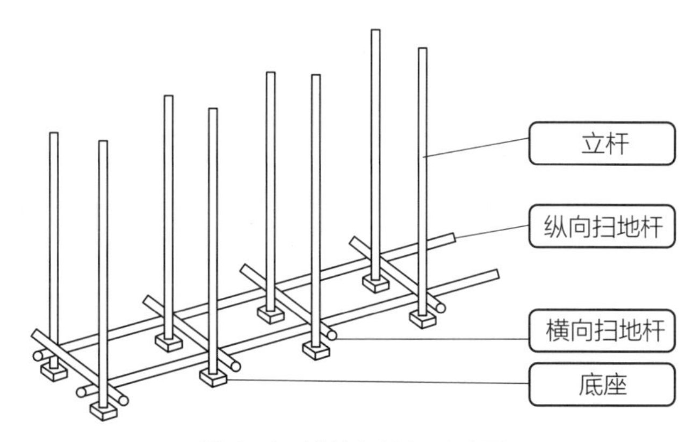

图 4-1　排放扫地杆示意图

立杆（图 4-2）要先树内排，后树外排；先树两端立杆，后树中间各立杆。每根立杆底部应设置底座或垫板。当立杆基础不在同一高度时，应将高处的纵向扫地杆向低处延长两跨并与立杆固定，高低差不应大于 1m。靠边坡上方的立杆到边坡距离应大于 0.5m。

①当立杆采用对接接长时，立杆的对接扣件应交错布置，两根相邻立杆的接头不应设置在同步内，同步内隔一根立杆的两个相隔接头在高度方向错开的距离不宜小于500mm。
②当立杆采用搭接接长时，搭接长度不应小于1m，并应采用不少于2个旋转扣件固定。端部扣件盖板的边缘至杆端距离不应小于100mm。

图 4-2　树立杆操作

2. 安装纵向和横向水平杆

在树立杆的同时，要及时搭设第一、第二步纵向水平杆（图 4-3）和横向水平杆（图 4-4），以及临时抛撑或连墙件，以防架子倾倒。

②搭接长度不应小于1m，应等间距设置3个旋转扣件固定，端部扣件盖板边缘至搭接纵向水平杆杆端的距离不应小于100mm。
①纵向水平杆宜设置在立杆内侧，单根杆长度不宜小于3 跨。
立杆
旋转扣件

图 4-3　纵向水平杆搭设

①作业层上非主节点处的横向水平杆，宜根据支承脚手板的需要等间距设置，最大间距不应大于纵距的1/2 。
纵向水平杆
②当使用冲压钢脚手板、木脚手板、竹串片脚手板时，双排脚手架的横向水平杆两端均应采用直角扣件固定在纵向水平杆上。单排脚手架的横向水平杆的一端，应用直角扣件固定在纵向水平杆上，另一端插入墙内，插入长度不应小于180mm。

图 4-4　横向水平杆搭设

3. 设置连墙件

连墙件有刚性连墙件和柔性连墙件两类。搭设高度小于 24m 的脚手架宜采用刚性连墙件，高度大于或等于 24m 的脚手架必须用刚性连墙件（图 4-5）。连墙件应从第一步纵向水平杆处开始设置，当该处设置有困难时，应采取其他措施。

连墙件的设置位置宜靠近主节点，偏离主节点的距离不应大于300mm。在建筑物的每一层范围内均需设置一排连墙件。

图 4-5　刚性连墙件设置

4. 设置横向斜撑

横向斜撑（图 4-6）应随立杆、纵向水平杆、横向水平杆等同步搭设。高度在 24m 以上的封圈型双排脚手架，在拐角处应设置横向抛撑，在中间应每隔 6 跨设置一道。

横向斜撑应在同一节间内由底到顶呈“之”字形连续布置。

图 4-6　横向斜撑设置现场

5. 接立杆

立杆的对接接头应交错布置。两根相邻立杆的接头不得设置在同步内，且接头的高差不小于500mm，各接头中心至主节点的距离不宜大于步距的1/3，同步内每隔一根立杆的两个相隔接头在高度方向上错开的距离不得小于500mm。

6. 设置剪刀撑

剪刀撑（图4–7）斜杆应用旋转扣件固定在与之相交的横向水平杆上，且扣件中心线与主节点的距离不宜大于150mm。底层斜杆的下端必须支承在垫块或垫板上。

剪刀撑斜杆的接长宜用搭接，其搭接长度不应小于1m，至少用两个旋转扣件固定，端部扣件盖板边缘至杆端的距离不小于100mm。

图4–7　剪刀撑设置现场

7. 栏杆和挡脚板的搭设

在脚手架中离地（楼）面2m以上铺有脚手板的作业层，都必须在脚手架外立杆的内侧设置两道栏杆和挡脚板。上栏杆的上皮高度为1.2m，中栏杆高度应居中，挡脚板高度不应小于180mm。

（三）扣件式钢管脚手架安全文明安装常用数据

扣件式钢管脚手架安装常用数据见表4–1和表4–2。

表4–1　连墙件布置最大间距

脚手架高度	双排		单排
竖向间距	≤ 50m	＞ 50m	≤ 24m
	$3h$	$2h$	$3h$
水平间距	$3l_a$	$3l_a$	$3l_a$
每根连墙件覆盖面积 /m²	≤ 40	≤ 27	≤ 40

注：h 为步距；l_a 为纵距。

表4–2　剪刀撑跨越立杆的最多根数

剪刀撑斜杆与地面的倾角	45°	50°	60°
剪刀撑跨越立杆的最多根数	7	6	5

（四）扣件式钢管脚手架安全文明搭设施工总结

（1）单、双排脚手架必须配合施工进度搭设，一次搭设高度不应高出相邻连墙件2个步距及以上；如果高出相邻连墙件 2 个步距及以上，无法设置连墙件时，应采取撑拉固定等措施与建筑结构拉结。

（2）底座、垫板均应准确地放在定位线上。垫板应采用长度大于或等于 2 跨、厚度大于或等于 50mm、宽度大于或等于 200mm 的木垫板。

（3）脚手板应铺满、铺稳，离墙面的距离不应大于 150mm。

（4）在拐角、斜道平台口处的脚手板，应用镀锌钢丝固定在横向水平杆上，防止滑动。

二、碗扣式钢管脚手架搭设安全文明操作

（一）碗扣式钢管脚手架的搭设程序

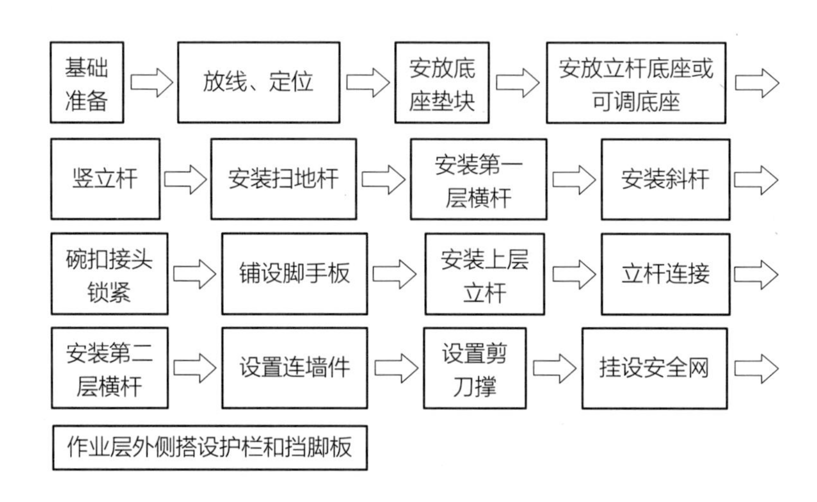

（二）碗扣式钢管脚手架安全文明搭设要点

1. 安放立杆底座

安放立杆底座的常见情形及处理方法见表 4-3。

表 4-3 安放立杆底座的常见情形及处理方法

情形分类	处理方法	图片
坚实平整的地基基础	在这种地基基础上架设脚手架，其立杆底座可直接用立杆垫座	立杆 横杆 1800 600 600 <600 可调底座
地势不平或高层重载	这两种情况下，脚手架底部可以考虑立杆可调底座，地势不平地基的立杆布置见右图所示	
相邻立杆地基高差小于 0.6m	可直接用立杆可调底座调整立杆高度，使立杆碗扣接头处于同一水平面内	
相邻立杆地基高差大于 0.6m	可先调整立杆节间，即对于高差超过 0.6m 的地基，立杆相应增加一个节间 0.6m，使同一层碗扣接头的高差小于 0.6m，再用立杆可调底座调整高度，使其处于同一水平面上	

2. 在安装好的底座上插入立杆

第一层立杆应采用 1.8m 和 3.0m 两种不同长度立杆相互交错、参差布置，使立杆接头相互错开（图 4-8）。

上面各层均采用3m长立杆接长，顶部再用1.8m长立杆找平。

图 4-8　立杆交错布置施工

3. 安装扫地杆

在装立杆的同时应及时设置扫地杆（图 4-9），将立杆连接成一个整体，以保证框架的整体稳定。

立杆同横杆的连接是靠碗扣接头，连接横杆时，先将横杆接头插入下碗扣的周边带齿的圆槽内，将上碗扣沿限位销滑下扣住横杆接头，并顺时针旋转扣紧，用铁锤敲击几下即能牢固锁紧。

图 4-9　施工现场扫地杆的设置

4. 安装底层横杆

碗扣式钢管脚手架（图 4-10）的步高取 600mm 的倍数，一般采用 1800mm，只有在荷载较大或较小的情况下，才采用 1200mm 或 2400mm。

将横杆接头插入立杆的下碗扣内，然后将上碗扣沿限位销扣下，并顺时针旋转，靠上碗扣螺栓旋面使之与限位销顶紧，将横杆与立杆牢固地连在一起，形成框架结构。单排脚手架中横向横杆（图 4-11）的一端与立杆连接固定，另一端采用带有活动夹板的夹紧装置将横杆与建筑结构或墙体夹紧。

图 4-10　碗扣式钢管脚手架搭设

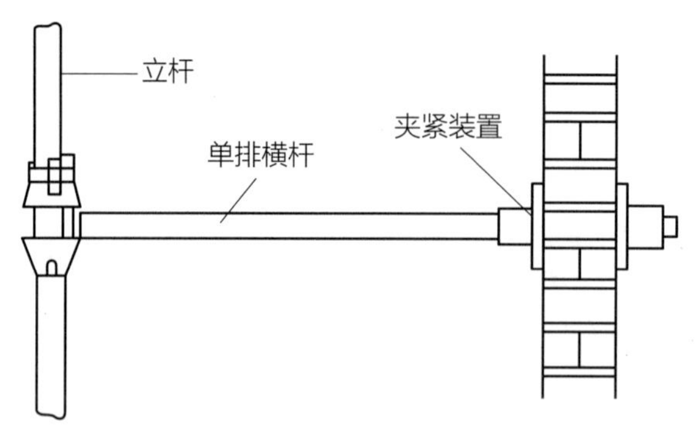

图 4–11　单排脚手架横向横杆安装示意图

5. 安装斜杆

斜杆安装的步骤及要点见表 4–4。

表 4–4　斜杆安装步骤及要点

步骤	要点
斜杆的连接	斜杆同立杆的连接与横杆同立杆的连接相同，对于不同尺寸的框架应配备相应长度斜杆。由于碗扣接头的特点，在每个碗扣内只能安装 4 个接头卡扣。一般情况下，碗扣接头处至少存在 3 个横杆接头，因此每个接头处只能安置 1 个斜杆接头的卡扣，这样就决定了脚手架的 1 个节点处只能安装 1 根斜杆，造成一部分斜杆不能设在脚手架的中心节点处（非节点斜杆），以及沿脚手架外侧纵向布置的斜杆不能连成一条直线
通道斜杆的布置	对于一字形及开口形脚手架，应在两端横向框架内沿全高连续设置节点通道斜杆；对于 30m 以下的脚手架，中间可不设通道斜杆；对于 30m 以上的脚手架，中间应每隔 5 ~ 6 跨设置一道沿全高连续设置的通道斜杆；对于高层和重载脚手架，除按上述构造要求设置通道斜杆外，当横向平面框架所承受的总荷载达到或超过 25kN 时，该框架应增设通道斜杆
纵向斜杆的布置	在脚手架的拐角边缘及端部必须设置纵向斜杆，中间可均匀地间隔布置，纵向斜杆必须两侧对称布置。纵向斜杆应尽量布置在框架节点上

6. 布置剪刀撑

剪刀撑包括竖向剪刀撑（图 4–12）以及纵向水平剪刀撑，应采用钢管和扣件搭设，这样既可减少碗扣式斜杆的用量，又能使脚手架的受力性能得到改善。架体侧面的竖向剪刀撑对于增强架体的整体性具有重要的意义。

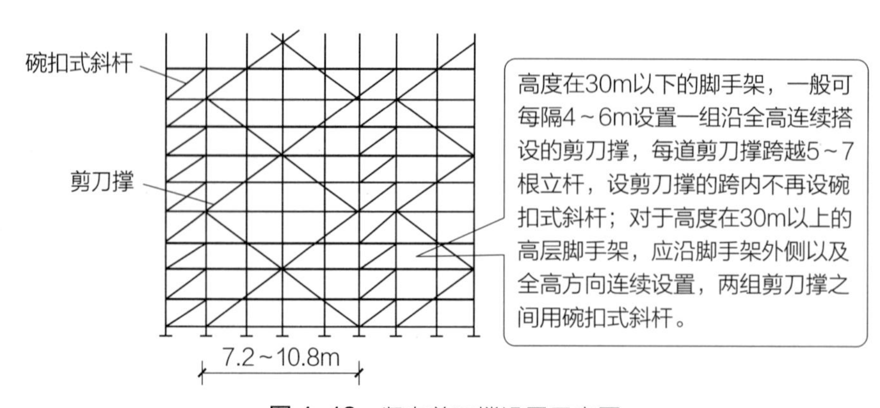

图 4–12　竖向剪刀撑设置示意图

7. 安装连墙件

连墙件（图 4–13）必须按设置要求与架子的升高同步在规定的位置安装，不得后补或任意拆除。

建筑物的每一楼层都必须与脚手架连接，连墙点的垂直距离≤4m，水平距离≤4.5m，尽量采用梅花形布置方式。

图 4–13　碗扣式脚手架连墙件安装

连墙件应尽量连接在横杆层碗扣接头内，与脚手架、墙体保持垂直，并随建筑物及架体的升高及时设置，设置时要注意调整脚手架与墙体间的距离，使脚手架竖向平面保持垂直，严禁架体向外倾斜。连墙件应尽量与脚手架体或墙体保持垂直，各向倾角不得超过 10°。

（三）碗扣式钢管脚手架安全文明安装常用数据

碗扣式钢管脚手架安装常用数据见表 4–5。

表 4–5　碗扣式钢管脚手架搭设常用数据

序号	项目名称	规定内容
1	架设高度 H	$H \leq 20$m 时，普通脚手架按常规搭设； $H > 20$m 时，脚手架必须做出专项施工设计并进行结构验算
2	荷载限制	砌筑脚手架≤ 2.7kN/m^2； 装修架子为 1.2~2.0kN/m^2 或按实际情况考虑
3	基础做法	基础应平整、夯实，并有排水措施。立杆应设有底座，并用 0.05m × 0.2m × 2m 的木脚手板通垫； $H > 40$m 的架子应进行基础验算并确定铺垫措施
4	立杆纵距	一般为 1.2 ~ 1.5m，超过此值应进行验证
5	立杆横距	≤ 1.2m
6	步距高度	砌筑架子＜ 1.2m；装修架子＜ 1.8m
7	立杆垂直偏差	H<30m 时，＜ 1/500 架高； H>30m 时，＜ 1/1000 架高
8	小横杆间距	砌筑架子＜ 1m；装修架子＜ 1.5m
9	架高范围内垂直作业的要求	铺设板不超过 3 ~ 4 层，砌筑作业不超过 1 层，装修作业不超过 2 层

续表

序号	项目名称	规定内容
10	作业完毕后横杆保留程度	靠立杆处的横向水平杆全部保留，其余可拆除
11	剪刀撑	沿脚手架转角处往里布置，每 4 ~ 6 根为一组，与地面夹角为 45° ~ 60°
12	与结构拉结	每层设置，垂直间距离＜ 4.0m，水平间距离控制在 4.0~6.0m
13	垂直斜拉杆	在转角处向两端布置 1 ~ 2 个扣件
14	护身栏杆	H=1m，并设 h=0.25m 的挡脚板
15	连接件	凡 H ＞ 30m 的高层架子，下部 H/2 范围均用齿形碗扣

注：1. 脚手架的立杆横距（脚手架宽度）l_0 一般取 1.2m；立杆纵距（跨度）l 常用 1.5m；架高 $H \leqslant$ 20m 的装修脚手架，立杆纵距 l 亦可取 1.8m；H ＞ 40m 时，立杆纵距 l 宜取 1.2m。

2. 搭设高度 H 与主杆纵横间距有关：当立杆纵向、横向间距为 1.2m × 1.2m 时，架高 H 应控制在 60m 左右；当立杆纵向、横向间距为 1.5m × 1.2m 时，架高 H 不宜超过 50m；更高的架体应分段搭设。

（四）碗扣式钢管脚手架安全文明搭设施工总结

（1）脚手架组装以 3 ~ 4 人一组为宜，其中 1 ~ 2 人递料，另外两人共同配合组装，每人负责一端。组装时，要求至多两层向同一方向，或由中间向两边推进，不得从两边向中间合拢组装，否则中间杆件会因两侧架子刚度太大而难以安装。

（2）碗扣式脚手架的底层组架最为关键，其组装质量直接影响到整架的质量。当组装完两层横杆后，首先应检查并调整水平框架的直角度和纵向直线度；其次应检查横杆的水平度，并通过调整立杆可调座使横杆间的水平偏差小于 1/400L（L 为杆长)，同时应逐个检查立杆底脚，并确保所有立杆不浮地松动。

（3）连墙件应随着脚手架的搭设而随时在设计位置设置，并尽量与脚手架和建筑物外表面垂直；单排横杆插入墙体后，应将夹板用榔头击紧，不得浮放；不得将脚手架构件等物从过高的地方抛掷，不得随意拆除已投入使用的脚手架构件。

三、门式钢管脚手架搭设安全文明操作

（一）门式钢管脚手架的搭设程序

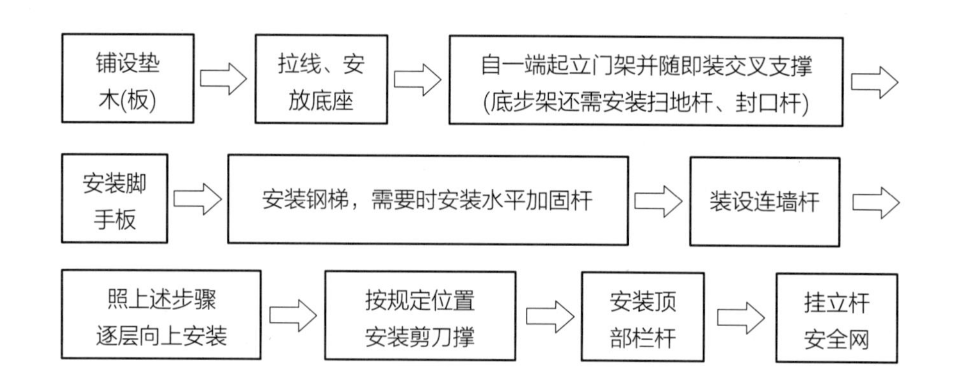

（二）门式钢管脚手架安全文明搭设要点

1. 铺设垫木或垫板、安放底座

基底必须平整坚实，并铺底座，做好排水工作。当垫木长度为 1.6 ~ 2.0m 时，垫木宜垂直于墙面方向横铺；当垫木长度为 4.0m 时，垫木宜平行于墙面方向顺铺。

2. 立门架、安装交叉支撑、安装水平架或脚手板

在脚手架的一端将第一榀门架和第二榀门架立在 4 个底座上后，纵向立即用交叉支撑连接两榀门架的立杆，门架的内外两侧安装交叉支撑，在顶部水平面上安装水平架或挂扣式脚手板，搭成门式钢管脚手架的一个基本结构。后面每安装一榀门架，就及时安装交叉支撑、水平架或脚手板，依次按此步骤沿纵向逐榀安装搭设。

3. 安装水平加固杆

水平加固杆采用 ϕ48 钢管，并用扣件在门架立杆的内侧与立杆扣牢。当脚手架高度超过 20m 时，为防止发生不均匀沉降，脚手架最下面 3 步可以每步设置一道水平加固杆（脚手架外侧），3 步以上每隔 4 步设置一道水平加固杆，并宜在有连墙件的水平层连续设置，以形成水平闭合圈，对脚手架起环箍作用，增强脚手架的稳定性。

4. 设置连墙件

连墙件的搭设（图 4-14）必须按规定间距随脚手架搭设同步进行，不得漏设，严禁滞后设置或搭设完毕后补做。连墙件的最大间距，在垂直方向为 6m，水平方向 8m。一般情况下，连墙件竖向每隔 3 步设一个，水平方向每隔 4 跨设一个。

连墙件应靠近门架的横杆设置，距门架横杆不宜大于200mm。连墙件应固定在门架的立杆上。

图 4-14　门式脚手架连墙件搭设

5. 搭设剪刀撑

剪刀撑采用 ϕ48 钢管，用扣件在脚手架门架立杆的外侧与立杆扣牢，剪刀撑斜杆与地面倾角宜为 45° ~ 60° ，宽度一般为 4 ~ 8m，自架底至架顶连续设置。

6. 门架竖向组装

上、下门架的组装（图 4-15）必须设置连接棒和锁臂，其他部件则按其所处部位相应及时安装。连接门架与配件的锁臂、搭钩必须处于锁住状态。

门式脚手架的搭设应与施工进度同步，一
次搭设高度不宜超过最上层连墙件2步，且
自由高度不应大于4m。

图 4-15　上、下门架的组装

（三）门式钢管脚手架安全文明安装常用数据

门式钢管脚手架搭设高度要求见表 4-6。

表 4-6　门式钢管脚手架搭设高度要求

序号	搭设方式	施工荷载标准值 ΣQ_k/（kN/m^2）	搭设高度 /m
1	落地、密目式安全网全封闭	≤ 3.0	≤ 55
2		＞ 3.0 且≤ 5.0	≤ 40
3	悬挑、密目式安全网全封闭	≤ 3.0	≤ 24
4		＞ 3.0 且≤ 5.0	≤ 18

（四）门式钢管脚手架安全文明搭设施工总结

（1）门式脚手架的搭设应与施工进度同步，一次搭设高度不宜超过最上层连墙件两步，且自由高度不应大于 4m。

（2）门架的组装应自一端向另一端延伸，自下而上按步架设，并应逐层改变搭设方向；不应自两端相向搭设或自中间向两端搭设。

（3）在施工作业层外侧周边应设置 180mm 高的挡脚板和两道栏杆，上道栏杆高度应为 1.2m，下道栏杆应居中设置。挡脚板和栏杆均应设置在门架立杆的内侧。

（4）斜杆撑、托架梁及通道口两侧的门架立杆加强杆件应与门架同步搭设，严禁滞后安装。

第二节　非落地式脚手架搭设安全文明施工

一、悬挑脚手架搭设安全文明施工

（一）悬挑脚手架的搭设程序

支撑杆式悬挑脚手架搭设顺序：

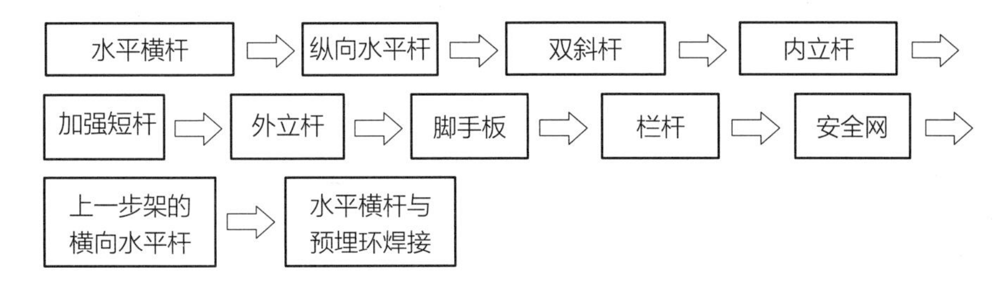

挑梁式悬挑脚手架搭设顺序：

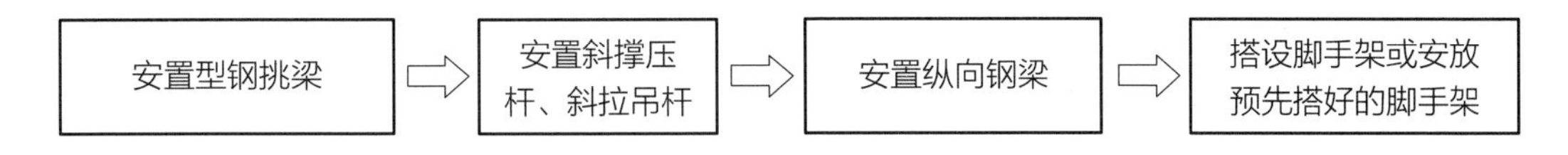

（二）悬挑脚手架安全文明搭设要点

1. 支撑杆式悬挑脚手架搭设

连墙杆的设置：根据建筑物的轴线尺寸，在水平方向应每隔 3 跨（6m）设置一个，在垂直方向应每隔 3 ~ 4m 设置一个，并要求各点互相错开，形成梅花状布置。

要严格控制脚手架（图 4–16）的垂直度，随搭随检查，发现超过允许偏差及时纠正。

垂直度偏差：第一段不得超过 1/400；第二段、第三段不得超过 1/200。

脚手架中各层均应设置护栏、踢脚板和扶梯。脚手架外侧和单个架子的底面用小眼安全网封闭，架子与建筑物要保持必要的通道。

图 4–16　支撑杆式悬挑脚手架

脚手架的底层应满铺厚木脚手板，其上各层可满铺薄钢板冲压成的穿孔轻型脚手板。

2. 挑梁式悬挑脚手架搭设

悬挑梁与墙体结构的连接，应预埋铁件（图 4–17）或留好孔洞，不得随便打孔凿洞，破坏墙体。各支点要与建筑物中的预埋件连接牢固。

支撑在悬挑支承结构上的脚手架，其最低一层水平杆处应满铺脚手板，以保证脚手架底层有足够的横向水平刚度。

图 4–17　挑梁式悬挑脚手架预埋铁件

挑梁式悬挑脚手架立杆与挑梁（或纵梁）的连接，应在挑梁（或纵梁）上焊 150 ~ 200mm 长钢管，其外径比脚手架立杆内径小 1.0 ~ 1.5mm，用接长扣件连接，同时在立杆下部设 1 ~ 2 道扫地杆，以确保架子的稳定。

（三）悬挑脚手架安全文明搭设常用数据

悬挑脚手架搭设的常用数据见表 4–7。

表 4–7　悬挑脚手架搭设的技术要求

允许荷载 /（N/m^2）	立杆最大间距 /mm	纵向水平杆最大间距 /mm	横向水平杆间距 /mm		
			脚手板厚度		
			30mm	43mm	50mm
1000	2700	1350	2000	2000	2000
2000	2400	1200	1400	1400	1750
3000	2000	1000	2000	2000	2200

（四）悬挑式钢管脚手架安全文明搭设施工总结

（1）用于锚固的 U 形钢筋拉环或螺栓应采用冷弯成型，钢筋直径不应小于 16mm。

（2）当型钢悬挑梁与建筑结构采用螺栓钢压板连接固定时，钢压板尺寸不应小于 100mm × 10mm（宽 × 厚）；当采用螺栓角钢压板连接固定时，角钢的规格不应小于 63mm × 63mm × 6mm。

（3）型钢悬挑梁与 U 形钢筋拉环或螺栓连接应紧固。当采用钢筋拉环连接时，应采用钢楔或硬木楔塞紧；当采用螺栓钢压板连接时，应采用双螺母拧紧。严禁型钢悬挑梁晃动。

（4）悬挑脚手架底层门架立杆与型钢悬挑梁应可靠连接，不得滑动或窜动。型钢梁上应设置固定连接棒与门架立杆连接，连接棒的直径不应小于 25mm，长度不应小于 100mm，应与型钢梁焊接牢固。

（5）悬挑脚手架的底层门架两侧立杆应设置纵向扫地杆，并应在脚手架的转角处、两端和中间间隔不超过 15m 的底层门架上各设置一道单跨距的水平剪刀撑，剪刀撑斜杆应与门架立杆底部扣紧。

二、附着式升降脚手架搭设安全文明施工

（一）附着式升降脚手架的搭设程序

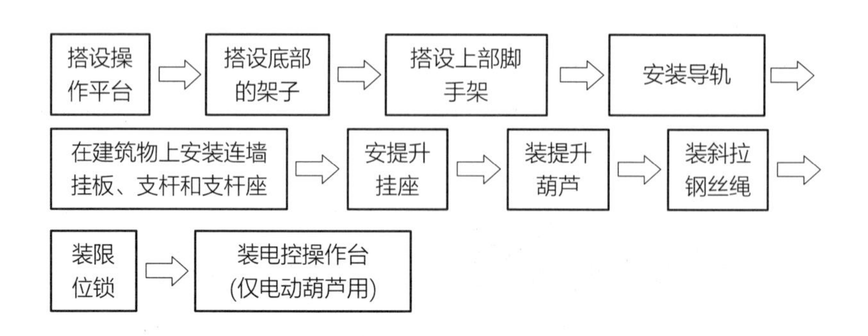

（二）附着式升降脚手架安全文明搭设要点

（1）选择安装起始点、安放提升滑轮组并搭设底部架子（图 4–18）。脚手架安装的起始点一般选在附着式升降脚手架的提升机构位置不需要调整的地方。

安放提升滑轮组，并与架子中与导轨位置相对应的立杆连接，并以此立杆为准向一侧或两侧依次搭设底部架；与提升滑轮组相连（即与导轨位置相对应)的立杆一般是位于脚手架端部的第二根立杆，此处要设置从底到顶的横向斜杆。

图 4–18　提升滑轮现场安装

（2）脚手架架体搭设（图 4–19）。以底部架为基础，配合工程施工进度搭设上部脚手架。

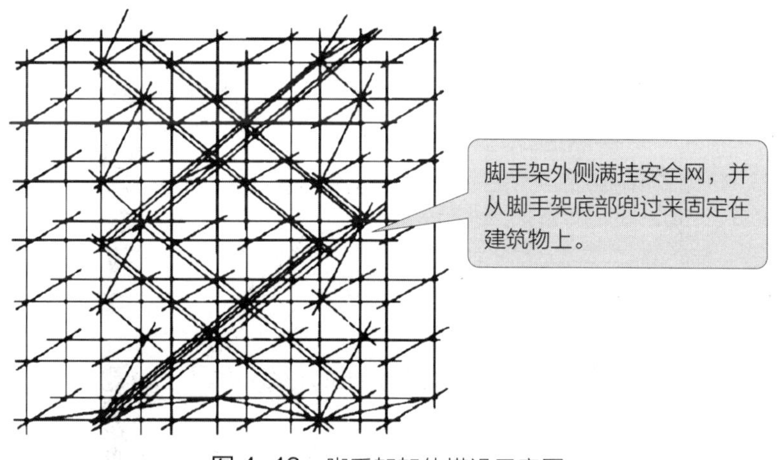

脚手架外侧满挂安全网，并从脚手架底部兜过来固定在建筑物上。

图 4–19　脚手架架体搭设示意图

与导轨位置相对应的横向承力框架内沿全高设置横向斜杆，在脚手架外侧沿全高设置剪刀撑；在脚手架内侧安装爬升机械的两立杆之间设置横向斜撑。

（3）安装导轮组、导轨。在脚手架架体与导轨相对应的两根立杆上，上、下各安装两组导轮组，然后将导轨插进导轮和提升滑轮组下（图 4–20）的导孔中（图 4–21）。

在建筑物结构上安装连墙挂板、连墙支杆、连墙支座杆，再将导轨与连墙支座连接（图 4–22）。

当脚手架（支架）搭设到两层楼高时即可安装导轨，导轨底部应低于支架 1.5m 左右，每根导轨上相同的数字应处于同一水平上。每根导轨长度固定，有 3.0m、2.8m、2.0m、0.9m 等，可竖向接长。

（4）安装提升挂座、提升葫芦、斜拉钢丝绳、限位器。

将提升挂座安装在导轨上（上面一组导轮组下的位置），再将提升葫芦挂在提升挂座上。

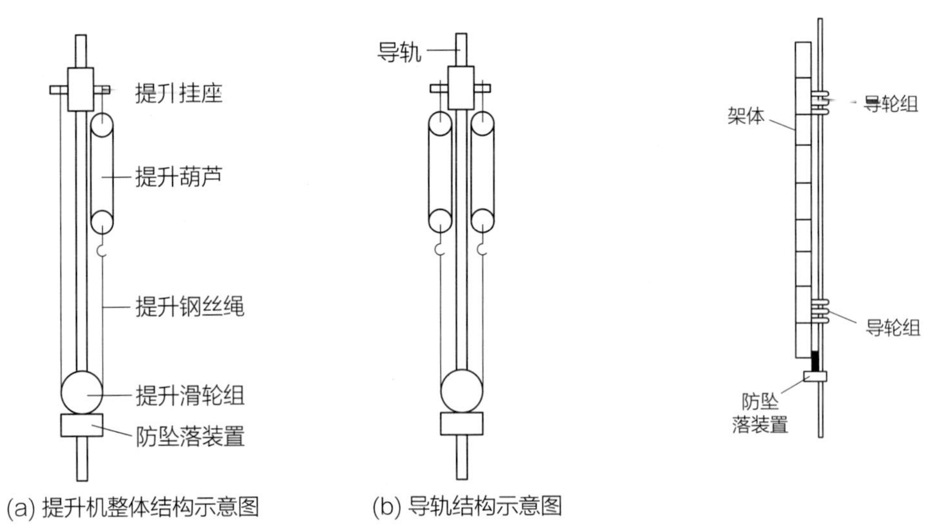

图 4-20　提升机构示意图　　图 4-21　导轨与架体连接示意图

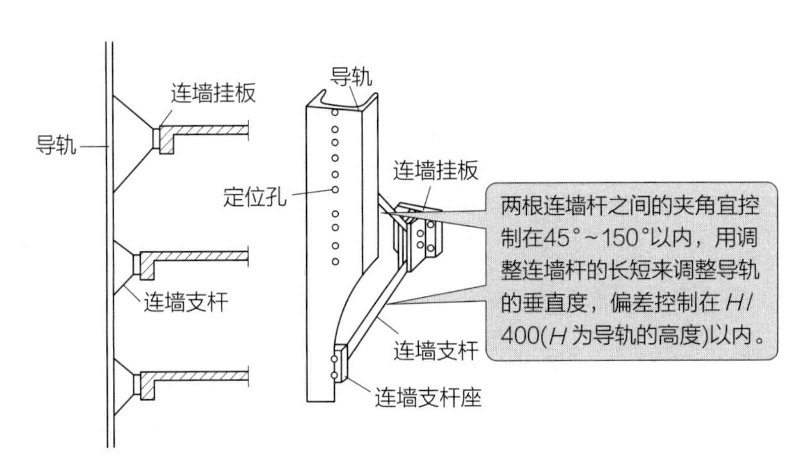

图 4-22　导轨与结构连接示意图

当提升挂座两侧各挂一个提升葫芦时，架子高度可取 3.5 倍楼层高，导轨选用 4 倍楼层高，上下导轨之间的净距离应大于 1 倍楼层加 2.5m；当提升挂座两侧的一侧挂提升葫芦，另一侧挂钢丝绳时，架子高度取 4.5 倍楼层高，导轨选用 5 倍楼层高，上下导轨之间的净距应大于 2 倍楼层高加 1.8m。

若采用电动葫芦，则在脚手架上搭设电控柜操作台，并将电缆线布置到每个提升点，同电动葫芦连接好（注意留足电缆线长度）。

（三）附着式升降脚手架安全文明搭设施工总结

（1）操作人员必须经过专业培训。脚手架组装前，应根据专项施工组织设计要求，配备合格人员，明确岗位职责。对所有材料、工具和设备进行检验，不合格的产品严禁投入使用。

（2）脚手架组装完毕，必须对各项安全保险装置、电气控制装置、升降动力设备、同步及荷载控制系统、附着支承点的连接件等进行仔细检查，在工程结构混凝土强度达到承载强度后，方可进行升降操作。

（3）升降操作前应解除所有妨碍架体升降的障碍和约束。升降时，严禁操作人员停留在架体上。特殊情况需要上人的，必须采取有效安全防护措施。

三、外挂防护架安全文明施工

（一）外挂防护架安全文明施工要点

（1）安装防护架（图 4–23）时，应先搭设操作平台；防护架应配合施工进度搭设，一次搭设的高度不应超过相邻连墙件以上两个步距。

经验指导：每搭完一步架后，应校正步距、纵距、横距及立杆的垂直度，确认合格后方可进行下道工序。

图 4–23　外挂防护架安装施工

（2）竖向桁架安装宜在起重机辅助下进行。

（3）当安装防护架的作业层高出辅助架两步时，应搭设临时连墙杆，待防护架提升时方可拆除。临时连墙杆可采用 2.5 ~ 3.5m 长钢管，一端与防护架第二步相连，另一端与建筑结构相连。每片架体与建筑结构的临时连墙杆不得少于 2 处 。

（二）外挂防护架安全文明安装常用数据

外挂防护架构造的基本参数见表 4–8。

表 4–8　外挂防护架构造的基本参数

项目	单位	技术指标
架体高度	m	≤ 13.5
架体长度	m	≤ 6.0
架体宽度	m	≤ 1.2
架体自重	N	2.9
纵向水平步距	m	≤ 0.9
每片架体桁架数	个	2
地锚环、拉环钢筋直径	mm	12

（三）外挂防护架安全文明搭设施工总结

（1）应根据专项施工方案的要求，在建筑结构上设置预埋件。预埋件应经验收合格后方可浇筑混凝土，并应做好隐蔽工程记录。

（2）同一片防护架的相邻立杆的对接扣件应交错布置，在高度方向错开的距离不宜小于 500mm；各接头中心至主节点的距离不宜大于步距的 1/3 。

（3）纵向水平杆应通长设置，不得搭接。

（4）根据不同的建筑结构形式，防护架的固定位置可分为在建筑结构边梁处、檐板处和剪力墙处。

四、吊篮脚手架安全文明施工

图 4-24　施工吊篮

高处作业吊篮（图 4-24）应由悬挑机构、吊篮平台、提升机构、防坠落机构、电气控制系统、钢丝绳和配套附件、连接件构成。

（一）吊篮脚手架安全文明操作要点

（1）高处作业吊篮安装时应按专项施工方案，在专业人员的指导下实施。

（2）安装作业前，应划定安全区域，并应排除作业障碍。

（3）高处作业吊篮组装前应确认结构件、紧固件已经配套且完好，其规格、型号和质量应符合设计要求。

（4）高处作业吊篮所用的构配件应是同一厂家的产品。

（5）在建筑物屋面上进行悬挂机构的组装（图 4-25）时，作业人员应与屋面边缘保持 2m 以上的距离。组装场地狭小时应采取防坠落措施。

经验指导：悬挂机构宜采用刚性连接方式进行拉结固定。

图 4-25　悬挂机构组装

（6）前梁外伸长度应符合高处作业吊篮使用说明书的规定。

（7）悬挑横梁前高后低，前后水平高差不应大于横梁长度的 2%。

（二）吊篮脚手架安全文明搭设施工总结

（1）配重件应稳定可靠地安放在配重架上，并应有防止随意移动的措施。严禁使用破损的配重件或其他替代物。配重件的质量应符合设计规定。

（2）安装时钢丝绳应沿建筑物立面缓慢下放至地面，不得抛掷。

（3）当使用两个以上的悬挂机构时，悬挂机构吊点水平间距与吊篮平台的吊点间距应相等，其误差不应大于 50mm。

（4）悬挂机构前支架应与支撑面保持垂直，脚轮不得受力。

（5）安装任何形式的悬挑结构，其施加于建筑物或构筑物支承处的作用力，均应符合建筑结构的承载能力，不得对建筑物和其他设施造成破坏和不良影响。

（6）高处作业吊篮安装和使用时，在 10m 范围内如有高压输电线路，应按照现行行业标准《施工现场临时用电安全技术规范》（JGJ 46—2005）的规定，采取隔离措施。

第三节　脚手架安全文明施工操作技术要求

一、脚手架安全文明搭设一般要求

（一）扣件式钢管脚手架搭设

（1）立杆间距一般不大于 2.0m，立杆横距不大于 1.5m，连墙杆不少于三步三跨，脚手架底层满铺一层固定的脚手板，作业层满铺脚手板，自作业层往下计，每隔 12m 必须满铺一层脚手板。

（2）立杆接长除顶层顶步外，其余各层各步接头必须采用对接扣件连接。两根相邻立杆的接头不得设置在同一步距内，同步内隔一根立杆的两个接头在高度方向错开的距离不宜小于 500mm，各接头的中心至主节点的距离不宜小于 500mm，各接头的中心至主要节点的距离不宜大于步距的 1/3。顶层顶部立杆若采用搭接接头，其搭接长度不应小于 1000mm，并采用不少于 2 个旋转扣件固定，端部扣件盖板边缘至杆端距离不应小于 10mm。

（3）主节点必须设置一根横向水平杆，用直角扣件扣接且严禁拆除。主节点处两个直角扣件的中心距不应大于 150mm。在双排脚手架中，靠墙一端的横向水平杆外伸长度不应大于 500mm。

（4）脚手架必须设置纵、横向扫地杆。纵、横向扫地杆应采用直角扣件固定在距底座上皮不大于 200mm 处的立杆上。当立杆基础不在同一水平面上时，必须将高处的纵向扫地杆向低处延长两跨与立杆固定，高低差不应大于 1m。靠边坡上方的立杆轴线到边坡的距离不应小于 500mm。

（5）立杆应纵成线、横成方，垂直偏差不得大于架高的 1/200。立杆接头应使用对接扣件连接，相邻的两根立杆接头应错开 500mm，不得在同一步架内。立杆下脚应设纵、横向扫地杆。

纵向水平杆在同一步架内纵向水平高差不得超过全长的 1/300。纵向水平杆应使用对接扣件连接。相邻两根纵向水平杆接头错开 500mm，不得在同一跨内。

（6）高度在 20m 以上的双排扣件式钢管脚手架，必须用刚性连墙杆与建筑物可靠连接。高度在 20m 以下的单、双排脚手架，宜采用刚性连墙杆与建筑物可靠连接。亦可采用钢筋和顶撑配合使用的附墙连接方式。严禁使用仅有钢筋的柔性连墙杆。

（7）高层施工脚手架（高 20m 以上）在搭设过程中必须以 15 ~ 18m 为一段，根据实际情况，采取撑、挑、吊等分阶段将荷载卸到建筑物的技术措施。

（8）一字形、开口形双排钢管扣件式脚手架的两端均必须设置横向斜撑。高度在 20m 以上的封闭型脚手架，除拐角处需设置横向斜撑外，中间应每隔 6 跨设置一道。横向斜撑应在同一节间，由底至顶层呈之字形连续布置。

（二）门式钢管脚手架搭设

（1）门式脚手架立杆离墙面净距不宜大于 150mm，上、下榀门架的组装必须设置连接棒及锁臂，内外两侧均应设置交叉支撑并与门架立杆上的锁销锁牢。

（2）门式脚手架的安装应自一端向另一端延伸，并逐层改变搭设方向，不得相对进行。交叉支撑、水平架或脚手板应紧随门架的安装及时设置。连接门架与配件的销臂、搭钩必须处于锁住状态。

（3）在门式脚手架的顶层门架上部、连墙杆设置层、防护棚设置处必须设置水平架。当门架搭设高度小于 45m 时，沿脚手架高度，水平架应至少两步一设；当门架搭设高度大于 45m 时，水平架应每步一设；无论脚手架多高，均应在脚手架转角处、端部及间断处的一个跨距范围内每步一设。

（4）水平架可由挂扣式脚手板或门架两侧设置的水平加固杆代替。当因施工需要，临时局部拆除脚手架内侧交叉支撑时，应在其上方及下方设置水平架。

（5）当门式脚手架高度超过 20m 时，应在门式脚手架外侧每隔一步设置一道连续水平加固杆，底部门架下端应加封门杆，门架的内、外侧设通长的扫地杆。水平加固杆应采用扣件与门架立柱扣牢。

（三）附着式升降脚手架搭设

（1）首层组装应在安装平台上进行，水平架及竖向主框架在两相邻附着支撑结构处的高差不大于 20mm，竖向主框架和防倾倒装置的垂直偏差不应大于 0.5% 和 60mm，预留穿墙螺栓孔和预埋件应垂直于工程结构外表面，中心误差应小于 15mm。

（2）脚手架组装完毕，必须对各项安全保险装置、电气装置、升降动力设备、同步及荷载控制系统、附着支撑点的连接点等进行仔细检查，在工程结构混凝土强度达到承载强度后，方可进行升降操作。

（3）升降操作前应解除所有妨碍架体升降的障碍和约束。升降时，严禁操作人员停留在架体上。特殊情况需要上人的，必须采取有效安全防护措施。

（4）脚手架的拆除必须按照专项施工组织设计进行。拆除时严禁抛掷物件，拆下的材料及设备应及时检修保养，不符合设计要求的必须予以报废。

（5）升降工程中应实行统一指挥，规范指令。升、降指令只能由总指挥一人下达，但有异常时，任何人均可立即发出停止指令。

（6）架体长的施工荷载必须符合设计规定，严禁超载，严禁放置影响局部杆件安全的集中荷载，并应及时清理架体、设备及其他构配件上的垃圾和杂物。

二、其他附属设施安全文明安装要求

（一）安全网架设

（1）在无可靠防护措施的高处临边架设或拆除安全网时，作业人员必须使用安全带，衣服、鞋子必须符合高处作业的安全要求。

（2）作业应由作业班长或其指定的熟练人员指挥，并严格遵守专项施工组织设计及安全技术书面交底的要求作业。所用工具、材料必须有防止滑脱及坠落的措施。

（3）挂设安全平网时，其作业点的上方及下方不得有其他工种作业。遇有恶劣天气时，禁止进行露天高处架设作业。

（4）架设安全网作业使用的所有材料及材质，必须经过检查并符合专项安全施工组织设计的要求。

（5）使用过一次以上的旧网调入其他工程使用，必须附原始记录及使用记录，并必须按规定进行耐冲击性能试验和耐贯穿性能试验，合格后方可投入使用。当使用单位无此项检验能力时，应委托具有法定资格的检验检测单位进行，检验记录应留档存查。对超出产品有效期限的旧网，不得投入使用，必须作报废处理。

（6）架设安全平网，应在拟架设楼层紧贴外墙面连续设置横杆一道，用以固定安全平网的里口。

（7）固定安全平网里、外口的横杆应采用搭接的方式接长。钢管的搭接长度不应小于 1.0m，使用两个以上的旋转扣件扣牢；木、竹材料的搭接长度不应小于 1.5m，绑扎不少于三道。

（8）支撑斜杆的设置间距，应符合设计的要求。当无设计要求时，不应大于 3.0m。支撑斜杆的下端应有牢固的固定措施。

（9）首层安全平网的安装高度，其网体最低点距地面的距离不宜小于 4m，与下方物体的距离应不小于 3.0m。网的宽度不小于 5m。

（10）安全立网的每根网绳都必须与支撑杆件系结。密目式安全立网的每个开眼环扣都必须穿入强度符合要求的纤维绳与支撑杆系结，或作网与网之间的连接；也可采用不小于 14 号的钢丝绑扎，但绑扎钢丝的端头应妥善处理，必须朝下并朝网体外侧。

（11）立网的边绳与支撑架体应贴紧。安全立网安装平面每道层间网的间距，不得大于 10m。层间网及随层网安装时，网面宜外高里低，与水平面的夹角约为 15° 。安装后的平网网面不宜绷得过紧，应有一定的松弛度，并使网片初始下垂的最低点与支撑架挑支杆件的距离不低于 1.5m。层间网及随层网的安装宽度，推荐 3.0m 宽的平网安装后其水平投影宽度约为 2.5m，可在斜支撑杆上设置水平拉杆，以控制支撑斜杆的角度及网面的松弛度。

（12）当密目式安全网安装在脚手架临边侧作封闭防护时，密目式安全立网应挂设在脚手架的内侧，网的边绳必须与下部脚手架纵向水平杆贴紧，与下部脚手架纵向水平杆的间隙不得超过 100mm。在水平方向上，网与网之间的连接必须紧密，不得留有缝隙。

（13）多张网连接使用时，两张网相邻部分应靠紧或重叠，并用与网体材料相同的连接绳连续地锁紧，不得漏锁或形成漏洞。

（二）坡道搭设

（1）脚手架运料坡道宽度不得小于 1.5m，坡道坡度以 1 ∶ 6（高∶长）为宜。人行坡道的宽度不得小于 1m，坡道坡度不得大于 1 ∶ 3.5。

（2）立杆、纵向水平杆间距应与结构脚手架相适应，单独坡道的立杆、纵向水平杆间距不得超过 1.5m。横向水平杆间距不得大于 1m，坡道宽度大于 2m 时，横向水平杆中间应加吊杆，并每隔 1 根立杆在吊杆下加绑托和八字戗。

（3）脚手板应铺严、铺牢。对头搭接时板端部分应用双向水平杆。搭接板的板端应搭过横向水平杆 200mm，并用三角木填顺板头凸棱。斜坡道的脚手板应钉防滑条，防滑条厚度 30mm，间距不得大于 300mm。

（4）之字坡道的转弯处应搭设平台，平台面积应根据施工需要，但宽度不得小于 1.5m。平台应绑剪刀撑或八字戗。

（5）坡道及平台必须绑两道护身栏杆和180mm高度的挡脚板。

第四节　模板支撑架和木脚手架安全文明施工

一、模板支撑架安全文明施工

模板支撑架（图4-26）应根据施工荷载组配横杆及选择步距，根据支撑高度选择组配立杆、可调托撑及可调底座。

图4-26　模板支撑架

（一）模板支撑架安全文明操作要点

（1）模板支撑架（图4-27）高度超过4m时，应在四周拐角处设置专用斜杆或四面设置八字斜杆，并在每排每列设置一组通高十字撑或专用斜杆。

经验指导：模板支撑架高宽比不得超过3，否则应扩大下部架体尺寸，或者按有关规定验算，采取设置缆风绳等加固措施。

图4-27　模板支撑架搭设作业

（2）房屋建筑模板支撑架可采用立杆支撑楼板、横杆支撑梁的梁板合支方法。当梁的荷载超过横杆的设计承载力时，可采取独立支撑的方法，并与楼板支撑连成一体。

（3）人行通道应符合下列规定。

① 双排脚手架人行通道设置时，应在通道上部架设专用梁，通道两侧脚手架应加设斜杆。

② 模板支撑架人行通道设置时，应在通道上部架设专用横梁，横梁结构应经过设计计算确定。通道两侧支撑横梁的立杆根据计算应加密，通道周围脚手架应组成一体。通道宽度应≤4.8m。

③ 洞口顶部必须设置封闭的覆盖物，两侧设置安全网。通行机动车的洞口，必须设置防撞设施。

（二）模板支撑架安全文明搭设施工总结

（1）模板支撑架搭设应与模板施工相配合，利用可调底座或可调托撑调整底模标高。

（2）按施工方案弹线定位，放置可调底座后分别按先立杆后横杆再斜杆的搭设顺序进行。建筑楼板多层连续施工时，应保证上下层支撑立杆在同一轴线上。

（3）搭设在结构的楼板、挑台上时，应对楼板或挑台等结构承载力进行验算。

二、木脚手架安全文明施工

搭设木脚手架（图 4–28）时操作人员应戴好安全帽，在 2m 以上高处作业，应系安全带。

图 4–28　木脚手架

（一）木脚手架搭设安全文明操作要点

（1）当符合施工荷载规定标准值，且符合本章构造要求时，木脚手架的搭设高度不得超过《建筑施工木脚手架安全技术规范》（JGJ 164—2008）中的规定。

（2）单排脚手架的搭设不得用于墙厚在 180mm 及以下的砌体土坯和轻质空心砖墙以及砌筑砂浆强度在 M1.0 以下的墙体。

（3）空斗墙上留置脚手眼时，横向水平杆下必须实砌两皮砖。

（4）砖砌体的下列部位不得留置脚手眼。

① 砖过梁上与梁成 60° 的三角形范围内。

② 砖柱或宽度小于 740mm 的窗间墙。

③ 梁和梁垫下及其左右各 370mm 的范围内。

④ 门窗洞口两侧 240mm 和转角处 420mm 的范围内。

⑤ 设计图纸上规定不允许留洞眼的部位。

（二）木脚手架安全文明搭设施工总结

（1）在大雾、大雨、大雪和 6 级以上的大风天，不得进行脚手架在高处的搭设作业。雨雪后搭设时必须采取防滑措施。

（2）木脚手架的拆除顺序应为由上而下、先绑的后拆、后绑的先拆。应先拆除栏杆、脚手板、剪刀撑、斜撑，后拆除横向水平杆、纵向水平杆、立杆等，一步一清，依次进行。严禁上下同时进行拆除作业。

（3）连墙件的拆除应随拆除进度同步进行，严禁提前拆除，在拆除最下一道连墙件前应先加设一道抛撑。

（4）木脚手架的搭设、维修和拆除，必须编制专项施工方案；作业前，应向操作人员进行安全技术交底，并应按方案实施。

第五章

钢筋混凝土工程安全文明施工

第一节　钢筋工程施工安全文明操作

一、钢筋加工安全文明操作

（一）钢筋加工安全文明操作要点

（1）钢筋宜采用无延伸的机械设备进行调直，也可采用冷拉方法调直（图 5–1）。

当采用冷拉方法调直时，HPB300光圆钢筋的冷拉率不宜大于4%；HRB335、HRB400、HRB500、HRBF335、HRBF400、HRBF500及RRB钢筋的冷拉率不宜大于1%。

图 5–1　钢筋冷拉调直

（2）受力钢筋（图 5–2）的弯钩和弯折的规定：HPB300 级钢筋末端应做 180° 弯钩，其弯弧内直径不应小于钢筋直径的 2.5 倍，弯钩的弯后平直部分长度不应小于钢筋直径的 3 倍。

当设计要求钢筋末端需做135°弯钩时，HRB335级、HRB400级钢筋的弯弧内直径不应小于钢筋直径的4倍，弯钩的弯后平直部分长度应符合设计要求。

图 5-2　受力钢筋加工

（二）钢筋加工安全文明操作常用数据

（1）钢筋加工的形状、尺寸应符合设计要求，其偏差应符合表 5-1 的规定。

表 5-1　钢筋加工的允许偏差

项目	允许偏差 /mm
受力钢筋顺长度方向全长的净尺寸	± 10
弯起钢筋的弯折位置	± 20
箍筋内净尺寸	± 5

（2）钢筋调直后应进行力学性能和重量偏差的检验，其强度应符合有关标准的规定。盘卷钢筋和直条钢筋调直后的伸长率、重量偏差应符合表 5-2 的规定。

表 5-2　钢筋调直后的断后伸长率、重量偏差规定

钢筋牌号	断后伸长率 *A*/%	单位长度重量偏差 /%		
		直径 6 ～ 12mm	直径 14 ～ 20mm	直径 22 ～ 50mm
HPB300	≥ 21	≤ 10	—	—
HRB335、HRBF335	≥ 16	≤ 8	≤ 6	≤ 5
HRB400、HRBF400	≥ 15	≤ 8	≤ 6	≤ 5
RRB400	≥ 13	≤ 8	≤ 6	≤ 5
HRB500、HRBF500	≥ 14	≤ 8	≤ 6	≤ 5

二、钢筋连接安全文明操作

（一）钢筋连接安全文明操作要点

（1）钢筋采用电弧焊连接（图 5-3）时，焊接接头区域不得有肉眼可见的裂纹，坡口焊、熔槽帮条焊和窄间隙焊接头的焊缝余高不得大于 3mm。

图 5-3　钢筋电弧焊连接不合格

（2）钢筋采用气压焊连接时，接头处的轴线偏移不得大于钢筋直径的 0.15 倍，且不得大于 4mm，如图 5-4 所示；当不同直径钢筋焊接时，应按较小钢筋直径计算；当大于上述规定值，但在钢筋直径的 0.30 倍以下时，可加热矫正；当大于钢筋直径的 0.30 倍时，应切除重焊。

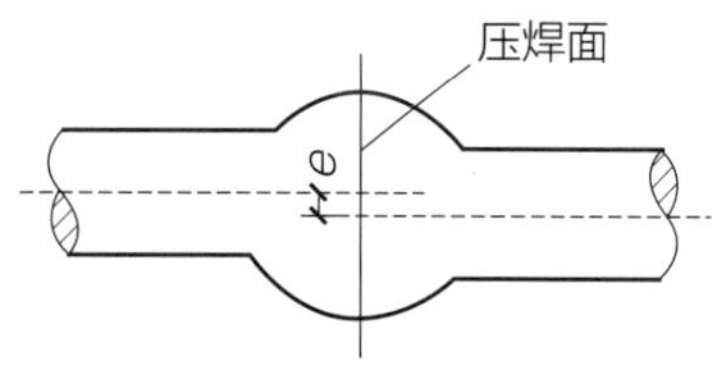

图 5-4　气压焊连接示意图
e—接头处的轴线偏移量

（二）钢筋连接安全文明操作常用数据

（1）电弧焊连接：钢筋与钢板搭接焊时，HPB300 钢筋的搭接长度 *L* 不得小于 4 倍钢筋直径。HRB335 和 HRB400 钢筋的搭接长度 *L* 不得小于 5 倍钢筋直径，焊缝宽度 *b* 不得小于钢筋直径的 0.6 倍，焊缝厚度 *S* 不得小于钢筋直径的 0.35 倍。

（2）气压焊连接：接头部位两钢筋轴线不在同一直线上时，其弯折角不得大于 4°。当超过限量时，应重新加热校正。

（3）镦粗区最大直径应为钢筋公称直径的 1.4 ~ 1.6 倍，长度应为钢筋公称直径的 0.9 ~ 1.2 倍，且凸起部分平缓圆滑。

（4）镦粗区最大直径处应为压焊面。若有偏移，其最大偏移量不得大于钢筋公称直径的 0.2 倍。

第二节　模板工程施工安全文明操作

一、支架立柱安装施工安全文明操作

（一）支架立柱安装施工安全文明操作要点

（1）梁式或桁架式支架的安装构造应符合的规定：

① 采用伸缩式桁架时，其搭接长度不得小于 500mm，上下弦连接销钉规格、数量应按设计规定，并应采用不少于两个 U 形卡或钢销钉销紧，U 形卡距或销距不得小于 400mm。

② 安装的梁式或桁架式支架的间距设置应与模板设计图一致。

③ 支承梁式或桁架式支架的建筑结构应具有足够强度，否则，应另设立柱支撑。

④ 若桁架采用多榀成组排放，在下弦折角处必须加设水平撑。

（2）工具式钢管单立柱支撑（图 5-5）的间距应符合支撑设计的规定。

立柱不得接长使用；所有夹具、螺栓、销子和其他配件应处在闭合或拧紧的位置。

图 5-5　工具式立柱支撑

（3）木立柱支撑的安装构造应符合下列规定：

① 木立柱宜选用整料，当不能满足要求时，立柱的接头不宜超过 1 个，并应采用对接夹板接头方式。木立柱底部与垫木（图 5-6）之间应设置硬木对角楔调整标高，并应用铁钉将其固定于垫木上。

立柱底部可采用垫块垫高，但不得采用单码砖垫高，垫高高度不得超过300mm。

图 5-6　木立柱底部安放垫木

② 木立柱间距、扫地杆、水平拉杆剪刀撑的设置应符合规范的规定，严禁使用板皮替代规定的拉杆。

③ 所有单立柱支撑应位于底垫木和梁底模板的中心，并应与底部垫木和顶部梁底模板紧密接触，且不得承受偏心荷载。

④ 当仅为单排立柱时，应于单排立柱的两边每隔 3m 加设斜支撑（图 5-7），且每边不得少于两根。

斜支撑与地面的夹角应为60°。

图 5-7　加设斜支撑

（4）当采用扣件式钢管作立柱支撑时，其安装构造应符合下列规定：

① 钢管规格、间距、扣件应符合设计要求。每根立柱底部应设置底座及垫板，垫板厚度不得小于 50mm。

② 钢管支架立柱、扫地杆、水平拉杆、剪刀撑的设置应符合规范的规定。当立柱底部不在同一高度时，高处的纵向扫地杆应向低处延长不少于两跨，高低差不得大于 1m，立柱距边坡上方边缘不得小于 0.5m。

③ 立柱接长严禁搭接，必须采用对接扣件连接，相邻两立柱的对接接头不得在同步内，且对接接头沿竖向错开的距离不宜小于 500mm，各接头中心距主节点不宜大于步距的 1/3。

④ 满堂模板和共享空间模板支架立柱，在外侧周圈应设由下至上的竖向连续式剪刀撑；中间在纵横向应每隔 10m 左右设由下至上的竖向连续式剪刀撑，其宽度宜为 4 ~ 6m，并在剪刀撑部位的顶部、扫地杆处设置水平剪刀撑。剪刀撑杆件的底端应与地面顶紧，夹角宜为 45° ~ 60° 。当建筑层高在 8 ~ 20m 时，除应满足上述规定外，还应在纵横向相邻的两竖向连续式剪刀撑之间增加之字形斜撑，在有水平剪刀撑的部位，应在每个剪刀撑中间处增加一道水平剪刀撑。当建筑层高超过 20m 时，在满足以上规定的基础上，应将所有之字形斜撑全部改为连续式剪刀撑。

⑤ 当支架立柱高度超过 5m 时，应在立柱周圈外侧和中间有结构柱的部位，按水平间距 6 ~ 9m，竖向间距 2 ~ 3m 与建筑结构设置一个固结点。

（5）当采用碗扣式钢管脚手架作立柱支撑（图 5-8）时，其安装构造规定：立杆底座应采用大钉固定于垫木上；立杆立一层，即将斜撑对称安装牢固，不得漏加，也不得随意拆除。

立杆应采用长1.8m和3.0m的立杆错开布置，严禁将接头布置在同一水平高度。
横向水平杆应双向设置，间距不得超过1.8m。

图 5-8　碗扣式立柱支撑安装

（6）当采用标准门架作支撑时，其安装构造应符合下列规定：

① 门架（图 5-9）的跨距和间距应按设计规定布置，间距宜小于 1.2m；支撑架底部垫木上应设固定底座或可调底座。门架、调节架及可调底座，其高度应按其支撑的高度确定。

② 门架支撑可沿梁轴线垂直和平行布置。当垂直布置时，在两门架间的两侧应设置交叉支撑；当平行布置时，在两门架间的两侧亦应设置交叉支撑，交叉支撑应与立杆上的锁销锁牢，上下门架的组装连接必须设置连接棒及锁臂。

③ 门架支撑高度超过 8m 时，剪刀撑不应大于 4 个间距，并应采用扣件与门架立杆扣牢。

（二）支架立柱安装安全文明施工总结

（1）在立柱底距地面 200mm 高处，沿纵横水平方向应按纵下横上的程序设扫地杆。可调支托底部的立柱顶端应沿纵横向设置一道水平拉杆。扫地杆与顶部水平拉杆之间的间距，在满足模板设计所确定的水平拉杆步距要求条件下，进行平均分配确定步距后，在每一步距处纵横向应各设一道水平拉杆。当层高在 8 ~ 20m 时，在最顶步距两水平拉杆中间应加设一道水平拉杆；当层高大于 20m 时，在最顶两步距水平拉杆中间应分别增加一道水平拉杆。所有水平拉杆的端部均应与四周建筑物顶紧顶牢。无处可顶时，应于水平拉杆端部和中部沿竖向设置连续式剪刀撑。

当门架支撑宽度为4跨及以上或5个间距及以上时，应在周边底层、顶层、中间每5列、5排于每门架立杆根部设ϕ48mm×3.5mm通长水平加固杆，并应采用扣件与门架立杆扣牢。

图 5-9　门架

（2）木立柱的扫地杆、水平拉杆、剪刀撑应采用 40mm × 50mm 木条或 25mm × 80mm 的木板条与木立柱钉牢。钢管立柱的扫地杆、水平拉杆、剪刀撑应采用 ϕ 48mm × 3.5mm 钢管，用扣件与钢管立柱扣牢。木扫地杆、水平拉杆、剪刀撑应采用搭接，并应用铁钉钉牢。钢管扫地杆、水平拉杆应采用对接，剪刀撑应采用搭接，搭接长度不得小于 500mm，用两个旋转扣件分别在离杆端不小于 100mm 处进行固定。

二、普通模板安装施工安全文明操作

（一）普通模板安装施工安全文明操作要点

（1）基础及地下工程模板应符合的规定：

① 地面以下支模应先检查土壁的稳定情况，当有裂纹及塌方危险迹象时，应在采取安全防范措施后，方可下人作业。当深度超过 2m 时，操作人员应设梯上下。

② 距基槽（坑）上口边缘 1m 内不得堆放模板（图 5-10）。向基槽（坑）内运料应使用起重机、溜槽或绳索；运下的模板严禁立放于基槽（坑）土壁上。

斜支撑与侧模的夹角不应小于45°，支于土壁的斜支撑应加设垫板，底部的对角楔木应与斜支撑连牢。高大长脖基础若采用分层支模时，其下层模板应经就位校正并支撑稳固后，方可进行上一层模板的安装。

图 5-10　基础模板

③ 在有斜支撑的位置，应于两侧模间采用水平撑连成整体。

（2）柱模板应符合的规定：

① 现场拼装柱模（图 5-11）时，应适时地安设临时支撑进行固定，斜撑与地面的倾角宜为 60°，严禁将大片模板系于柱子钢筋上。

② 待四片柱模就位组拼经对角线校正无误后，应立即自下而上安装柱箍。

③ 若为整体预组合柱模，吊装时应采用卡环和柱模连接，不得用钢筋钩代替。

④ 柱模校正后，应采用斜撑或水平撑进行四周支撑，以确保整体稳定。

当高度超过4m时，应群体或成列同时支模，并应将支撑连成一体，形成整体框架体系。当需单根支模，柱宽大于500mm时，应对每边在同一标高上设不得少于两根斜撑或水平撑。斜撑与地面的夹角宜为45°~60°，下端尚应有防滑移的措施。

图 5-11　柱模安装

⑤ 角柱模板的支撑，除满足上述要求外，还应在里侧设置能承受拉、压力的斜撑。

（3）墙模板应符合的规定：

① 当用散拼定型模板支模时，应自下而上进行，必须在下一层模板全部紧固后，方可进行上一层安装。当下层不能独立安设支撑件时，应采取临时固定措施。

② 当采用预拼装的大块墙模板（图 5-12）进行支模安装时，严禁同时起吊两块模板，并应边就位、边校正、边连接，固定后方可摘钩。

拼接时的U形卡应正反交替安装，间距不得大于300mm；两块模板对接接缝处的U形卡应满装。
对拉螺栓与墙模板应垂直，松紧应一致，墙厚尺寸应正确。

图 5-12　墙模板安装

③ 安装电梯井内墙模前，必须于板底下 200mm 处牢固地满铺一层脚手板。

④ 模板未安装对拉螺栓前，板面应向后倾一定角度。安装过程应随时拆换支撑或增加支撑。

⑤ 当钢楞长度需接长时，接头处应增加相同数量和不小于原规格的钢楞，其搭接长度不得小于墙模板宽或高的 15% ~ 20%。

⑥ 墙模板内外支撑必须坚固、可靠，应确保模板的整体稳定。当墙模板外面无法设置支撑时，应于里面设置能承受拉和压的支撑。多排并列且间距不大的墙模板，当其支撑互成一体时，应有防止浇筑混凝土时引起邻近模板变形的措施。

（4）独立梁和整体楼盖梁结构模板应符合的规定：

① 安装独立梁模板（图 5-13）时应设安全操作平台，并严禁操作人员站在独立梁底模或柱模支架上操作及上下通行。

底模与横楞应拉结好，横楞与支架、立柱应连接牢固。
安装梁侧模时，应边安装边与底模连接，当侧模高度多于两块时，应采取临时固定措施。

图 5-13　梁模板安装

② 起拱应在侧模内外楞连接牢固前进行。

③ 单片预组合梁模，钢楞与板面的拉结应按设计规定制作，并应按设计吊点试吊无误后方可正式吊运安装，侧模与支架支撑稳定后方准摘钩。

（5）楼板或平台板模板应符合的规定：

① 当预组合模板采用桁架支模时，桁架与支点的连接应固定牢靠，桁架支撑应采用平直通长的型钢或木方。

② 当预组合模板块较大时，应加钢楞后方可吊运。当组合模板为错缝拼配时，板下横楞应均匀布置，并应在模板端穿插销。

③ 单块模就位安装，必须待支架搭设稳固、板下横楞与支架连接牢固后进行。

（6）其他结构模板应符合的规定：

① 安装圈梁、阳台、雨篷及挑檐等模板时，其支撑应独立设置，不得支搭在施工脚手架上。

② 安装悬挑结构模板时，应搭设脚手架或悬挑工作台，并应设置防护栏杆和安全网。作业处的下方不得有人通行或停留。

③ 烟囱、水塔及其他高大构筑物的模板，应编制专项施工设计和安全技术措施，并应详细地向操作人员进行交底后方可安装。

（二）普通模板安装安全文明施工总结

（1）作业前应检查绳索、卡具、模板上的吊环，必须完整有效，在升降过程中应设专人指挥，统一信号，密切配合。

（2）吊运大块或整体模板时，竖向吊运不应少于两个吊点，水平吊运不应少于四个吊点。吊运必须使用卡环连接，并应稳起稳落，待模板就位连接牢固后，方可摘除卡环。

（3）吊运散装模板时，必须码放整齐，待捆绑牢固后方可起吊。

（4）严禁起重机在架空输电线路下面工作。

（5）5 级风及其以上时应停止一切吊运作业。

三、爬升模板安装施工安全文明操作

（一）爬升模板安装施工安全文明操作要点

（1）进入施工现场的爬升模板系统中的大模板、爬升支架、爬升设备、脚手架及附件等，应按施工组织设计及有关图纸验收，合格后方可使用。

（2）爬升模板安装时，应统一指挥，设置警戒区与通信设施，做好原始记录。并应遵守下列规定：

① 检查工程结构上预埋螺栓孔的直径和位置应符合图纸要求。

② 爬升模板的安装顺序应为底座、立柱、爬升设备、大模板、模板外侧吊脚手。

（3）施工过程中爬升大模板（图 5-14）及支架时，应遵守的规定如下：

① 爬升前，应检查爬升设备的位置、牢固程度、吊钩及连接杆件等，确认无误后，拆除相邻大模板及脚手架间的连接杆件，使各个爬升模板单元彻底分开。

爬升时，应先收紧钢丝绳，吊住大模板或支架，然后拆卸穿墙螺栓，并检查再无任何连接，卡环和安全钩无问题，调整好大模板或支架的重心，保持垂直，开始爬升。爬升时，作业人员应站在固定件上，不得站在爬升件上爬升，爬升过程中应防止晃动与扭转。

图 5-14　爬升模板安装

② 每个单元的爬升不宜中途交接班，不得隔夜再继续爬升。每单元爬升完毕应及时固定。

③ 大模板爬升时，新浇混凝土的强度不应低于 1.2N/mm^2。支架爬升时的附墙架穿墙螺栓受力处的新浇混凝土强度应达到 10N/mm^2 以上。

④ 爬升设备每次使用前均应检查，液压设备应由专人操作。

（4）脚手架上不应堆放材料，脚手架上的垃圾应及时清除。如需临时堆放少量材料或机具，必须及时取走，且不得超过设计荷载的规定。所有螺栓孔均应安装螺栓，螺栓应采用 50 ~ 60N · m 的扭矩紧固。

（二）爬升模板安装安全文明施工总结

（1）作业人员应背工具袋，以便存放工具和拆下的零件，防止物件跌落，且严禁从高空向下抛物。

（2）每次爬升组合安装好的爬升模板、金属件应涂刷防锈漆，板面应涂刷脱模剂。

（3）爬模的外附脚手架或悬挂脚手架应满铺脚手板，脚手架外侧应设防护栏杆和安全网。爬架底部亦应满铺脚手板和设置安全网。

（4）每步脚手架间应设置爬梯，作业人员应由爬梯上下，进入爬架应在爬架内上下，严禁攀爬模板、脚手架和爬架外侧。

四、支架立柱拆除施工安全文明操作

（一）支架立柱拆除施工安全文明操作要点

（1）当拆除钢楞（图 5–15）、木楞、钢桁架时，应在其下方临时搭设防护支架，使所拆楞梁及桁架先落于临时防护支架上。

当立柱的水平拉杆超出两层时，应首先拆除两层以上的拉杆。当拆除最后一道水平拉杆时，应和拆除立柱同时进行。

图 5–15 立柱钢楞

（2）当拆除 4 ~ 8m 跨度的梁下立柱时，应先从跨中开始，对称地分别向两端拆除。拆除时，严禁采用连梁底板向旁侧一片拉倒的拆除方法。

（二）支架立柱拆除安全文明施工总结

（1）对于多层楼板模板的立柱，当上层及以上楼板正在浇筑混凝土时，下层楼板立柱的拆除，应根据下层楼板结构混凝土强度的实际情况，经过计算确定。

（2）拆除平台、楼板下的立柱时，作业人员应站在安全处拉拆。

（3）对已拆下的钢楞、木楞、桁架、立柱及其他零配件应及时运到指定地点。有芯钢管立柱运出前应先将芯管抽出或用销卡固定。

五、普通模板拆除施工安全文明操作

（一）普通模板拆除施工安全文明操作要点

（1）拆除条形基础、杯形基础、独立基础或设备基础的模板（图 5–16）时，应遵守下列规定。

模板和支撑杆件等应随拆随运，不得在离槽（坑）上口边缘1m以内堆放。

图 5–16 基础模板拆除

① 拆除前应先检查基槽（坑）土壁的安全状况，发现有松软、龟裂等不安全因素时，应在采取安全防范措施后，方可进行作业。

② 拆除模板时，施工人员必须站在安全的地方。应先拆内外木楞、再拆木面板；钢模板应先拆钩头螺栓和内外钢楞，后拆U形卡和L形插销，拆下的钢模板应妥善传递或用绳钩放置地面，不得抛掷。拆下的小型零配件应装入工具袋内或小型箱笼内，不得随处乱扔。

（2）拆除柱模应遵守的规定如下。

① 柱模拆除应分别采用分散拆除和分片拆除两种方法。

a. 分散拆除的顺序应为：

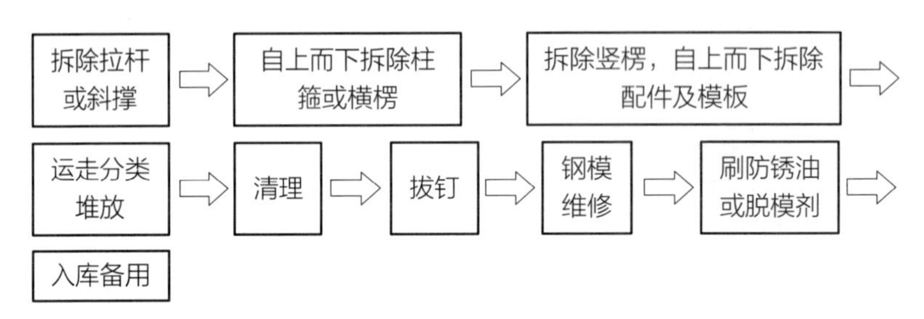

b. 分片拆除的顺序应为：

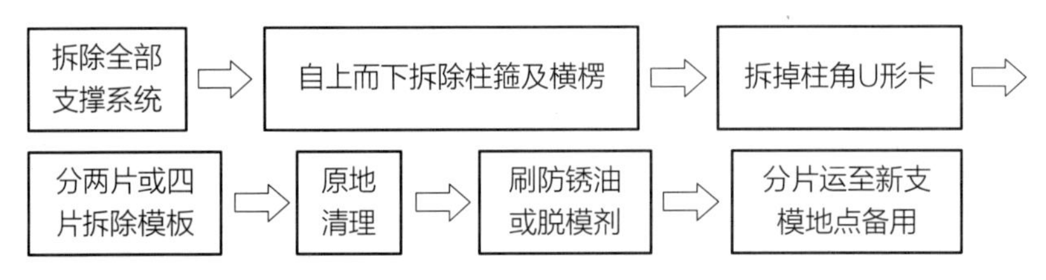

② 柱子拆下的模板及配件不得向地面抛掷。

（3）拆除墙模应遵守的规定如下。

① 墙模分散拆除顺序应为：

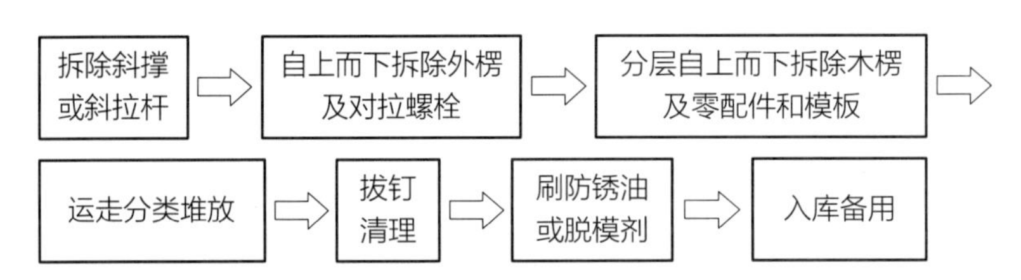

② 预组拼大块墙模拆除顺序应为：

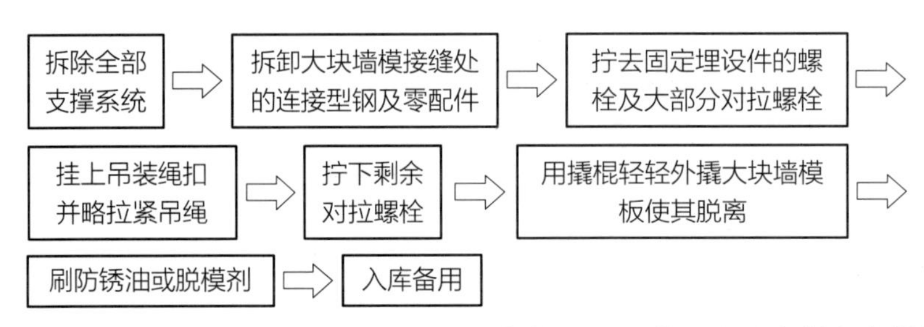

③ 拆除每一大块墙模（图5-17）的最后两个对拉螺栓后，作业人员应撤离大模板下侧，以后的操作均应在上部进行。个别大块模板拆除后产生局部变形者应及时整修好。

模板拆除后，大块模板起吊时，速度要慢，应保持垂直，严禁模板碰撞墙体。

图 5-17　墙模拆装

（4）拆除梁、板模板（图 5-18）应遵守的规定如下。

① 梁、板模板应先拆梁侧模，再拆板底模，最后拆除梁底模，并应分段分片进行，严禁成片撬落或成片拉拆。

拆除模板时，严禁用铁棍或铁锤乱砸，已拆下的模板应妥善传递或用绳钩放至地面；严禁作业人员站在悬臂结构边缘敲拆下面的底模。

图 5-18　梁模板拆除

② 拆除时，作业人员应站在安全的地方进行操作，严禁站在已拆或松动的模板上进行拆除作业。

③ 待分片、分段的模板全部拆除后，方允许将模板、支架、零配件等按指定地点运出堆放，并进行拔钉、清理、整修、刷防锈油或脱模剂，入库备用。

（二）普通模板拆除安全文明施工总结

（1）大体积混凝土的拆模时间除应满足混凝土强度要求外，还应使混凝土内外温差降低到 25° 以下时方可拆模。否则应采取有效措施防止产生温度裂缝。

（2）后张预应力混凝土结构的侧模宜在施加预应力前拆除，底模应在施加预应力后拆除。设计有规定时，应按规定执行。

（3）拆模前应检查所使用的工具是否有效和可靠，扳手等工具必须装入工具袋或系挂在身上，并应检查拆模场所范围内的安全措施。

（4）模板的拆除工作应设专人指挥。作业区应设围栏，其内不得有其他工种作业，并应设专人负责监护。拆下的模板、零配件严禁抛掷。

（5）拆模的顺序和方法应按模板的设计规定进行。当设计无规定时，可采取先支的后拆、后支的先拆、先拆非承重模板、后拆承重模板的顺序，并应从上而下进行拆除。拆下的模板不得抛扔，应按指定地点堆放。

（6）高处拆除模板时，应遵守有关高处作业的规定。严禁使用大锤和撬棍，操作层上临时拆下的模板堆放不能超过 3 层。

六、爬升模板拆除施工安全文明操作

（一）爬升模板拆除施工安全文明操作要点

（1）拆除爬模应有拆除方案，且应由技术负责人签署意见，拆除前应向有关人员进行安全技术交底。

（2）拆除时应先清除脚手架上的垃圾、杂物，并应设置警戒区由专人监护。

（3）拆除时应设专人指挥，严禁交叉作业。拆除顺序应为：

（4）已拆除的物件应及时清理、整修和保养，并运至指定地点备用。

（5）遇五级以上大风应停止拆除作业。

（二）爬升模板拆除安全文明施工总结

（1）在提前拆除互相搭连并涉及其他后拆模板的支撑时，应补设临时支撑。拆模时，应逐块拆卸，不得成片撬落或拉倒。

（2）拆模如遇中途停歇，应将已拆松动、悬空、浮吊的模板或支架进行临时支撑牢固或相互连接稳固。对活动部件必须一次拆除。

（3）已拆除了模板的结构，应在混凝土强度达到设计强度值后方可承受全部设计荷载。若在未达到设计强度以前，需在结构上加置施工荷载时，应另行核算，强度不足时，应加设临时支撑。

第三节　混凝土工程施工安全文明操作

一、混凝土运输安全文明操作

（一）混凝土运输安全文明操作要点

（1）从搅拌机鼓筒卸出来的混凝土拌合料是介于固体与液体之间的弹塑性物体，极易产生分层离析，且受初凝时间限制和施工和易性要求。在运输过程中对混凝土应予以重视。

（2）运送混凝土，宜采用搅拌运输车（图 5-19），如果运距不远，也可采用翻斗车，运量少时也可采用手推车。运送的容器应严密，其内壁应平整光洁。黏附的混凝土残渣应经常清除。冬期施工，混凝土罐车必须有保温措施，防止混凝土热量散失。

混凝土在运输后如发现离析，必须进行二次搅拌。当坍落度损失后不满足施工要求时，应加入原水胶比的水泥砂浆或二次加入减水剂进行搅拌，且事先应经试验验证，严禁直接加水。

图 5-19 混凝土运输车运输混凝土

（3）混凝土在装入容器前应先用水将容器湿润，气候炎热时应覆盖，以防水分蒸发。冬期施工时，在寒冷地区应采取保温措施，以防在运输途中冻结。

（4）混凝土运输必须保证其浇筑过程能连续进行。若因故停歇过久，混凝土已初凝时，应作废料处理，不得再用于工程中。

（二）混凝土运输安全文明操作施工总结

（1）混凝土垂直运输自由落差高度以不超过 2m 为宜，超过 2m 时应采取缓降措施。

（2）混凝土要以最少的转运次数、最短的运输时间从搅拌地点运至浇筑地点。

（3）混凝土运至浇筑地点，如出现离析或初凝现象，必须在浇筑前进行二次搅拌后方可入模。

（4）同时运输两种以上混凝土时，应在运输设备上设置标志，以免混淆。

二、混凝土浇筑安全文明操作

（一）混凝土浇筑安全文明操作要点

（1）混凝土浇筑前，应根据工程结构特点、平面形状和几何尺寸、混凝土供应和泵送设备能力、劳动力和管理能力，以及周围场地大小等条件，预先划分好混凝土浇筑区域。

（2）混凝土的安全文明浇筑顺序：

① 当采用输送管输送混凝土时，应由远及近浇筑；同一区域的混凝土，应按先竖向结构后水平结构的顺序分层连续浇筑（图 5-20）。

② 当不允许留施工缝时，区域之间、上下层之间的混凝土浇筑间歇时间不得超过混凝土初凝时间。

③ 当下层混凝土初凝后，浇筑上层混凝土时，应先按预留施工缝的有关规定处理后再开始浇筑。

（3）混凝土的布料方法应符合下列规定：在浇筑竖向结构混凝土时，布料设备的出口离模板内侧面不应小于 50mm，且不得向模板内侧面直冲布料，也不得直冲钢筋骨架；浇筑水平结构混凝土时，不得在同一处连续布料，应在 2 ~ 3m 范围内水平移动布料，且宜垂直于模板布料。

混凝土的分层厚度宜为300~500mm。水平结构的混凝土绕筑厚度超过500mm时，按（1:6）~（1:10）坡度分层浇筑，且上层混凝土应超前覆盖下层混凝土500mm以上。

图 5-20　混凝土分层浇筑

（4）振捣泵送混凝土时，振动棒移动间距宜为400mm左右，振捣时间宜为15 ~ 30s，隔20 ~ 30min后进行第二次复振。

（5）水平结构的混凝土表面，适时用木抹子抹平搓毛两遍以上。必要时先用铁滚筒压两遍以上，防止产生收缩裂缝。

（二）混凝土浇筑安全文明操作施工总结

（1）浇筑高度2m以上的框架梁、柱混凝土应搭设操作平台，不得站在模板或支撑上操作。不得直接在钢筋上踩踏、行走。

（2）浇灌拱形结构，应自两边拱脚对称同时进行。浇灌圈梁、雨篷（图5-21）、阳台应设置安全防护设施。

混凝土振捣器使用前必须经电工检验确认合格后方可使用。开关箱内必须装设漏电保护器，插座插头应完好无损，电源线不得破皮漏电。

图 5-21　浇筑雨篷

（3）使用输送泵输送混凝土时，应由2人以上人员牵引布料杆。管道接头、安全阀、管架等必须安装牢固，输送前应试送，检修时必须卸压。

（4）预应力灌浆应严格按照规定压力进行，输浆管道应畅通，阀门接头应严密牢固。

三、混凝土养护安全文明操作

（一）混凝土养护安全文明操作要点

（1）混凝土浇筑后应及时进行保湿养护，保湿养护可采用洒水、覆盖（图5-22）、喷涂养护剂等方式。选择养护方式应考虑现场条件，环境温、湿度，构件特点，技术要求，施工操作等因素。

①覆盖养护宜在混凝土裸露表面覆盖塑料薄膜、塑料薄膜加麻袋、塑料薄膜加草帘。
②塑料薄膜应紧贴混凝土裸露表面，塑料薄膜内应保持有凝结水。
③覆盖物应严密，覆盖物的层数应按施工方案确定。

图 5-22　混凝土覆盖养护

（2）混凝土的养护时间应符合的规定：采用硅酸盐水泥、普通硅酸盐水泥或矿渣硅酸盐水泥配制的混凝土，不应少于 7d；采用其他品种水泥时，养护时间应根据水泥性能确定；采用缓凝型外加剂、大掺量矿物掺合料配制的混凝土，不应少于 14d；抗渗混凝土、强度等级 C60 及以上的混凝土，不应少于 14d；后浇带混凝土的养护时间不应少于 14d。

图 5-23　混凝土洒水养护

（3）洒水养护安全文明操作应符合的规定：

① 洒水养护（图 5-23）宜在混凝土裸露表面覆盖麻袋或草帘后进行，也可采用直接洒水、蓄水等养护方式；洒水养护应保证混凝土处于湿润状态。

② 当日最低温度低于 5℃时，不应采用洒水养护。

（4）喷涂养护剂养护安全文明操作应符合的规定：

① 应在混凝土裸露表面喷涂覆盖致密的养护剂进行养护。

② 养护剂应均匀喷涂在结构构件表面，不得漏喷；养护剂应具有可靠的保湿效果，保湿效果可通过试验检验。

③ 养护剂使用方法应符合产品说明书的有关要求。

（5）柱、墙混凝土养护安全文明操作应符合的规定：

① 地下室底层和上部结构首层柱、墙混凝土带模养护时间不宜少于 3d；带模养护结束后可采用洒水养护方式继续养护，必要时也可采用覆盖养护或喷涂养护剂养护方式继续养护。

② 其他部位柱、墙混凝土可采用洒水养护，必要时也可采用覆盖养护或喷涂养护剂养护。

图 5-24　施工现场标准试件养护室

（二）混凝土养护安全文明操作施工总结

（1）混凝土强度达到 1.2N/mm^2 前，不得在其上踩踏、堆放荷载、安装模板及支架。

（2）施工现场应具备混凝土标准试件制作条件，并应设置标准试件养护室（图 5-24）或养护箱。

（3）用软管浇水养护时，应将水管接头连接牢固，移动皮管不得猛拽，不得倒行拉移皮管。

（4）蒸汽养护、操作和冬施测温人员，不得在混凝土养护坑（池）边沿站立和行走。应注意脚下孔洞与磕绊物等。

四、预应力混凝土施工安全文明操作

（一）预应力混凝土施工安全文明操作要点

（1）预应力张拉（图 5-25）时，任何人员不能站在预应力筋的两端，同时在千斤顶的后面应设置防护装置。

经验指导：张拉时，应该认真做到孔道、锚环与千斤顶三对中。采用锥锚式千斤顶张拉钢丝束时，应先使千斤顶张拉缸进油，至压力表略有启动时暂停，检查每根钢丝的松紧度并且进行调整，然后打紧楔块。

图 5-25　预应力张拉作业

（2）油泵使用前应该进行常规检查。安全阀在设定油压下不能自动开通，通油管路应做到“三不用”，即输油管破损不用，接口损伤不用，接口螺母不扭紧、不到位不用。不能带压检修油路。

（3）使用油泵不能超过额定油压，千斤顶不能超过规定张拉最大行程。油泵与千斤顶的连接必须到位。

（4）电气应该做到：接地良好，电源不裸露，不带电检修，检修工作由电工进行。

（5）采用分批张拉时，每批应该采用同一张拉值，然后逐根复拉补足。

（二）预应力混凝土施工安全文明操作常用数据

平卧重叠浇筑构件逐层增加的张拉力百分率如表 5-3 所示。

表 5-3　平卧重叠浇筑构件逐层增加的张拉力百分率

预应力筋类别	隔离剂类别	逐层增加的张拉力 /%			
		顶层	第二层	第三层	底层
高强钢丝束	Ⅰ	0	1.0	2.0	3.0
	Ⅱ	0	1.5	3.0	4.0
	Ⅲ	0	2.0	3.5	5.0
HRB335 级冷拉钢筋	Ⅰ	0	2.0	4.0	6.0
	Ⅱ	1.0	3.0	6.0	9.0
	Ⅲ	2.0	4.0	7.0	10.0

（三）预应力混凝土安全文明施工总结

（1）曲线预应力筋和长度大于 24m 的直线预应力筋，应该在两端张拉；长度等于或者小于 2m 的直线预应力筋，可在一端张拉，但是张拉端宜分别设置在构件的两端。

（2）操作千斤顶与测量伸长值的人员，应该站在千斤顶侧面操作。油泵开动过程中，不能擅自离开岗位，若需离开，必须将油阀门全部松开或切断电路。

（3）预应力筋张拉时，构件的混凝土强度应该符合设计要求，若无设计要求时，不应该低于设计强度等级的 70%。

（4）在构件两端及跨中应该设置灌浆孔，其孔距不应大于 12m。预应力筋张拉完后，为了减少应力松弛损失应立即进行灌浆（图 5-26）。

图 5-26　灌浆施工

第六章

砌筑工程安全文明施工

第一节　砌筑砂浆配制及砌块砌体施工安全文明操作

一、砌筑砂浆配制安全文明操作

砂浆（图 6-1）是由胶凝材料、细集料和水等材料按适当比例配制而成的，可分为水泥砂浆、石灰砂浆、混合砂浆。砂浆配合比设计方法的原则与混凝土相同，只是以稠度指标代替混凝土拌合物的坍落度指标，同时不需选择砂率。

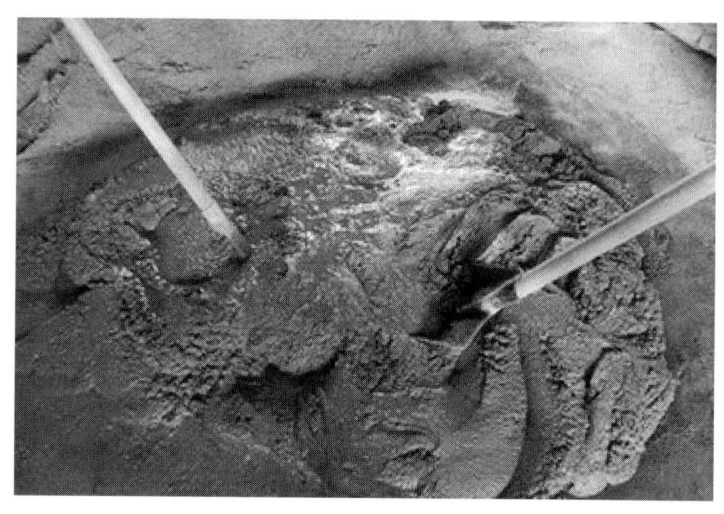

图 6-1　施工现场配制砂浆

（一）常用砂浆的种类

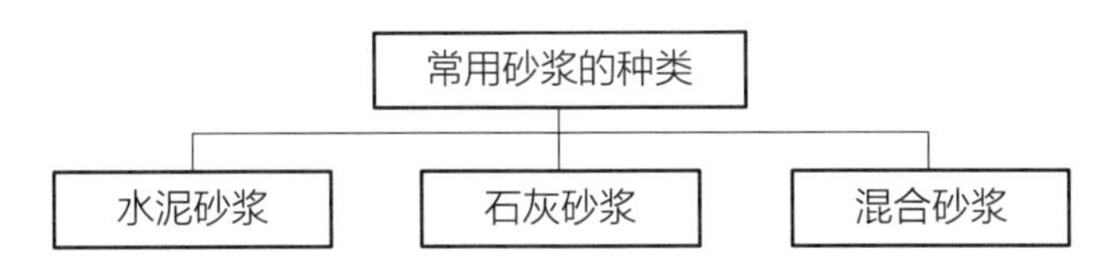

（1）水泥砂浆：水泥、砂、水的拌合物。

（2）石灰砂浆：石灰、砂、水的拌合物。

（3）混合砂浆：砂与水泥、石灰按一定比例配制的拌合物。

（二）砌筑砂浆配制安全文明操作要点

（1）砂浆配合比设计的方法有试验配比法、经验图表法和试验计算法。

（2）应确定砂浆的配比强度。当用于工程量大或质量要求高的建筑物时，砂浆配合比应通过试验加以选择，具体步骤如下。

① 确定满足施工要求的砂浆拌合物的稠度。

② 选择几组不同灰砂比的砂浆，如水泥：砂为1 ∶ 2、1 ∶ 3、1 ∶ 4、1 ∶ 5、1 ∶ 6.5、1 ∶ 8等。

③ 对每种灰砂比的砂浆进行搅拌，确定出达到规定稠度所需的单位用水量，并测出其密度和其他技术指标。

④ 将试拌后稠度满足要求的各种砂浆制成试件（图 6–2），标准养护至规定龄期，测定其强度和其他规定的技术指标，根据试拌和强度试验的结果得出灰砂比与强度、单位用水量、密度之间的关系曲线，从关系曲线求出符合强度要求的灰砂比、单位用水量及密度。应当注意，强度应比设计要求提高 10% ~ 15%。

砂浆试件的制作方法：捣棒采用钢制，直径12mm，长250mm，一端为弹头形。试模分为有底和无底，为内壁边长为70.7mm的立方体试模。当用于密实基底的砂浆，采用带底试模，砂浆分两层浇入试模，每层厚约4cm。

图 6–2 现场制作砂浆试件

（三）砌筑砂浆配制安全文明操作常用数据

当用于小型工地或工程量不大的情况，砂浆配合比可按图表法选择，施工时根据稠度需要控制好单位用水量，砂浆配合比参考值见表 6–1。

表 6–1 砂浆配合比参考值

砂浆强度 /MPa	水泥 /（kg/m^3）	灰砂比
5.0	250	1 ∶ 8.0
7.5	290	1 ∶ 7.0

续表

砂浆强度 /MPa	水泥 /(kg/m^3)	灰砂比
10	320	1 ∶ 6.0
15	390	1 ∶ 5.0

（四）砌筑砂浆配制安全文明操作施工总结

（1）落地砂浆应及时回收，回收时不得夹有杂物，并应及时运至拌和地点，掺入新砂浆中拌和使用。

（2）现场建立健全安全环保责任制度、技术交底制度、检查制度等各项管理制度。现场各施工面安全防护设施齐全有效，个人防护用品使用正确。

二、砌块砌体施工安全文明操作

（一）砌块砌体施工安全文明操作主要步骤

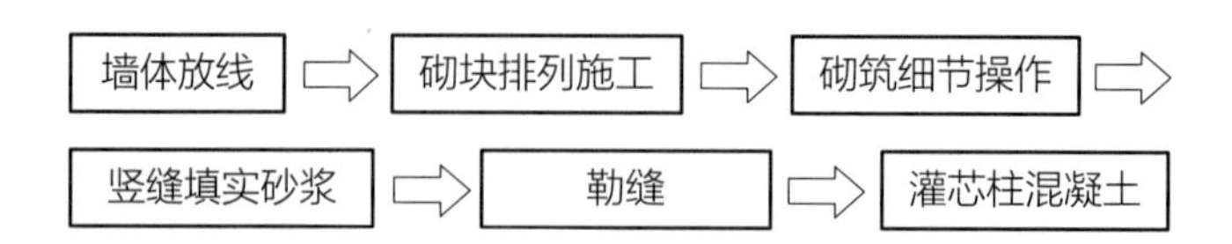

（二）砌块砌体施工安全文明操作要点

1. 墙体放线

砌体施工前，应将基础面或楼层结构面按标高找平，依据砌筑图放出一皮砌块的轴线、砌体边线和洞口线（图 6–3）。

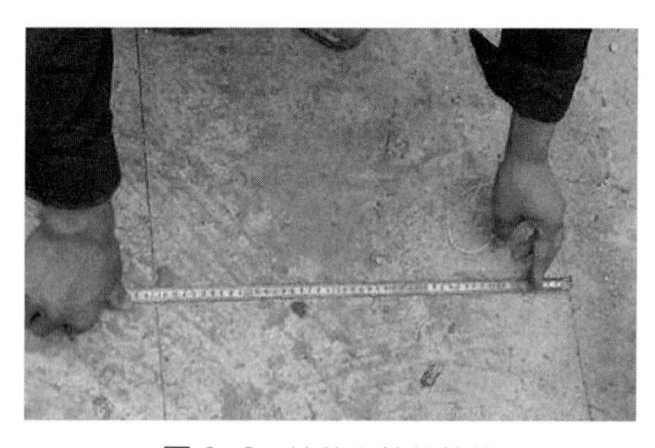

图 6–3　墙体砌筑前放线

2. 砌块排列施工

（1）小型空心砌块在砌筑前，应根据工程设计施工图，结合砌块的品种、规格，绘制砌体砌块的排列图。围护结构或二次结构，应预先设计好地导墙、混凝土带、接顶方法等，经审核无误后，按图排列砌块。外墙转角及纵横墙交接处，应将砌块分皮咬槎，交错搭砌，如果不能咬槎时，按设计要求采取其他的构造措施。

（2）小砌块墙（图 6–4）内不得混砌其他墙体材料。镶砌时，应采用与小砌块材料强度同等级的预制混凝土块。

3. 砌筑细节操作

（1）每层应从转角处或定位砌块处开始砌筑，应砌一皮、校正一皮，拉线控制砌体标高和墙面平整度。皮数杆应竖立在墙的转角处和交接处，间距宜不小于 15m。

（2）在基础梁顶和楼面圈梁顶砌筑第一皮砌块时，应满铺砂浆。

图 6-4　砌块墙排列施工

（3）砌筑时，小砌块（包括多排孔封底小砌块、带保温夹芯层的小砌块）均应底面朝上反砌于墙上。

（4）小砌块墙体砌筑形式应为每皮顺砌，上下皮应对孔错缝搭砌，竖缝应相互错开 1/2 主规格小砌块长度，搭接长度不应小于 90mm。墙体的个别部位不能满足上述要求时，应在灰缝中设置拉结钢筋或 4ϕ4 钢筋点焊网片。

（5）墙体转角处和纵横墙交接处应同时砌筑。临时间断处应砌成斜槎，斜槎水平投影长度不应小于斜槎高度。严禁留直槎。

（6）置于水平灰缝内的钢筋网片和拉结筋应放置在小砌块的边肋上（水平墙梁、过梁钢筋应放在边肋内侧），且必须设置在水平灰缝的砂浆层中，不得有露筋现象。拉结筋的搭接长度不应小于 55d，单面焊接长度不小于 10d（d 为钢筋直径）。

（7）砌筑小砌块的砂浆应随铺随砌，墙体灰缝（图 6-5）应横平竖直。水平灰缝宜采用坐浆法满铺小砌块全部壁肋或多排孔小砌块的封底面；竖向灰缝应采取满铺端面法，即将小砌块端面朝上铺满砂浆，再上墙挤紧，然后加浆插捣密实。墙体的水平灰缝厚度和竖向灰缝宽度宜为 10mm，但不应大于 12mm，也不应小于 5mm。

砌体水平灰缝的砂浆饱满度应按净面积计算，不得低于90%。
小砌块应采用双面碰头灰砌筑，竖向灰缝饱满度不得小于80%，不得出现瞎缝、透明缝。

图 6-5　标准的墙体灰缝

4. 竖缝填实砂浆

每砌筑一皮，小砌块的竖凹槽部位应用砂浆填实。

5. 勒缝

混水墙面必须用原浆做勾缝（图 6-6）处理。

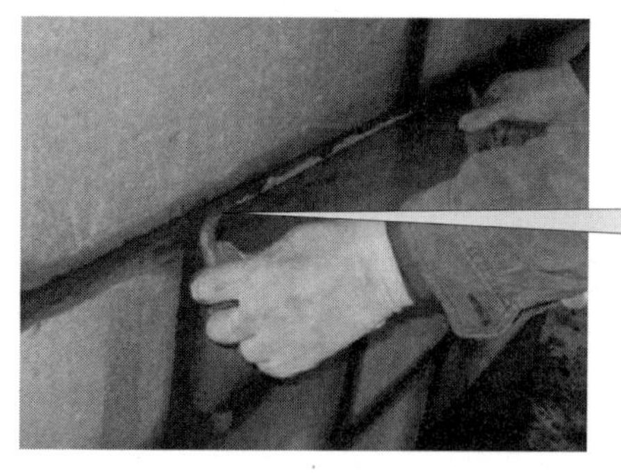

缺灰处应补浆压实，并宜做成凹缝，凹进墙面2mm。清水墙宜用1：1水泥砂浆勾缝，凹进墙面深度一般为3mm。

图 6-6　墙面勒缝操作

6. 灌芯柱混凝土

（1）芯柱所有孔洞均应灌实混凝土（图 6-7）。每层墙体砌筑完后，砌筑砂浆强度达到 1MPa 时方可浇筑芯柱混凝土；每一层的芯柱必须在一天内浇筑完毕。

浇筑芯柱混凝土时，应设专人检查记录芯柱混凝土强度等级、坍落度、混凝土的灌入量和振捣情况,确保混凝土密实。
芯柱位置处的每层楼板应留缺口或浇一条现浇板带。芯柱与圈梁或现浇板带应浇筑成整体。

图 6-7　芯柱灌实混凝土

（2）每个层高混凝土应分两次浇筑，浇筑到 1.4m 左右，采用钢筋插捣或振捣棒振捣密实，然后再继续浇筑，并插（振）捣密实；当过多的水被墙体吸收后应进行复振，但必须在混凝土初凝前进行。

（3）芯柱混凝土在预制楼盖处应贯通，采用设置现浇混凝土板带的方法或预制板预留缺口的方法，实施芯柱贯通，确保不削弱芯柱断面尺寸。

（三）砌块砌体施工安全文明操作施工总结

（1）作业层的周围必须进行封闭围护，同时设置防护栏及张挂安全网。

（2）楼层内的预留孔洞、电梯口、楼梯口等，必须进行防护，采取栏杆搭设的方法进行围护，预留洞口采取加盖的方法进行围护。

（3）吊装砌块和构件时应注意重心位置，禁止用起重拔杆拖运砌块，不得起吊有破裂、脱落危险的砌块。

（4）起重拔杆回转时，严禁将砌块停留在操作人员上空或在空中整修、加工砌块。

（5）安装砌块时，不准站在墙上操作和在墙上设置受力支撑、缆绳等，在施工过程中，对稳定性较差的窗间墙，独立柱应加稳定支撑。

第二节　石砌体及填充墙施工安全文明操作

一、石砌体施工安全文明操作

石砌体砌筑（图 6–8）时，应经常检查校核墙体的轴线和边线，以保证墙体轴线准确，不发生位移；砌石应注意选石，石块大小搭配均匀。砌筑时应严格防止出现不坐浆砌筑或先填心后填塞砂浆，防止采取铺石灌浆法施工。

砌筑方法采用坐浆法。砌前先试摆，使石料大小搭配，大面平放朝下，应利用自然形状经修理使其能与先砌毛石基本吻合，砌筑时先砌转角处、交接处和洞口处。逐块卧砌坐浆,使砂浆饱满,每皮高约300~400mm。灰缝厚度一般控制在20mm，铺灰厚度30~40mm。

图 6–8　石砌体砌筑施工

（一）石砌体砌筑施工安全文明操作要点

（1）砌筑时，避免出现通缝、干缝、空缝和孔洞，墙体中间不得有铲口石、斧刃石和过桥石，同时应注意合理摆放石块，以免出现承重后发生错位、劈裂外鼓等现象。

（2）在转角及两墙交接处应有较大和较规整的垛石相互搭砌，如不能同时砌筑，应留阶梯形斜槎，不得留直槎。

（3）毛石墙每日砌筑高度不得超过 1.2m，正常气温下停歇 4h 后可继续垒砌。每砌 3 ~ 4 层应大致找平一次。砌至楼层高度时，应不时用平整的大石块压顶并用水泥砂浆全部找平。

（4）石墙面的勾缝（图 6–9）。石墙面或柱面的勾缝形式有平缝、平凹缝、平凸缝、半圆凹缝、半圆凸缝、三角凸缝等，一般毛石墙面多采用平缝或平凸缝。

勾缝砂浆宜采用1:1.5水泥砂浆。毛石墙面勾缝按下列程序进行：拆除墙面或柱面上临时装设的缆风绳、挂钩等物；清除墙面或柱面上黏结的砂浆、泥浆、杂物和污渍等；刷缝，即将灰缝刮深10~20mm，不整齐处加以修整；用水喷洒墙面或柱面，使其湿润，然后进行勾缝。

图 6–9　石墙面勾缝

（5）勾缝线条应顺石缝进行，且均匀一致，深浅及厚度相同，压实抹光，搭接平整。阳角勾缝要两面方正。阴角勾缝不能上下直通。勾缝不得有丢缝、开裂或黏结不牢的现象。勾缝完毕应清扫墙面或柱面，早期应洒水养护。

（二）石砌体砌筑施工安全文明操作施工总结

（1）用锤打石时，应先检查铁锤有无破裂，锤柄是否牢固。打锤要按照石纹走向落锤，锤口要平，落锤要准，同时要看清附近情况有无危险后落锤，以免伤人。

（2）不准在墙顶或脚手架上修改石材，以免振动墙体影响质量或使石片掉下伤人。

（3）石块不得往下掷。运石上下时，脚手板要钉装牢固，并钉装防滑条及扶手栏杆。

（4）堆放材料必须离开槽、坑、沟边沿 1m 以外，堆放高度不得高于 0.5m。往槽、坑、沟内运石料及其他物质时，应用溜槽或吊运，下方严禁有人停留。

（5）墙身砌体高度超过地坪 1.2m 时，应搭设脚手架。

二、填充墙砌体施工安全文明操作

填充墙（图 6–10）多采用砖体砌筑，其砌筑施工工艺标准适用于一般工业与民用建筑中砖混、外砖内模及有抗震构造柱的砖墙砌筑工程。

缝宽8~12mm，水平饱满度≥80%。严禁用水冲灌缝；在墙上留置的临时施工洞口，其侧边离交接处的墙面不应小于500mm，洞口净宽度不应超过1m。留施工洞，要设拉结筋；砌体相邻工作段的高度差不得超过一个楼层的高度，也不宜大于4m。

图 6–10　填充墙砌体施工

（一）填充墙砌体施工安全文明操作要点

填充墙砌体施工安全文明操作的步骤及要点见表 6–2。

表 6–2　填充墙砌体施工安全文明操作的步骤及要点

施工步骤	施工要点
抄平、放线	用 M7.5 水泥砂浆（$H < 20$mm，H 为砂浆厚度）或 C10 细石混凝土（$h \geq 20$mm，h 为细石混凝土厚度）抄平，使各段墙面的底部标高在同一水平面上
摆砖（摆脚）	在放线的基面上按选定的组砌方式用干砖试摆。目的：竖缝厚度均匀
立皮数杆	使水平缝厚度均匀设在四大角及纵横墙的交接处，中间 10 ~ 15m 立一根皮数杆，皮数杆上 ±0.00 与建筑物的 ±0.00 相吻合

续表

施工步骤	施工要点
盘角、挂线	三皮一吊、五皮一靠，确保盘角质量。挂线：上跟线、下靠棱
三一砌砖法	砌筑常用的是“三一砌砖法”，即一块砖、一铲灰、一揉压。砌筑过程中应三皮一吊、五皮一靠，保证墙面垂直平整
勾缝、清理	砖墙勾缝宜采用凹缝或平缝，凹缝深度一般为 4 ~ 5mm。勾缝完毕后，应进行墙面、柱面和落地灰的清理

（二）填充墙砌体施工安全文明操作施工总结

（1）外墙施工时，必须有外墙防护及施工脚手架，墙与脚手架间的间隙应封闭，防止高空坠物伤人；严禁站在墙上做画线、吊线、清扫墙面、支设模板等施工作业。

（2）在脚手架上，堆放普通砖不得超过 2 层；操作时精神要集中，不得嬉笑打闹，以防意外事故发生；现场实行封闭化施工，控制噪声、扬尘和废物、废水等排放。

第七章

施工现场安全文明用电

第一节　防雷与接地施工安全文明操作

一、避雷针安装施工安全文明操作

（一）避雷针安全文明安装要点

1. 施工现场设置要求

（1）避雷针的制作

独立避雷针采用镀锌圆钢、角钢及钢板分段焊接而成，通常设计应给出结构图，也可参照图 7–1 制作。避雷针各段材料规格见表 7–1。

（2）组对

在安装现场清理出一块宽 5m、长度大于避雷针总高度的平地，其中一端位于避雷针的安装基础旁，以便于吊装。将避雷针各段按顺序在平地上摆好，其中最下一段的底部应靠近基础，然后各节组对好，并且用螺栓连接，在螺栓连接点上下两端间用 ϕ12 镀锌圆钢焊接跨接线。有时为了连接可靠，可以把螺母与螺杆用电焊焊死。

在最低一段距离基础 1m 处，每个棱上焊接两条 M16 的镀锌螺栓，间隔 100mm，作为接地体连接的紧固点。

（3）补漆与检查

组对好的避雷针，应进行补漆和检查（图 7–2）。避雷针的散件通常应用镀锌铁件，也有涂防锈漆及银粉漆的。

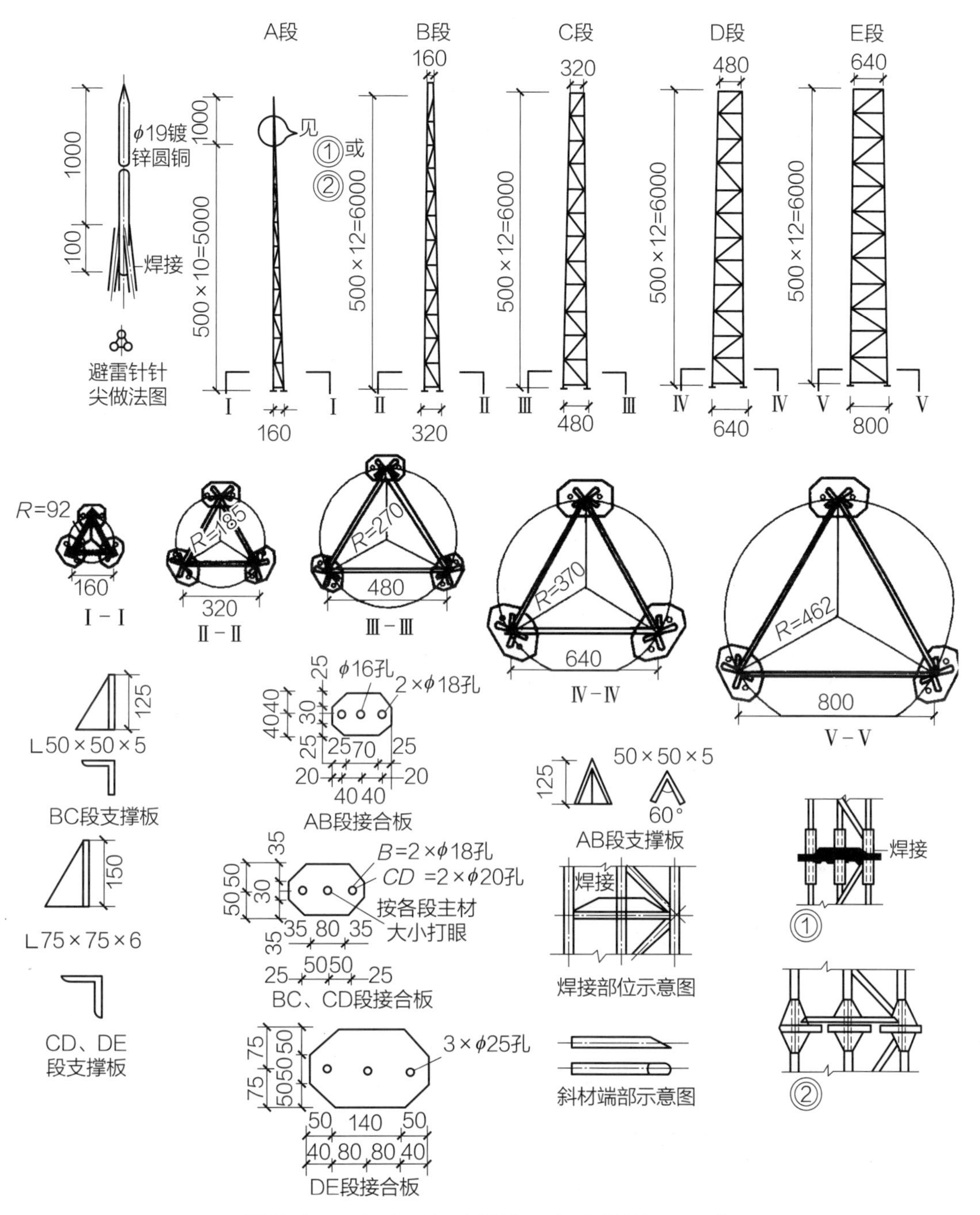

图 7-1 独立避雷针及其制作示意图（单位：mm）

表 7-1 独立避雷针各段材料规格表

项目	A 段	B 段	C 段	D 段	E 段
主材	ϕ 16 圆钢	ϕ 19 圆钢	ϕ 22 圆钢	ϕ 25 圆钢	ϕ 25 圆钢
横材	ϕ 12 圆钢	ϕ 16 圆钢	ϕ 16 圆钢	ϕ 19 圆钢	ϕ 19 圆钢
斜材					

续表

项目	A 段	B 段	C 段	D 段	E 段
钢接合板厚度	8mm 钢板	12mm 钢板	12mm 钢板	12mm 钢板	12mm 钢板
支撑板	∟ 50 × 50 × 5	∟ 50 × 50 × 5	∟ 50 × 50 × 5 或 ∟ 75 × 75 × 6	∟ 75 × 75 × 6	∟ 75 × 75 × 6
螺栓	M16 × 70	M16 × 75	M18 × 75	M18 × 75	M18 × 75
质量 /kg	39	99	134	206	229

注：1．针塔所用钢材均为 Q235A，一律采用电焊焊接。组装调直时，不允许重力敲击，以免影响质量。各部分施工误差不应超过 ± 1mm。

2．避雷针塔为分段装配式，其断面为等边三角形。

3．全部金属构架须刷红丹一道、灰铅油两道。

4． Ⅰ－Ⅰ、Ⅱ－Ⅱ、Ⅲ－Ⅲ也可采用图 7-1 中①节点做法安装。

经验指导：采用镀锌散件的避雷针，组装好后应对焊接处及锌皮剥脱处补漆。焊接处应先涂沥青漆，风干后再涂银粉漆，涂刷前应将焊渣清除干净。脱锌皮处应先用纱布将污渍清除掉，然后再涂银粉漆。

图 7-2　避雷针的检查

采用铁件直接焊接的避雷针，应先将焊点的焊渣清理干净，再用金属刷、砂布除锈，然后涂防锈漆两道，银粉漆一道。

（4）吊装

独立避雷针重心低并且质量不大，可用起重机（图 7-3）或人字抱杆吊装。

图 7-3　避雷针采用起重机吊装

（5）埋设接地体

在距离避雷针基础 3m 开外处挖一条深 0.8m、宽度宜于工人操作的环形沟，如图 7-4 所示。将镀锌接地极棒 ϕ（25 ~ 30）×（2500 ~ 3000）圆钢垂直打入沟内，沟底上留出 100mm，间隔可按总根数计算，通常为 5m。也可用∟ 50 × 50 × 5 的镀锌角钢或 ϕ 32 的镀锌钢管作接地极棒。

将所有的接地极棒打入沟内后，应分别测量接地电阻，然后通过并联计算总的接地电阻，其值应小于 10Ω。若不满足此条件，应增加接地极棒数量，直到总接地电阻≤ 10Ω 为止。

测量接地电阻时应注意以下两点：

① 测量时必须断开接地引线和接地体（接地干线）的连接；

② 电流极、电压极的布置方向应与线路方向或地下金属管线方向垂直。

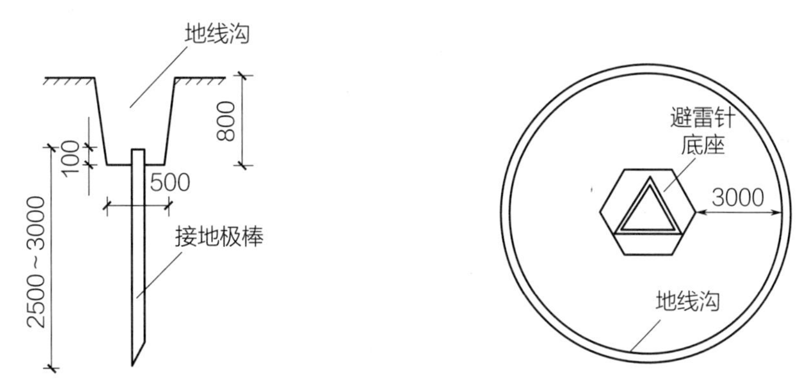

图 7-4　接地体埋设示意图（单位：mm）

（6）接地干线、接地引线的焊接

接地干线与接地体的焊接示意图如图 7-5 所示。焊接通常应使用电焊，实在有困难可使用气焊。焊接必须牢固可靠，尽量将焊接面焊满。接地引线与接地干线的焊接如图 7-6 所示，要求同上。接地干线和接地引线应使用镀锌圆钢。焊接完成后将焊缝处焊渣清理干净，然后涂沥青漆防腐。

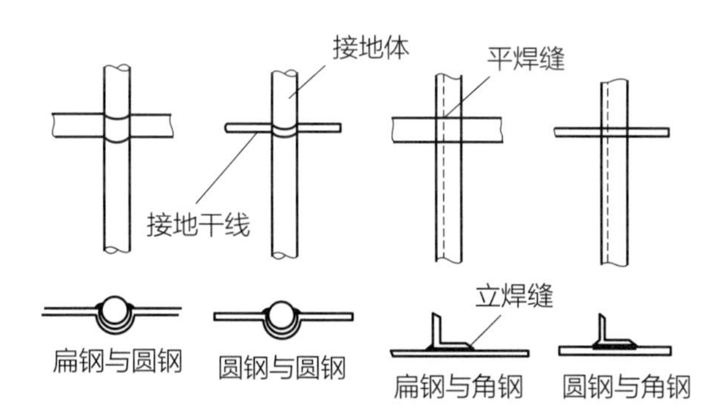

图 7-5　接地干线与接地体焊接示意图

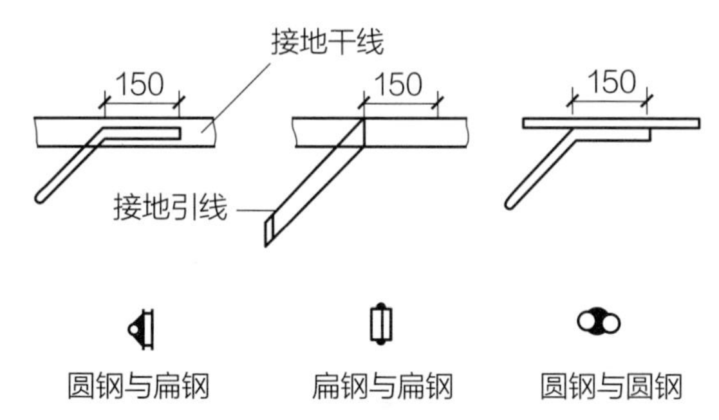

图 7-6　接地引线与接地干线焊接示意图（单位：mm）

（7）接地引线与避雷针连接

将接地引线与避雷针的接地螺栓可靠连接（图 7-7），若引线为圆钢，则应在端部焊接一块长

300mm 的镀锌扁钢，开孔尺寸应与螺栓相对应。

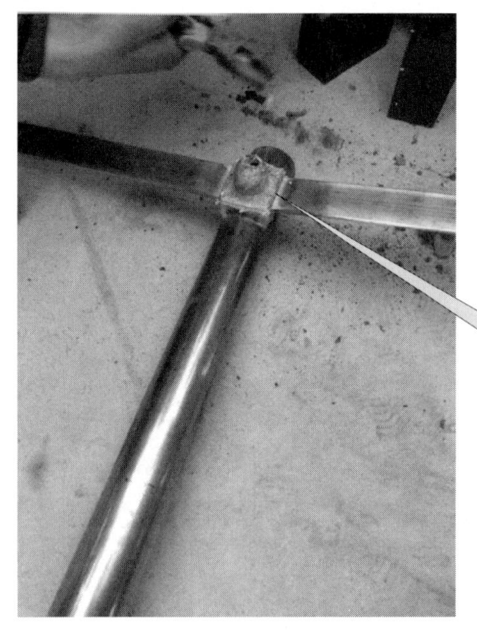

经验指导：连接前应再测一次接地电阻，使其符合要求。检查无误后，即可回填土。

图 7-7　接地引线与避雷针的接地螺栓连接

2. 避雷针在屋面上的安装

（1）保护范围的确定

对于单支避雷针，其保护角 α 可按 45° 或 60° 考虑。两支避雷针外侧的保护范围按单支避雷针确定，两针之间的保护范围，对民用建筑可简化为两针间的距离小于避雷针的有效高度（避雷针凸出建筑物的高度）的 15 倍，且不宜大于 30m 来布置，如图 7-8 所示。

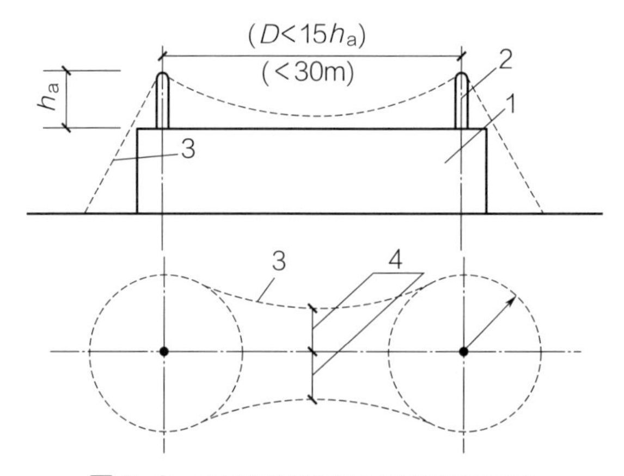

图 7-8　两支避雷针简化保护范围示意

1—建筑物；2—避雷针；3—保护范围；4—保护宽度；D—两针间的距离；h_a—避雷针的有效高度

（2）安装施工

在屋面安装避雷针，混凝土支座应与屋面同时浇筑。支座应设在墙或梁上，否则应进行校验。地脚螺栓应预埋在支座内，并且至少要有 2 根与屋面、墙体或梁内钢筋焊接（图 7-9）。在屋面施工时，可由土建人员预先浇筑好。待混凝土强度满足施工要求后，再安装避雷针，连接引下线。

经验指导：施工前，先组装好避雷针，在避雷针支座底板上相应的位置，焊上一块肋板，再将避雷针立起，找直、找正后进行点焊，最后加以校正，焊上其他三块肋板。

图 7-9　地脚螺栓与墙体钢筋焊接

避雷针要求安装牢固，并与引下线焊接牢固，屋面上有避雷带（网）的还要与其焊成一个整体。

3. 避雷针在墙上的安装

避雷针在建筑物墙上的安装方法如图 7-10 所示。避雷针下覆盖的一定空间范围内的建筑物都可受到防雷保护。图中的避雷针就是受雷装置。

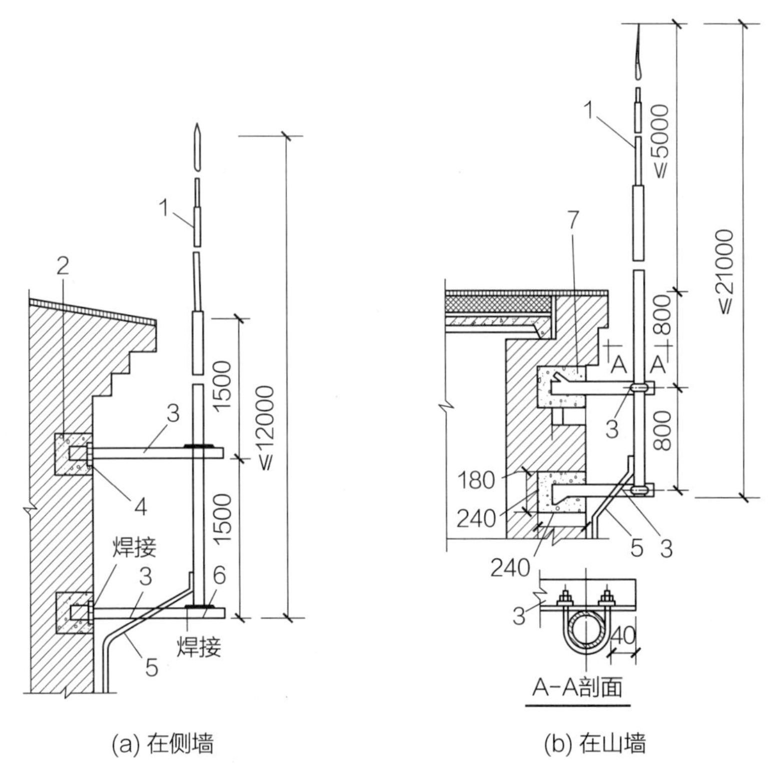

图 7-10　在建筑物墙上安装避雷针示意图（单位：mm）

1—避雷针；2—240×240×2500 钢筋混凝土梁，当避雷针高小于 1m 时，改为 240×240×370 预制混凝土块；3—支架（∟ 63×6）；4—预埋铁板（-100×100×4）；5—接地引下线；6—支持板；7—预制混凝土块（240×240×370）

针尖采用圆钢制成，针管采用焊接钢管，均应热镀锌。若热镀锌有困难时，可刷红丹一道，防腐漆两道（图 7–11），以防锈蚀；针管连接处应将管钉安好后，再行焊接。

经验指导：避雷针安装位置应正确，焊接固定的焊缝饱满无遗漏，螺栓固定的备帽等防松零件齐全，焊接部分补刷的防腐漆完整。

图 7–11 涂刷防腐漆

4. 独立避雷针的安装

（1）独立避雷针（图 7–12）的制作要符合设计（或标准图）的要求。垂直度误差不得超过总长度的 0.2%，固定针塔或针体的螺母应采用双螺母。

经验指导：用塔身作接地引下线时，为保证有良好的电气通路，紧固件及金属支持件均应热镀锌。若无条件时，应刷红丹一道、防腐漆两道。

图 7–12 独立避雷针的安装

（2）独立避雷针接地装置的接地体距离人行道、出入口等经常有人通过、停留的地方不得少于 3m，有条件时，越远越好。若达不到时可用下列方法补救：

① 水平接地体局部区段埋深大于 1m。

② 接地带通过人行道时，可包敷绝缘物，使电流不从这段接地线流散入地，或者使流散的电流大大减少。

③ 在接地体上方敷设一层 50 ～ 80mm 的沥青层或者采用沥青、碎石及其他电阻率高的地面。

（3）装在独立避雷针塔上照明灯的电源引入线，必须采用直埋地下的带金属护层的电缆或钢管配线，电缆护层或金属管必须接地，且埋地长度应在 10m 以上才能与配电装置接地网相连，或与电源线、低压配电装置相连接。

（二）避雷针安全文明安装常用数据

当避雷针采用镀锌钢筋和钢制作时，截面面积不小于 100mm^2，钢管厚度不小于 3mm。1 ～ 2m 长的避雷针宜采用组装形式，其各节尺寸见表 7–2。

表 7-2　避雷针采用组装形式的各节尺寸

避雷针高度 /m	1.0	2.0	3.0	4.0	5.0	6.0	7.0	8.0	9.0	10.0	11.0	12.0
第一节长度 /mm φ25（φ50）	1000	2000	15000	1000	1500	1500	2000	1000	1500	2000	2000	2000
第二节长度 /mm φ40（φ70）	—	—	15000	1500	1500	2000	2000	1000	1500	2000	2000	2000
第三节长度 /mm φ50（φ80）	—	—	—	1500	2000	2000	3000	2000	2000	2000	2000	2000
第四节长度 /mm φ100	—	—	—	—	—	—	—	4000	4000	4000	5000	6000

（三）避雷针安全文明安装施工总结

（1）避雷针一般采用圆钢或焊接钢管制成，其直径应不小于下列数值。

① 针长 1m 以下：圆钢为 12mm，钢管为 20mm。

② 针长 1 ~ 2m：圆钢为 16mm，钢管为 25mm。

③ 独立烟囱顶上的避雷针：圆钢为 20mm，钢管为 40mm。

（2）机械设备或设施的防雷引下线可利用该设备或设施的金属结构体，但应保证电气连接。

（3）机械设备上的避雷针（接闪器）长度应为 1 ~ 2m。塔式起重机可不另设避雷针（接闪器）。

（4）安装避雷针（接闪器）的机械设备，所有固定的动力、控制、照明、信号及通信线路，宜采用钢管敷设。钢管与该机械设备的金属结构体应做电气连接。

（5）做防雷接地机械上的电气设备，所连接的 PE 线必须同时做重复接地，同一台机械电气设备的重复接地和机械的防雷接地可共用同一接地体，但接地电阻应符合重复接地电阻值的要求。

二、接闪器安装施工安全文明操作

（一）接闪器安装安全文明操作要点

1. 避雷网（带）的安装

避雷网（带）是指在建筑物顶部沿四周或屋脊、屋檐安装的金属网带，用作接闪器（图 7-13），通常用来保护建筑物免受直击雷和感应雷的破坏。由于避雷网接闪面积大，更容易吸引雷电先导，使附近的尤其是比它低的物体受到雷击概率大为减小。

经验指导：采用避雷网（带）时，屋顶上任何一点距离避雷网（带）不应大于10m。当有3m及以上平行避雷带时，每隔30~40m宜将平行避雷带连接起来。

图 7-13　接闪器安装

避雷网分为明网和暗网。明网是用金属线制成的网，架设在建筑物顶部，用截面面积足够大的金属件与大地相连防雷电；暗网则是用建（构）筑物结构中的钢筋网进行雷电防护。只要每层楼楼板内的钢筋与梁、柱、墙内钢筋有可靠电气连接，并且层台和地桩有良好的电气连接，就能起到有效的雷电防护作用。无论明网还是暗网，金属网格越密，防雷效果越好。

避雷网和避雷带宜采用圆钢或扁钢，优先采用圆钢。圆钢直径不应小于 8mm，扁钢截面面积不应小于 48mm^2，厚度不小于 4mm。避雷网适用于对建筑物的屋脊、屋檐或屋顶边缘及女儿墙等易受雷击部位进行重点保护，表 7–3 给出了不同防雷等级建（构）筑物上的避雷网规格。

表 7–3　各类建筑物和构筑物避雷网规格

类别	滚球半径 /m	避雷网网格尺寸 /m
第一类工业建筑物和构筑物	30	≤ 5 × 5 或≤ 6 × 4
第二类工业建筑物和构筑物	45	≤ 10 × 10 或≤ 12 × 8
第三类工业建筑物和构筑物	60	≤ 20 × 20 或≤ 24 × 16

（1）明装避雷网（带）

避雷带明装（图 7–14）时，要求避雷带距离屋面的边缘不应超过 500mm。在避雷带转角中心处严禁设置支座。避雷带的制作可以在屋面施工时现场浇筑，也可以预制后再砌牢或与屋面防水层进行固定。

经验指导：女儿墙上设置的支架应垂直预埋，或者在墙体施工时预留不小于100mm × 100mm × 100mm的孔洞。埋设时先埋设直线段两端的支架，然后拉通线埋设中间支架。水平直线段支架间距为1~1.5m，转弯处间距为0.5m，支架距转弯中心点的距离为0.25m，垂直间距为1.5~2m，相互之间距离应均匀分布。

图 7–14　避雷带明装施工

屋脊上安装的避雷带（图 7–15）使用混凝土支座或支架固定。现场浇筑支座时，将脊瓦敲去一角，使支座与脊瓦内的砂浆连成一体；用支架固定时，用电钻将脊瓦钻孔，将支架插入孔中，用水泥砂浆填塞牢固。固定支座和支架水平间距为 1 ~ 1.5m，转弯处为 0.25 ~ 0.5m。

经验指导：避雷带沿坡屋顶屋面敷设时，使用混凝土支座固定，并且支座应与屋面垂直。

图 7–15　屋脊上避雷带安装施工

明装避雷带应采用镀锌圆钢或扁钢制作。镀锌圆钢直径为 12mm，镀锌扁钢截面尺寸为 25mm × 4mm 或 40mm × 4mm。避雷带在敷设时，应与支座或支架进行卡固或焊接成一体，引下线上端与避雷带交接处，应弯曲成弧形再与避雷带并齐后进行搭接焊。

避雷带沿女儿墙及电梯机房或水池顶部四周敷设时，不同平面的避雷带至少应有两处互相焊接连接。建筑物屋顶上的凸出金属物体，例如旗杆、透气管、铁栏杆、爬梯、冷却水塔以及电视天线杆等金属导体都必须与避雷网焊接成整体。避雷带在屋脊上安装做法如图 7-16 所示。

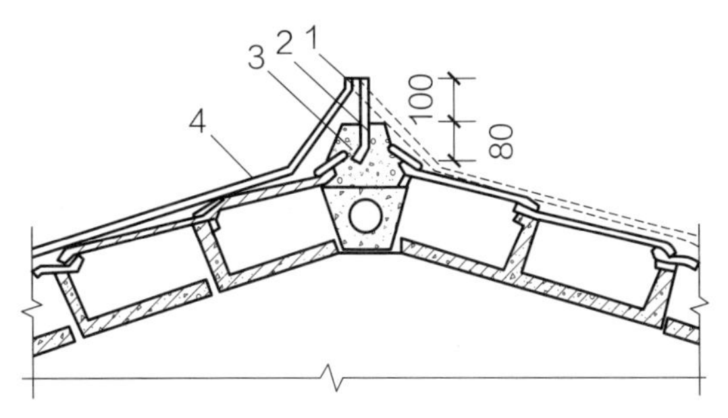

图 7-16　避雷带在屋脊上的安装（单位：mm）

1—避雷带；2—支架；3—支座；4—引下线

明装避雷带采用建筑物金属栏杆或敷设镀锌钢管时，支架的钢管直径不应小于避雷带钢管的管径，其埋入混凝土或砌体内的下端应焊接短圆钢作加强肋，埋设深度不应小于 150mm，中间支架距离不应小于管径的 4 倍。明装避雷网（带）支架如图 7-17 所示。避雷带与支架应焊接固定，焊接处应打磨光滑无凸起，焊接连接处经处理后应涂红丹和银粉漆防腐。避雷带之间连接处，管内应设置与管外径和连接管内径相吻合的钢管作衬管，衬管长度不应小于管外径的 4 倍。

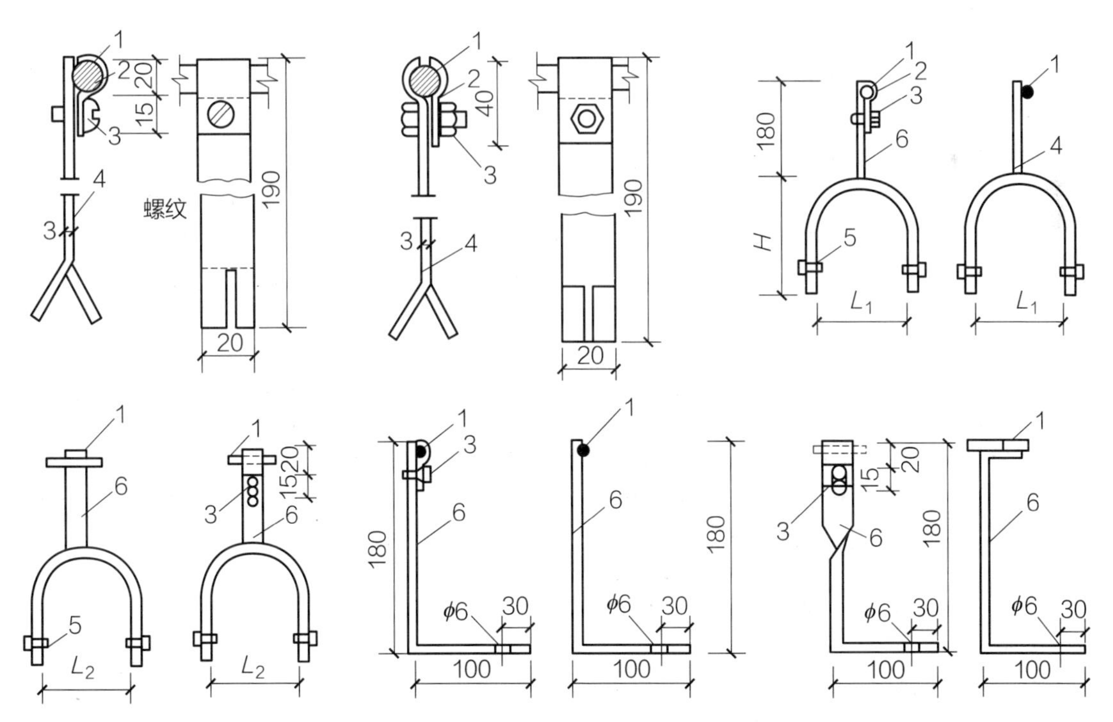

图 7-17　明装避雷网（带）支架（单位：mm）

1—避雷网（带）；2—扁钢卡子；3—M5 机螺钉；4—扁钢 20mm × 3mm 支架；5—M6 机螺钉；6—扁钢 25mm × 4mm 支架；H—U 形支架的高度；L_1，L_2—U 形支架的宽度

避雷带通过建筑物伸缩沉降缝时，应向侧面弯曲成半径 100mm 的弧形，并且支持卡子中心距建筑物边缘距离为 400mm，如图 7–18 所示。或将避雷带向下部弯曲，如图 7–19 所示。还可以用裸铜软绞线连接避雷网。

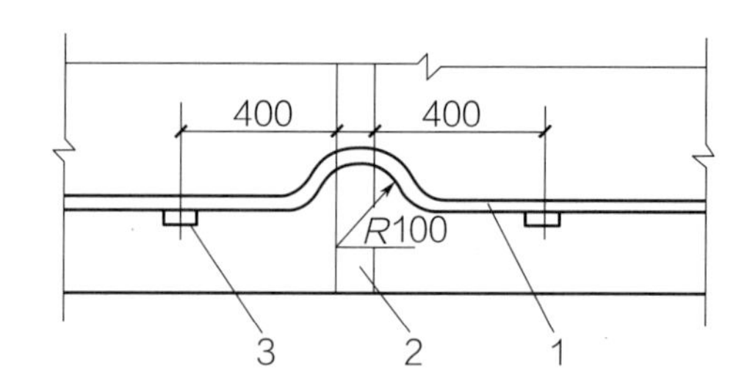

图 7–18　避雷带通过伸缩沉降缝做法一（单位：mm）

1—避雷带；2—伸缩缝；3—支架

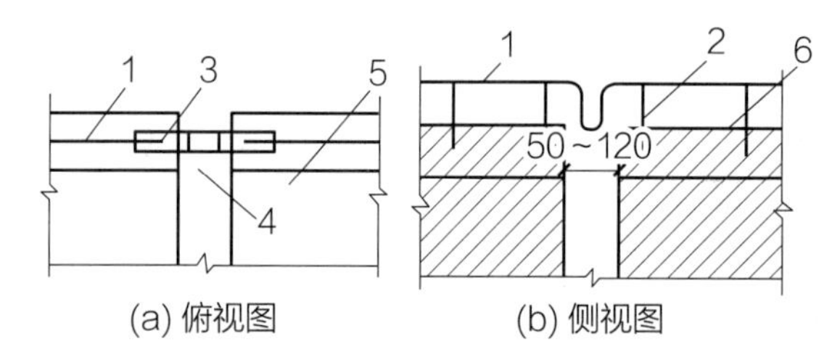

图 7–19　避雷带通过伸缩沉降缝做法二（单位：mm）

1—避雷带；2—支架；3—25×4×500 跨越扁钢；4—伸缩沉降缝；5—屋面女儿墙；6—女儿墙

安装好的避雷网（带）应平直、牢固、不应有高低起伏和弯曲现象。平直度检查：每 2m 允许偏差不宜大于 3%，全长不宜超过 10mm。

（2）暗装避雷网（带）

暗装避雷网是利用建筑物内的钢筋作为避雷网。用建筑物内 V 形折板内钢筋作避雷网时，将折板插筋与吊环和网筋绑扎，通长筋与插筋、吊环绑扎。为便于与引下线连接，折板接头部位的通长筋应在端部预留钢筋头 100mm。对于等高多跨搭接处，通长筋之间应用 $\phi 8$ 圆钢连接焊牢，绑扎或连接的间距为 6m。V 形折板屋顶防雷装置的做法如图 7–20 所示。

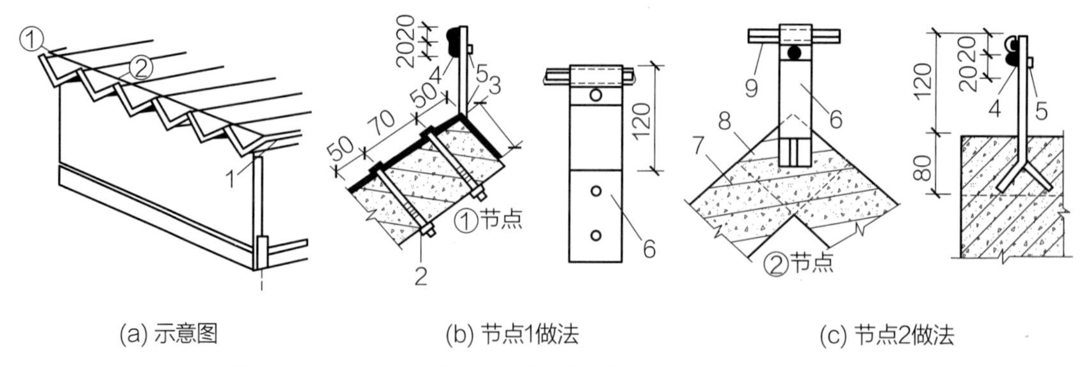

图 7–20　V 形折板屋顶防雷装置做法示意图（单位：mm）

1—$\phi 8$ 镀锌圆钢引下线；2—M8 螺栓；3—焊接；4—40×4 镀锌扁钢；5—$\phi 6$ 镀锌机螺钉；6—40×4 镀锌扁钢支架；7—预制混凝土板；8—现浇混凝土板；9—$\phi 8$ 镀锌圆钢避雷带

当女儿墙上压顶为现浇混凝土时，可利用压顶内的通长钢筋作为建筑物暗装防雷接闪器，防雷引下线可采用直径不小于 ϕ10 的圆钢，引下线与压顶内的通长钢筋采用焊接连接。当女儿墙上的压顶为预制混凝土板时，应在顶板上预埋支架做接闪带；若女儿墙上有铁栏杆，防雷引下线应由板缝引出顶板与接闪带连接，引下线在压顶处应与女儿墙顶板内通长钢筋之间用 ϕ10 圆钢作连接线进行连接；当女儿墙设圈梁时，圈梁与压顶之间有立筋时，女儿墙中相距 500mm 的两根 ϕ8 或一根 ϕ10 立筋可用作防雷引下线，可将立筋与圈梁内通长钢筋绑扎。引下线的下端既可以焊接到圈梁立筋上，把圈梁立筋与柱的主筋连接起来，也可以直接焊接到女儿墙下的柱顶预埋件上或钢屋架上。

当屋顶有女儿墙时，将女儿墙上明装避雷带与所有金属导体以及暗装避雷网焊接成一个整体作为接闪器，就构成了建筑物整体防雷系统。

2. 引下线的安装

（1）一般要求

防雷装置引下线（图 7-21）通常采用明敷、暗敷，也可以利用建筑物内主筋或其他金属构件作为引下线。引下线可沿建筑物最易受雷击的屋角外墙处明敷设，建筑艺术要求较高者也可暗敷设。建筑物的消防梯、钢柱等金属构件宜作为引下线，各部件之间均应连接成电气通路。各金属构件可覆绝缘材料。

经验指导：引下线可采用圆钢或扁钢，优先采用圆钢，圆钢直径不应小于8mm，扁钢截面面积不应小于48mm^2，厚度不应小于4mm。引下线采用暗敷时，圆钢直径不应小于10mm，扁钢截面面积不应小于80mm^2，厚度不应小于4mm。

图 7-21　防雷装置引下线安装

烟囱上的引下线（图 7-22）采用圆钢时，其直径不应小于 12mm。

经验指导：采用扁钢时，截面面积不应小于100mm^2，厚度不应小于4mm。

图 7-22　烟囱上的引下线施工

明敷引下线应热镀锌或涂漆。在腐蚀性较强的场所，应采取加大截面面积或其他防腐措施。

对于各类防雷建筑物引下线还有以下要求。

① 第一类防雷建筑物安装独立避雷针的杆塔、架空避雷线和架空避雷网的各支柱处应至少设一根引下线。用金属制成或有焊接、绑扎连接钢筋网的混凝土杆塔、支柱可以作为引下线，引下线不应少于 2 根，并且应沿建筑物的四周均匀或对称布置，其间距不应大于 12m。

② 第二类防雷建筑物引下线不应少于 2 根，并且应沿建筑物四周均匀或对称布置，其间距不大于 18m。

③ 第三类防雷建筑物引下线不应少于 2 根。建筑物周长不超过 25m，并且高度不超过 40m 时，可以只设一根引下线。引下线应沿建筑物四周均匀或对称布置，其间距不应大于 25m。高度超过 40m 的钢筋混凝土烟囱、砖烟囱应设两根引下线，可利用螺栓连接或焊接的一座金属爬梯作为两根引下线。

④ 用多根引下线明敷时，在各引下线距离地面 0.3 ~ 1.8m 处应设断接卡。当利用混凝土内钢筋、钢柱做自然引下线并且同时采用基础接地体时，可不设断接卡，但是应在室内外的适当地点设置若干连接板，供测量、接人工接地体和做等电位联结用。当仅用钢筋作引下线并且采用埋入土壤中的人工接地体时，应在每根引下线上距地不低于 0.3m 处设置接地体连接板。采用埋于土壤中的人工接地体时应设断接卡，其上端应与连接板或钢柱焊接。连接板处要有明显标志。

⑤ 在易受机械损伤和防人身接触的地方，地面上 1.7m 至地面下 0.3m 的一段接地线应采取暗敷或采用镀锌角钢、改性塑料管或橡胶管等保护设施。

⑥ 当利用金属构件、金属管道作接地引下线时，应在构件或管道与接地干线间焊接金属跨接线。

（2）明敷引下线的安装

明敷引下线应预埋支持卡子，支持卡子应凸出外墙装饰面 15mm 以上，露出长度应一致，然后将圆钢或扁钢固定在支持卡子上。通常第一个支持卡子在距室外护坡 2m 高处预埋，在距第一个卡子正上方 1.5 ~ 2m 处埋设第二个卡子，依此向上逐个埋设，间距应均匀相等。

明敷引下线调直后，从建筑物的最高点由上而下，逐点与预埋在墙体内的支持卡子套环卡固，用螺栓或焊接固定，直到断接卡子为止，如图 7-23 所示。

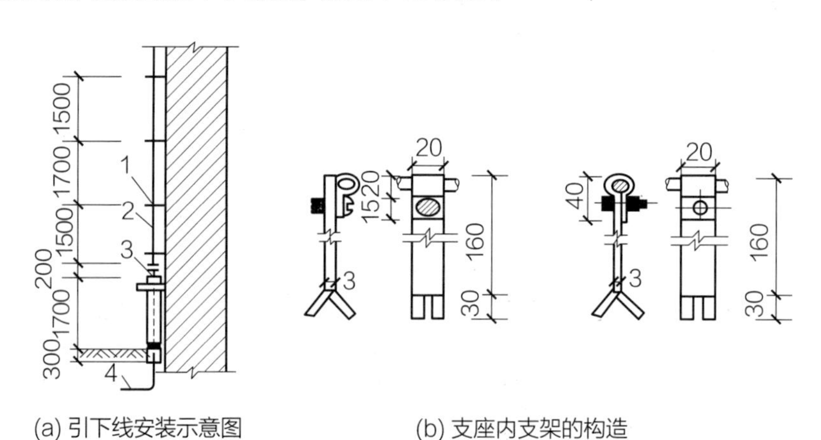

图 7-23　明敷引下线安装做法（单位：mm）

1—扁钢卡子；2—明敷引下线；3—断接卡子；4—接地线

引下线经过屋面挑檐处，应做成弯曲半径较大的慢弯，引下线经过挑檐板和女儿墙的做法如图 7-24 所示。

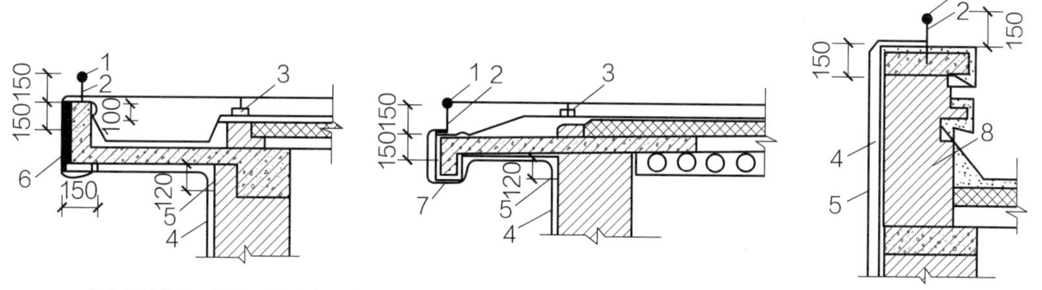

图 7-24　明敷引下线经过挑檐板和女儿墙做法（单位：mm）

1—避雷带；2—支架；3—混凝土支架；4—引下线；5—固定卡子；6—现浇挑檐板；7—预制挑檐板；8—女儿墙

（3）暗敷引下线的做法

沿墙或混凝土构造柱暗敷的引下线，通常使用直径不小于 ϕ12 镀锌圆钢或截面为 25mm × 4mm 的镀锌扁钢。钢筋调直后与接地体（或断接卡子）用卡钉固定好，垂直固定距离为 1.5 ~ 2m，由上至下展放或者一段段连接钢筋。暗敷引下线经过挑檐板或女儿墙的做法如图 7-25 所示。

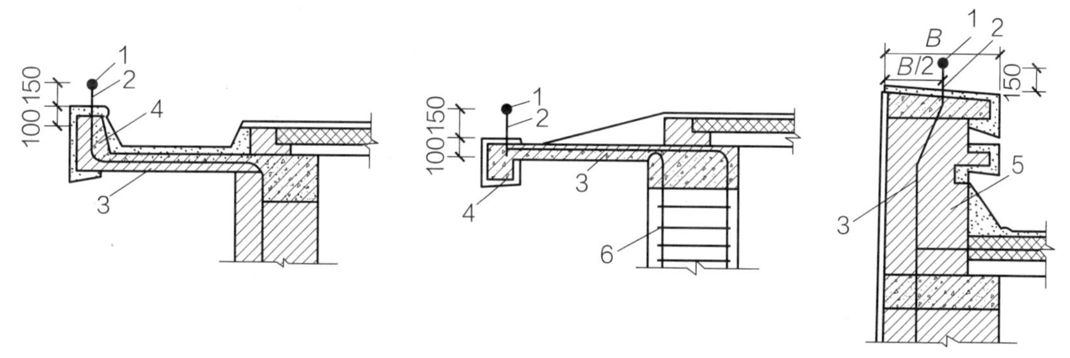

图 7-25　暗敷引下线经过挑檐板或女儿墙的做法（单位：mm）

1—避雷带；2—支架；3—引下线；4—挑檐板；5—女儿墙；6—柱主筋；B—女儿墙墙体厚度

利用建筑物钢筋作引下线，钢筋直径为 ϕ16 及以上时，应利用绑扎或焊接的两根钢筋作为一组引下线；当钢筋直径为 ϕ10 及以上时，应利用绑扎或焊接的四根钢筋作为一组引下线。

引下线上不应与接闪器焊接，焊接长度不应小于钢筋直径的 6 倍，并且应双面施焊；中间与每一层结构钢筋需进行绑扎或焊接连接，下部在室外地坪下 0.8 ~ 1m 处焊接一根 ϕ12 或截面为 40mm × 4mm 的镀锌导体，伸向室外距外墙皮的距离不应小于 1m。

（4）断接卡子

为便于测试接地电阻值，接地装置中自然接地体与人工接地体连接处和每根引下线都应有断接卡子，断接卡子应有保护措施，引下线断接卡子应设在距地面 1.5 ~ 1.8m 的位置。

断接卡子包括明装和暗装两种，如图 7-26 和图 7-27 所示。可用截面 40mm × 4mm 或 25mm × 4mm 镀锌扁钢制作，用两个镀锌螺栓拧紧。引下线的圆钢与断接卡子的扁钢应采用搭接焊接，搭接长度不应小于圆钢直径的 6 倍，并且应双面施焊。

明敷引下线在断接卡子的下部，应套竹管、硬塑料管保护，保护管伸入地下部分不应小于300mm。明敷引下线不应套钢管，必须外套钢管保护时，须在钢保护管的上、下侧焊接跨接线，并且与引下线连接成一体。

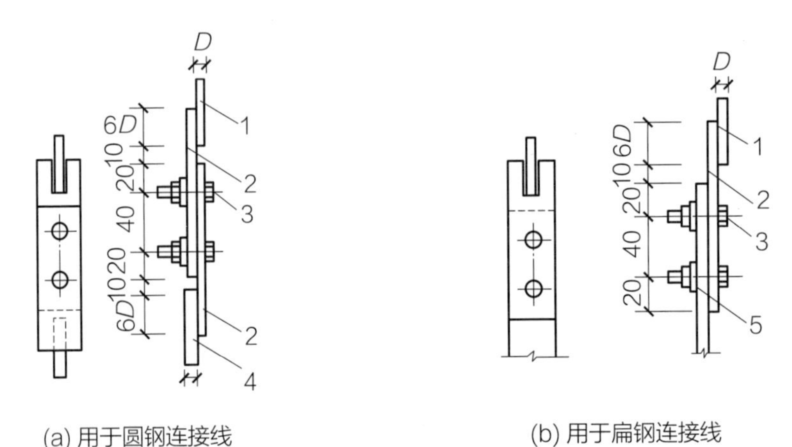

(a) 用于圆钢连接线　　(b) 用于扁钢连接线

图 7-26　明敷引下线断接卡子的安装（单位：mm）

1—圆钢引下线；2—扁钢 25×4，$L=90\times6D$（D 为圆钢直径）连接板；3—M8×30 镀锌螺栓；4—圆钢接地线；5—扁钢接地线

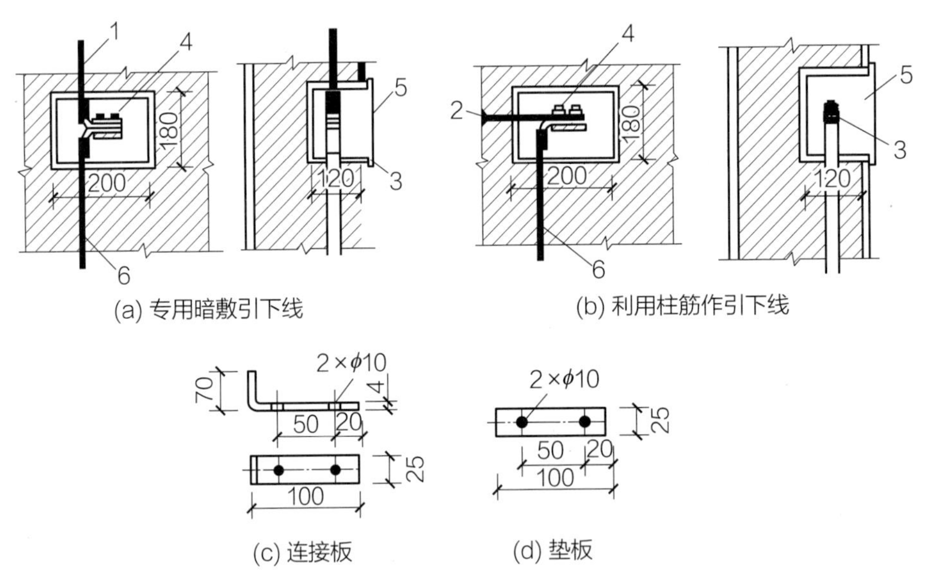

(a) 专用暗敷引下线　　(b) 利用柱筋作引下线

(c) 连接板　　(d) 垫板

图 7-27　暗敷引下线断接卡子的安装（单位：mm）

1—专用引下线；2—柱筋引下线；3—断接卡子；4—M10×30 镀锌螺栓；5—断接卡子箱；6—接地线

用建筑物内钢筋作引下线时，由于建筑物从上而下电气连接成为一个整体，所以不能设置断接卡子，需要在柱或剪力墙内作为引下线的钢筋上，另外焊接一根圆钢，引至柱或墙外侧的墙体上，在距地面 1.8m 处，设置接地电阻测试箱；也可在距地面 1.8m 处的柱（或墙）外侧，用角钢或扁钢制作预埋连接板与柱（或墙）的主筋进行焊接，再用引出连接板与预埋连接板焊接，引至墙体的外表面。

（二）接闪器安装安全文明操作施工总结

（1）避雷针宜采用圆钢或焊接钢管制成，其直径不应小于下列数值：

① 针长在 1m 以下，圆钢为 12mm，钢管为 20mm。

② 针长 1 ~ 2m 时，圆钢为 16mm，钢管为 25mm。

③ 烟囱顶上的避雷针，圆钢为 20mm，钢管为 40mm。

（2）避雷带和避雷网宜采用镀锌圆钢和镀锌扁钢，应优先采用镀锌圆钢，圆钢直径不应小于 8mm。扁钢截面不应小于 $48mm^2$，其厚度不应小于 4mm。

（3）当烟囱上采用避雷环时，其圆钢直径不应小于 12mm。扁钢截面不应小于 $100mm^2$，其厚度不应小于 4mm。

（4）镀锌材料的质量检查应符合如下规定：

① 按批检查合格证或镀锌厂出具的镀锌质量证明书。

② 外观质量检查，镀锌层应覆盖完整、表面无锈斑。

三、变配电室防雷装置施工安全文明操作

（一）变配电室防雷装置施工安全文明操作要点

（1）当电缆穿过零序电流互感器时，电缆头的接地线应通过零序电流互感器后接地；由电缆头至穿过零序电流互感器的一段电缆金属护层和接地线应对地绝缘。

（2）配电间隔和静止补偿装置的栅栏门（图 7–28）及变配电室金属门铰链处的接地连接，应采用编织铜线。变配电所的避雷器应用最短的接地线与接地干线连接。

（3）利用自然接地体的接地线的安装操作要点如下：

① 交流电气设备的接地应利用埋在地下的金属管道（但可燃或有爆炸介质的金属管道除外）、金属井管等自然接地体。当采用与大地有可靠连接的建（构）筑物的金属结构作为接地体时，为保证完好的电气通路，应在金属构件的连接处焊跨接线。跨接线用截面面积不小于 $100mm^2$ 的钢材焊接，如图 7–29 所示。

图 7–28　栅栏门接地施工

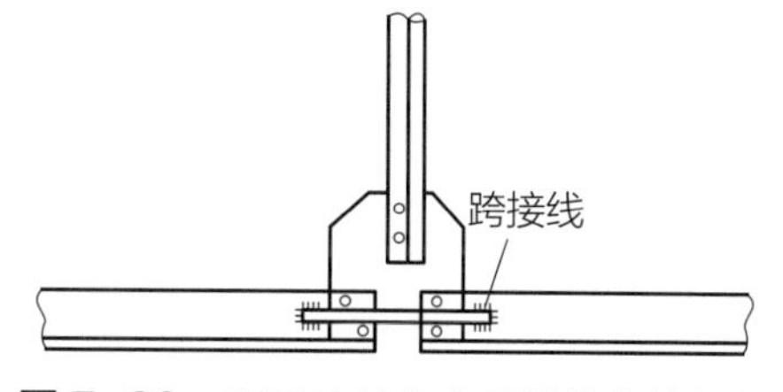

图 7–29　利用建筑物金属结构作接地线

② 交流电气设备的接地线可利用下列物体：

a. 利用起重机轨道。利用起重机轨道时，轨道之间接缝处要用 25mm × 4mm 的扁钢作跨接线，轨道尽头再与接地干线连接，如图 7–30 所示。

b. 利用配电的钢管。钢管配线可用钢管作接地线，在管接头和接线盒处都要用跨接线连接，如

图 7-31 所示。

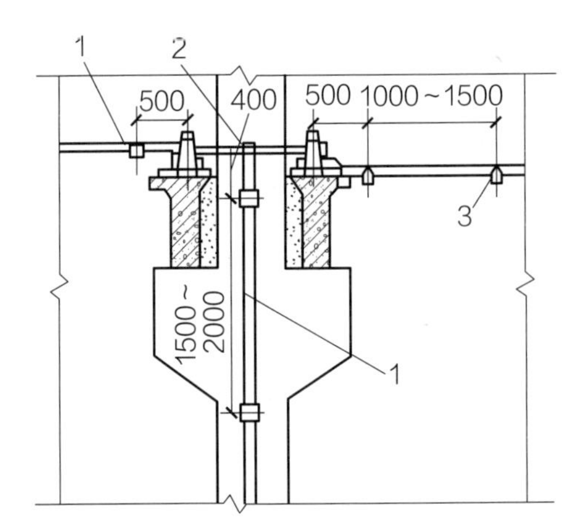

图 7-30 起重机导轨作接地连接（单位：mm）

1—接地线；2—连接线；3—支持卡子

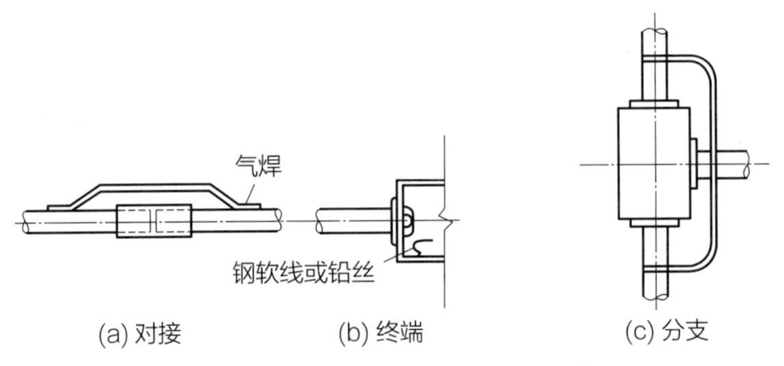

图 7-31 管接头和接线盒跨接做法

跨接线截面应按下列条件进行选择：电线管管径不大于 32mm 或钢管管径不大于 25mm 时，选择直径为 6mm 的圆钢；钢管 32mm 或电线管 40mm，选择直径为 8mm 的圆钢；电线管 50mm 或钢管 40 ～ 50mm，选用直径为 10mm 的圆钢；管径为 70 ～ 80mm 时，选用 25mm × 4mm 的扁钢。

c. 利用电缆金属构架。接地线的卡箍内部须垫 2mm 厚的铅带；电缆钢铠与接地线卡箍相接触部分须刮擦干净，卡箍、螺栓、螺母及垫圈均需镀锌。卡箍安装完毕后，将裸露的钢铠缠以沥青、黄麻，外包黑胶布。注意接地线与管道、铁路等的交叉部位，以及接地线可能受到机械损伤的场所，应采取保护措施，如图 7-32 所示。

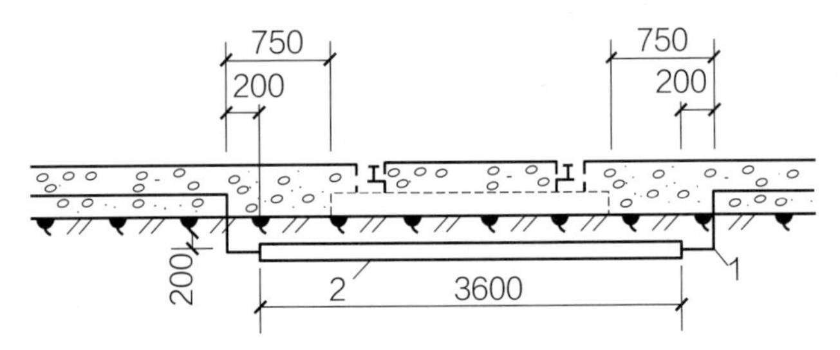

图 7-32 接地线穿过轨道做法（单位：mm）

1—接地线；2—保护钢管

（4）变、配电所避雷针塔的制作安装操作要点如下。

① 变、配电所常用的避雷针有钢筋混凝土环形杆独立避雷针和钢筋结构避雷针。

a. 钢筋混凝土环形杆独立避雷针包括无照明台、单照明台及双照明台三种，其规格有总高度为11m、13m、15m、17m、19m 五种。

b. 钢筋结构避雷针可分无照明台及双照明台两类，总高度有 20m、25m、30m 三种。若设置照明灯台，每台装两个灯，灯的最大直径为 540mm，每套灯具最大质量为 35kg，设置高度见《全国通用电气装置标准图集》和设计图样。

② 基础混凝土强度达到设计要求的 70% 以上时，方可吊装钢筋针塔。

③ 钢筋针塔整体吊装时至少设置三个吊点，针塔要采用木杆加固增强刚性，以防止吊装时变形。当针塔就位用安装螺栓固定后，应随即进行塔脚和基础连接铁板的焊接工作。

（二）变配电室防雷装置安全文明操作施工总结

（1）当利用金属构件、金属管道作接地线时，应在构件或管道与接地干线间焊接金属跨接线。

（2）接地线在穿越墙壁、楼板和地坪处应加套钢管或其他坚固的保护套管，钢套管应与接地线做电气连通。

（3）在变配电室内明敷接地干线时，可用螺栓或焊接连接将接地干线固定在距地 250 ~ 300mm 的支持卡子上。

四、接地装置施工安全文明操作

（一）接地装置施工安全文明操作要点

1. 接地体安装

（1）安装要求。

① 接地体一般用锤打入地面。打入时，可按设计位置将接地体打在沟的中心线上。当接地体露在地面上的长度为 150 ~ 200mm（沟深 0.8 ~ 1m）时，可停止打入，使接地体最高点离施工完毕后的地面有 600mm 的距离。

② 敷设的管子或角钢及连接扁钢应避开其他地下管路、电缆等设施。一般与电缆及管道等交叉时，相距不小于 100mm，与电缆及管道平行时不小于 350mm。

③ 敷设接地时，接地体应与地面保持垂直。若泥土很干、很硬，可浇些水使其疏松，便于打入接地体。

④ 利用自然接地体和外引接地装置时，应用不少于 2 根导体在不同地点与人工接地体连接，但对电力线路除外。

⑤ 直流电力回路中，不应利用自然接地体作为电流回路的零线、接地线或接地体。直流电力回路专用的中性线、接地体及接地线不应与自然接地体连接。自然接地体的接地电阻值符合要求时，一般不敷设人工接地体，但发电厂、变电所和有爆炸危险的场所除外。当自然接地体在运行时连接不可靠或阻抗较大不能满足接地要求时，应采用人工接地体。当利用自然、人工两种接地体时，应设置将自然接地体与人工接地体分开的测量点。

⑥ 电力线路杆塔的接地引出线，其截面面积不应小于 $50mm^2$。敷设在腐蚀性较强的场所或土壤电阻率 $p \leqslant 100\Omega \cdot m$ 的潮湿土层中的接地装置，应适当加大截面。

⑦ 为了减少相邻接地体的屏蔽作用，垂直接地体的间距不宜小于其长度的 2 倍，水平接地体的相互距离可根据具体情况确定，但不宜小于 5m。

（2）垂直接地体。

① 垂直接地体在长度为 2.5m 时，其间距一般不小于 5m。直流电力回路专用的中性线、接地体及接地线不得与自然接地体有金属连接；如无绝缘隔离装置时，间距不应小于 1m。

② 垂直接地体一般使用 2.5m 长的钢管或角钢，其端部按图 7–33 加工。埋设挖好立即安装接地体和敷设接地扁钢，以防止土方侧塌。接地体一般采用手锤垂直打入土中，如图 7–34 所示。接地体顶面埋设深度不应小于 0.6m。角钢及钢管接地体应垂直配置。接地体与建筑物的距离不宜小于 1.5m。

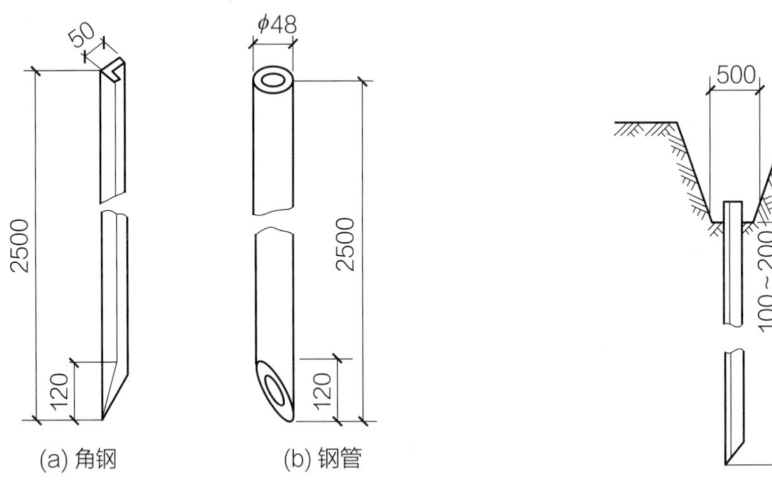

图 7–33 垂直接地体端部示意图（单位：mm）

图 7–34 接地体埋设示意图（单位：mm）

③ 接地体一般使用扁钢或圆钢。接地体的连接应采用焊接（搭接焊），焊接长度为扁钢宽度的 2 倍（至少有三个棱边焊接）或圆钢直径的 6 倍。圆钢与扁钢连接时，为了达到连接可靠，除应在其接触部位两侧进行焊接外，还应焊以由钢带弯成的弧形或直角形卡子，或直接由钢带本身弯成弧形（或直角形）与钢管（或角钢）焊接。

（3）水平接地体。

① 水平接地体多用于环绕建筑四周的联合接地，常用 40mm × 40mm 镀锌扁钢，要求最小截面不应小于 100mm^2，厚度不应小于 4mm。由于接地体垂直放置时，散流电阻较小，故当接地体沟挖好后，应垂直敷设在地沟内（不应平放）。顶部埋设深度距地面不应小于 0.6m，如图 7–35 所示。水平接地体多根平行敷设时水平间距不小于 5m。

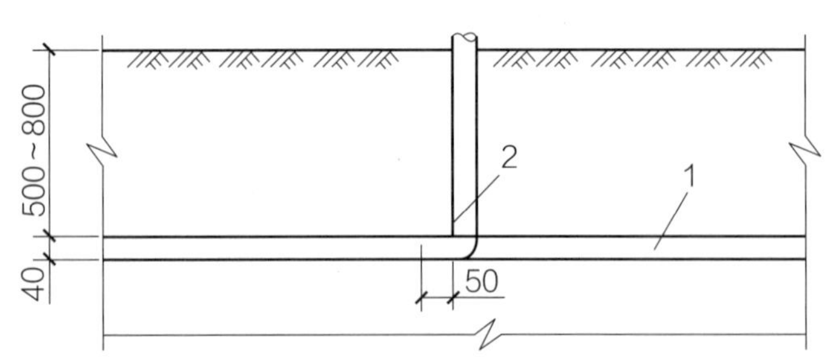

图 7–35 水平接地体安装示意图（单位：mm）

1—接地体；2—接地线

② 对于沿建筑物外面四周敷设成闭合环状的水平接地体，可埋设在建筑物散水及灰土基础以外的基础槽边。

2. 接地线安装

（1）接地干线（图 7-36）至少应在不同的两点与接地网相连接，自然接地体至少应在不同的两点与接地干线相连接。

经验指导：电气装置的每个接地部分应以单独的接地线与接地干线相连接，不得在一个接地线中串接几个需要接地的部分。

图 7-36　接地干线安装

（2）接零保护回路中不得串装熔断器、开关等设备，并应有重复（至少两点）的接地，车间周长超过 400m 时，每 200m 处应设一点接地；架空线终端，分支线长度超过 200m 的分支线处及沿线每 1000m 处应加设重复接地装置。

（3）接地线明敷时，应按水平或垂直敷设，但亦与建筑物倾斜结构平行。直线段不应有高低起伏及弯曲等情况，在直线段水平部分支持件间距一般为 1 ~ 1.5m，垂直部分支持件间距一般为 1.5 ~ 2m，转弯处支持件间距一般为 0.5m。

（4）接地线应防止发生机械损伤和化学腐蚀。在公路、铁路或管道等交叉及其他可能使接地线遭受机械损伤之处，均应用管子或角钢等加以保护；接地线在穿过墙壁时应通过明孔、钢管或其他坚固的保护管进行保护。

（5）接地线沿建筑物墙壁水平敷设时，离地面宜保持 250 ~ 300mm 的距离，接地线与建筑物墙壁间应有 10 ~ 15mm 的间隙。在接地线跨越建筑物伸缩缝（沉降缝）处时，应加设补偿器，补偿器可用接地线本身弯成弧状代替。

（6）利用各种金属构件、金属管道等作接地线时，应保证其全长为完好的电气通路；利用串联的金属构件、管道作接地线时，应在其串联部位焊接金属跨接线。

（7）接至电气设备、器具和可拆卸的其他非带电金属部件接地（接零）的分支线，必须直接与接地干线相连，严禁串联连接。接至电气设备上的接地线应用螺栓连接。当有色金属接地线不能采用焊接连接时，也可用螺栓连接。

3. 接地扁钢的敷设

（1）当接地体打入地中后，即可沿沟敷设扁钢。扁钢敷设的位置、数量和规格应符合设计规定。

（2）扁钢敷设前应检查和调直。

（3）将扁钢放置于沟内，依次将扁钢与接地体焊接连接。扁钢应侧放，不可平放。

（4）扁钢与钢管连接的位置应距接地体最高点约 100mm，如图 7-37 所示。

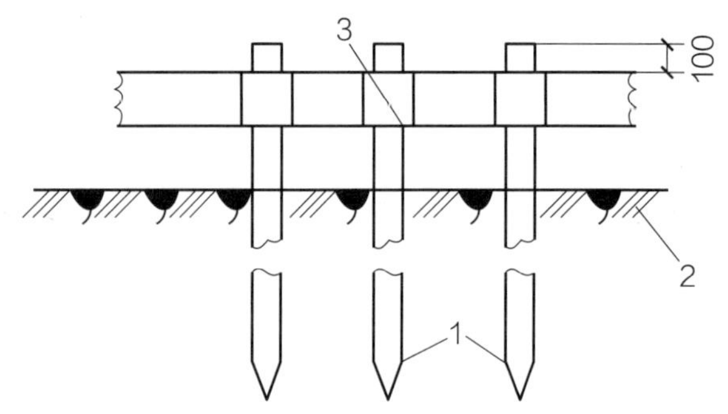

图 7-37　接地体的安装（单位：mm）

1—接地体；2—地沟面；3—接地卡子焊接处

（5）焊接时应将扁钢拉直。

（6）扁钢与钢管焊好后，经过检查确定接地体埋设深度、焊接质量等均符合设计要求时，即可将沟填平。

4. 接地干线与支线的敷设

（1）敷设要求。

① 室外接地干线与支线一般敷设在沟内。

② 敷设前应按设计规定的位置先挖沟，沟的深度不得小于 0.5m，宽约为 0.5 m，然后将扁钢埋入（图 7-38）。

经验指导：接地干线和接地体的连接、接地支线与接地干线的连接应采用焊接。

图 7-38　扁钢埋入沟槽内

③ 接地干线支线末端露出地面应大于 0.5m，以便接引地线。

④ 室内的接地线多为明敷设，但部分设备连接的支线需经过地面时，可埋设在混凝土内。明敷设的接地线大多数是纵横敷设在墙壁上，或敷设在母线架和电缆架的构架上。

（2）预留孔与埋设保护套。

① 预留孔（图 7-39）。当浇制板或砌墙时，应预留出穿接地线的孔，预留孔的大小应比敷设接地线的厚度、宽度多 6mm 以上。

② 埋设保护套。当用保护套时，应将保护套埋设好。保护套可用厚 1mm 以上的铁皮做成方形或圆形，大小应使接地线穿入时每边有 6mm 以上的空隙。

（3）埋设支持件。

明敷设在墙上的接地线应分段固定，方法是在墙上埋设支持件，将接地扁钢固定在支持件上。

图 7-40 为一种常用的支持件，支持件形式一般由设计要求提出。

经验指导：施工时按此尺寸截一段扁钢预埋在墙壁内，也可以在扁钢上包一层油毛毡或几层牛皮纸埋设在墙壁内，预留孔距墙壁表面应为15~20mm。

图 7-39　预留孔设置

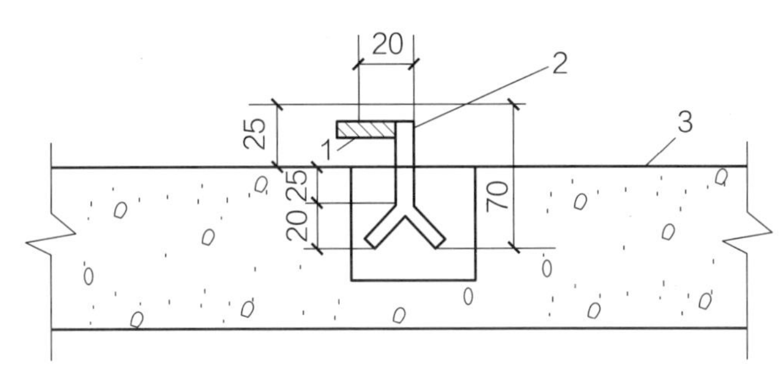

图 7-40　接地线支持件示意图（单位：mm）

1—接地线；2—支持件；3—墙壁

① 施工前，用 40mm × 4mm 的扁钢按图 7-40 所示的尺寸将支持件做好。

② 为了使支持件埋设整齐，在墙壁浇捣前先埋入一块方木预留小孔，若墙壁为砖墙，则支持件可在砌砖时直接埋入。

③ 埋设方木时应拉线或画线，孔的深度和宽度为 50mm，孔间的距离（即支持件的距离）一般为 1 ~ 1.5m，转弯部分为 1m。

④ 明敷设的接地线应垂直或水平敷设，当建筑物的表面倾斜时，也可沿建筑物表面平行敷设。与地面平行的接地干线一般距地面 200 ~ 300mm。

⑤ 墙壁抹灰后，即可埋设支持件。为了保证接地线全长与墙壁保持相同的距离和加快埋设速度，埋设支持件时，可用方木制成样板，将支持件放入孔内，用水泥砂浆将孔填满。

（4）接地线的敷设。

① 敷设时应按设计将一端放在电气设备处，另一端放在距离最近的接地干线上，两端都应露出混凝土地面。露出端的位置应准确，接地线的中部可焊在钢筋上加以固定。

② 所有电气设备都需单独埋设接地分支线，不可将电气设备串联接地。

③ 当支持件埋设完毕，水泥砂浆完全凝固以后，即可敷设在墙上的接地线。将扁钢放在支持件内，不得放在支持件外。经过墙壁的地方应穿过预留孔，然后焊接固定。敷设的扁钢应事先调直，不应有明显的起伏、弯曲。

④ 接地线与电缆、管道交叉处及其他有可能使接地线遭受机械损伤的地方，接地线应用钢管或角钢加以保护，否则接地线与上述设施交叉处应保持 25mm 以上的距离。

5. 接地导体的连接

（1）接地线互相之间的连接及接地线与电气装置的连接，应采用搭焊。搭焊的长度：扁钢或角钢应不小于其宽度的 2 倍；圆钢应不小于其直径的 6 倍，而且应有三边以上焊接。

（2）扁钢与钢管（或角钢）焊接时，为了连接可靠，除应在其接触两侧进行焊接外，还应将由钢带弯成的弧形（或直角形）与钢管（或角钢）焊接；钢带距钢管（或角钢）顶部应有 100mm 的距离。

（3）当利用建筑物内的钢管、钢筋及起重机轨道等自然导体作为接地导体时，连接处应保证有可靠的接触，全长不能中断。金属结构的连接处应与截面面积不大于 100mm^2 的钢带焊接起来。金属结构物之间的接头及焊口，焊接完毕后应涂红丹。

（4）采用钢管作接地线时应有可靠的接头。在暗敷或中性点接地的电网中的明敷情况下，应在钢管接头的两侧点焊两点。

（5）接地线和伸长接地（例如管道）相连接时，应在靠近建筑物的进口处焊接。若接地线与管道之间的连接不能焊接时，应用卡箍连接，卡箍的接触面应镀锡，并将管子连接处擦干净。管道上的水表、法兰、阀门等处应用裸铜线将其跨接。

6. 接地装置（接地线）涂漆

（1）涂黑漆。明敷的接地线表面应涂黑漆（图 7–41）。

经验指导：如因建筑物的设计要求，需涂其他颜色，则应在连接处及分支处涂以宽为15mm的两条黑带，其间距为150mm。

图 7–41　接地线涂黑漆

（2）涂紫色带黑色条纹。中性点接于接地网的明敷接地导线，应涂以紫色带黑色条纹。

（3）涂黑带。在三相四线网络中，如接有单相分支线并用其零线作接地线时，零线在分支点应涂黑色带以便识别。

（4）刷白底漆后标黑色接地记号。室内干线专门备有检修用临时接地点处，应刷白色底漆后标以黑色接地记号。

（5）涂红丹两道再涂黑漆。接地引下线垂直地面的上、下侧 300 ~ 500mm 段，应涂刷红丹两道，再涂黑漆。涂刷前要将引线表面的锈污等擦刷干净。

（二）接地装置施工安全文明操作施工总结

（1）装设接地体前，须沿着接地体的线路先挖沟，以便打入接地体和敷设连接接地体的扁钢（图 7–42）。

（2）当接地体采用钢管时，应选用直径为 38 ~ 50mm，壁厚不小于 3.5mm 的钢管。然后按设计提供的长度切割（一般为 2.5m）。钢管打入地下的一端加工成一定的形状，如为一般松软土质时，可切成斜面。为了避免打入时受力不均使管子歪斜，也可以加工成扁尖形。如土质很硬，可将尖端加工成锥形。

（3）采用角钢时，一般选用 50mm × 50mm × 5mm 的角钢，切割长度一般也是 2.3m。角钢的一端加工成尖头形状，如图 7–43 所示。

图 7–42　接地体的扁钢连接

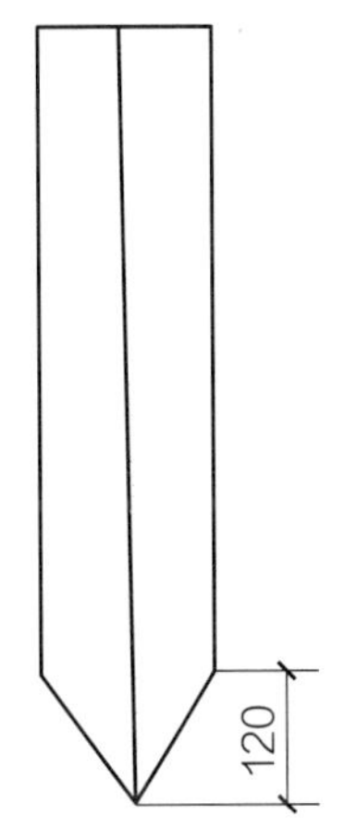

图 7–43　接地角钢加工示意图（单位：mm）

（4）为防止接地钢管或角钢产生裂口，可用圆钢加工一种护管帽，套入接地管端，如图 7–44 所示，用一块短角钢（约 10cm）焊在接地角钢的一端，如图 7–45 所示。

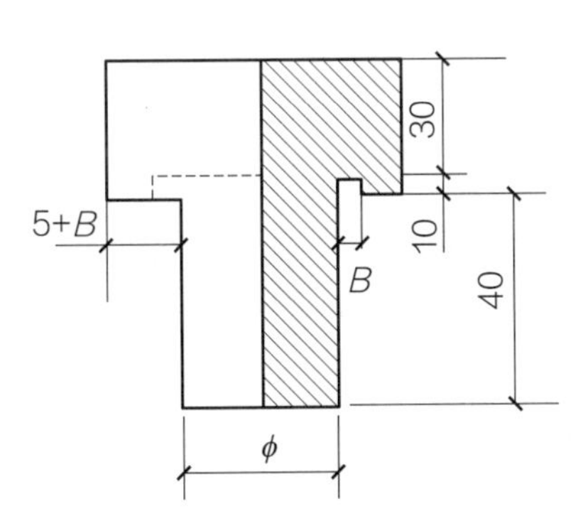

图 7–44　接地钢管加固示意图（单位：mm）

B—钢管管壁厚度；ϕ—护管的直径

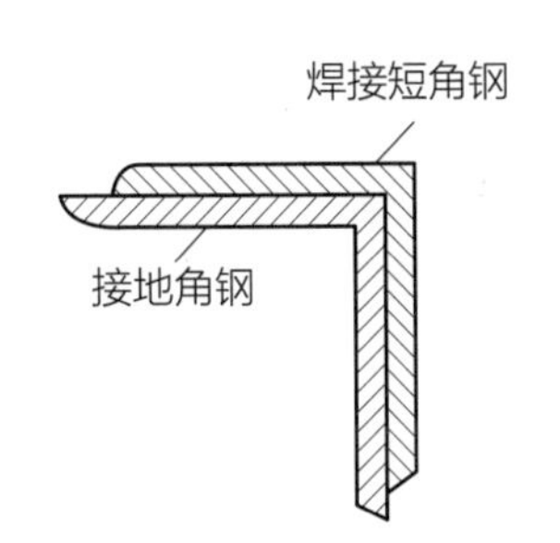

图 7–45　短角钢焊接示意图

五、防雷引下线施工安全文明操作

（一）防雷引下线施工安全文明操作要点

1. 引下线支架安装

（1）当确定引下线位置后，明敷引下线支持卡子应随建筑物主体施工预埋。通常在距室外护坡 2 m 高处，预埋第一个支持卡子，将圆钢或扁钢固定在支持卡子上，作为引下线。

（2）随主体工程的施工，在距第一个卡子正上方 1.5 ～ 2m 处，用线坠将第一个卡子的中心点确定出来，埋设第二个卡子，依次向上逐个埋设，其间距应均匀、相等。支持卡子露出长度应一致，凸出建筑外墙装饰面 15mm 以上。

2. 引下线明敷设

（1）明敷设引下线必须在调直后进行。引下线的调直方法如下。

① 引下线材料为扁钢，可放在平板上用地锤调直（图 7-46）。

② 引下线为圆钢，可将其一端固定在锤锚的机具上，另一端固定在绞磨或捯链的夹具上，冷拉调直，也可用钢筋调直机进行调直。

（2）经调直的引下线材料，运到安装地点后，可用绳子提拉到建筑物最高点，由上而下逐点使其与埋设在墙体内的支持卡子进行套环卡固，用螺栓或焊接固定，直到断接卡子为止。

（3）当通过屋面挑檐板等处，需要弯折时，不应构成锐角转折，应做成曲径较大的慢弯。弯曲部分线段的总长度，应小于拐弯开口处距离的 10 倍。

3. 引下线沿墙或混凝土构造柱暗敷设

（1）引下线沿砖墙或混凝土构造柱内暗敷设时（图 7-47），暗敷引下线一般应采用不小于 $\phi12$ 的镀锌圆钢或 25mm × 4mm 镀锌扁钢。

图 7-46　扁钢调直

图 7-47　引下线沿混凝土构造柱暗敷设

（2）通常将钢筋调直后先与接地体（或断接卡子）连接好，由下至上展放（或一段段连接）钢筋，敷设路径应尽量短而直，可直接通过挑檐板或女儿墙与避雷带焊接，如图 7-48 所示。

（3）当引下线沿建筑物外墙抹灰层内安装时，应在外墙装饰抹灰前把扁钢或圆钢避雷带由上至下展放好，并用卡钉固定好，其垂直固定距离为 1.5 ～ 2m。

4. 利用建筑物钢筋作防雷引下线

（1）利用建筑物钢筋混凝土中钢筋作引下线时，引下线间距为：第一类防雷建筑物引下线间距不应大于 12m；第二类防雷建筑物引下线间距不应大于 18m；第三类防雷建筑物引下线间距不应大于 25m。以上第一、二、三类建筑防雷施工，建筑物外轮廓各个角上的柱筋均应被利用。

（2）利用建筑物钢筋混凝土中的钢筋作为防雷引下线时，应符合下列规定。

① 当钢筋直径为 16mm 及以上时，应利用 2 根钢筋（绑扎或焊接）作为一组引下线；当钢筋直径为 10mm 且小于 16mm 时，应利用 4 根钢筋（绑扎或焊接）作为一组引下线。

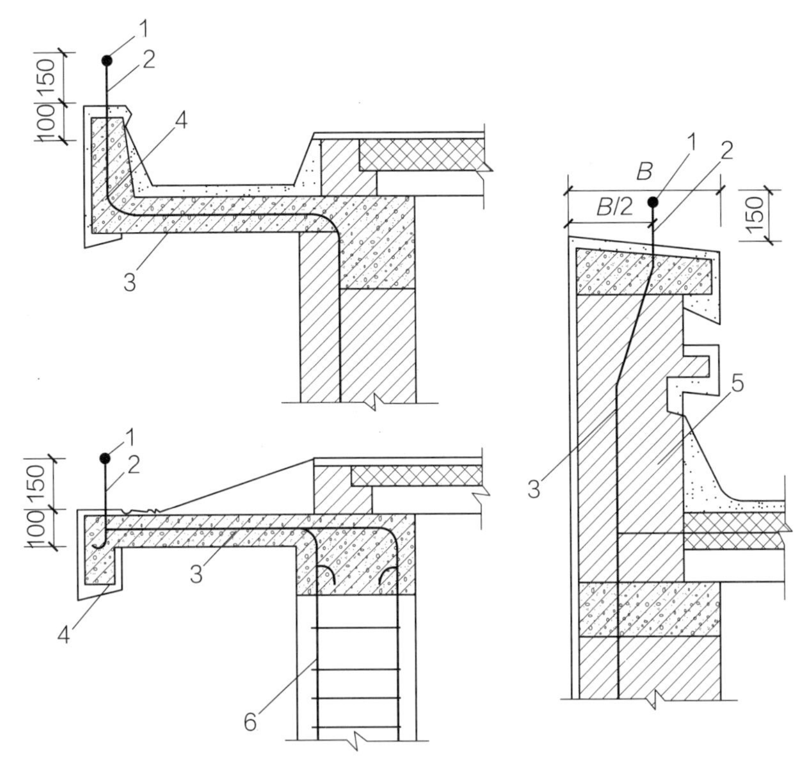

图 7-48　暗敷设引下线通过挑檐板和女儿墙做法示意图（单位：mm）

1—避雷带；2—支架；3—引下线；4—挑檐板；5—女儿墙；6—柱主筋；*B*—女儿墙的宽度

② 引下线的上部（屋顶上）应与接闪器焊接，下部在室外地坪下 0.8 ~ 1.0m 处焊出 1 根直径为 12mm 或截面为 40mm × 4mm 的镀锌导体，伸向室外且距外墙皮的距离不宜小于 1m。

③ 利用建筑物钢筋混凝土基础内的钢筋作为接地装置，应在与防雷引下线相对应的室外埋深 0.8 ~ 1m 处，由被利用作为引下线的钢筋上焊出 1 根直径为 12mm 或截面为 40mm × 4mm 的镀锌圆钢或扁钢，并伸向室外，距外墙皮的距离不宜小于 1m。

④ 引下线在施工时，应配合土建施工按设计要求找出全部钢筋位置，用油漆做好标记，保证每层钢筋上、下进行贯通性连接（绑扎或焊接），随着钢筋作业逐层串联焊接（或绑扎）至顶层。

⑤ 引下线其上部（屋顶上）与接闪器相连的钢筋必须焊接连接，不应做绑扎连接，焊接长度不应小于钢筋直径的 6 倍，并应在两面进行焊接。

⑥ 如果结构内钢筋含碳量或含锰量高，焊接易使钢筋变脆或强度降低时，可绑扎连接，也可改用直径不小于 16mm 的副筋，或不受力的构造筋，或者单独另设钢筋。

⑦ 利用建筑物钢筋混凝土基础内的钢筋作为接地装置，每根引下线处的冲击接地电阻不宜大于 5Ω。

⑧ 在建筑结构完成后，必须通过测试点测试接地电阻，若达不到设计要求，可在室外柱（或墙）0.8 ~ 1m、预留导体处加接外附人工接地体。

（二）防雷引下线施工安全文明操作施工总结

（1）明敷引下线时应符合下列要求。

① 专设引下线应沿建筑物外墙明敷，并经最短路径接地。

② 引下线宜采用圆钢或扁钢，优先采用圆钢，圆钢直径不应小于 8mm；扁钢截面不应小于 $48mm^2$，厚度不应小于 4mm。

③ 当烟囱上的专设引下线采用圆钢时，其直径不应小于 12mm；采用扁钢时，其截面不应小于 $100mm^2$，厚度不应小于 4mm。

（2）暗敷引下线采用圆钢时直径不应小于 10mm，扁钢截面不应小于 $80mm^2$。

（3）根据建筑物防雷等级不同，防雷引下线的设置也不相同。

① 一级防雷建筑物专设引下线时，引下线的数量不应少于两根，间距不应大于 12m。

② 二级防雷建筑物引下线的数量不应少于两根，间距不应大于 18m。

③ 三级防雷建筑物，为防雷装置专设引下线时，其引下线数量不宜少于两根，间距不应大于 25m。

第二节　低压配电线路施工安全文明操作

一、电杆安装施工安全文明操作

（一）电杆安装施工安全文明操作要点

1. 汽车起重机立杆

（1）立杆时，先将汽车起重机开到距坑道适当位置加以稳固，然后在电杆 1/3 ~ 1/2 处（从根部量起）系一根起吊钢丝绳，再在杆顶向下 500mm 处临时系三根调整绳。

（2）起吊时，坑边站两人负责电杆根部进坑，另由三人各拉一根调整绳，以坑为中心，站位呈三角形，由一人负责指挥。

（3）当杆顶吊离地面 500mm 时，对各处绑扎的绳扣进行一次安全检查，确认无问题后再继续起吊（图 7–49）。

经验指导：电杆组立位置应正确，桩身应垂直。允许偏差：直线杆横向位移不大于50mm，杆梢偏移不大于杆梢直径的1/2，转角杆紧线后不向内角倾斜，向外角倾斜不大于1个杆梢直径。

图 7–49　汽车起重机立电杆

（4）电杆竖立后，调整电杆位于线路中心线上，偏差不超过 50mm，然后逐层（300mm 厚）填土夯实。填土应高于地面 300mm，以备沉降。

2. 人字抱杆立杆

人字抱杆立杆（图 7–50）是一种简易的立杆方式，它主要依靠装在人字抱杆顶部的滑轮组，通过钢丝绳穿绕杆脚上的转向滑轮，引向绞磨或手摇卷扬机来吊立电杆。

以立 10kV 线路电杆为例，所用的起吊工具主要包括人字抱杆一副（杆高约为电杆高度的 1/2）；承载 3t 的滑轮组一副，承载 3t 的转向滑轮一个；绞磨或手摇卷扬机一台；起吊用钢丝绳（ϕ10）45m；固定人字抱杆用牵引钢丝绳（ϕ6）两条，长度为电杆高度的 1.5 ~ 2 倍；锚固用的钢钎 3 ~ 4 根。

图 7-50　人字抱杆立杆

3. 三脚架立杆

采用三脚架立杆（图 7-51）时，首先将电杆移到电杆坑边，立好三脚架，做好防止三脚架根部活动和下陷的措施，然后在电杆梢部系三根拉绳，以控制杆身。在电杆杆身 1/2 处，系一根短的起吊钢丝绳，套在滑轮吊钩上。用手摇卷扬机起吊，当杆梢离地 500mm 时，对绳扣作一次安全检查，确认无问题后，方可继续起吊。将电杆竖起落于杆坑中，即可调正杆身，填土夯实。

经验指导：三脚架立杆也是一种较简易的立杆方式，它主要依靠装在三脚架上的小型卷扬机、上下两只滑轮以及牵引钢丝绳等吊立电杆。

图 7-51　三脚架立杆施工

4. 倒落式人字抱杆立杆

采用倒落式人字抱杆立杆（图 7-52）时使用到的工具主要包括人字抱杆、滑轮、卷扬机（或绞磨）以及钢丝绳等。

（1）立杆前，先将制动用钢丝绳一端系在电杆根部，另一端在制动桩上绕 3 ~ 4 圈，再将起吊钢丝绳一端系在抱杆顶部的铁帽上，另一端绑在电杆长度的 2/3 处。

在电杆顶部接上临时调整绳三根，按三个角分开控制。总牵引绳的方向要与制动桩、坑中心、抱杆铁帽处于同一直线上。

（2）起吊时，抱杆和电杆同时竖起，负责制动绳和调整绳的人要配合好，加强控制。

（3）当电杆起立至适当位置时，缓慢松动制动绳，使电杆根部逐渐进入坑内，但是杆根应在抱杆失效前接触坑底。当杆根快要触及坑底时，应控制其正好处于立杆的正确位置上。

（4）在整个立杆过程中，左右侧拉线要均衡施力，以保证杆身稳定。

（5）当杆身立至与地面成 70° 位置时，反侧临时拉线要适当拉紧，以防电杆倾倒。当杆身立至 80° 时，立杆速度应放慢，并且用反侧拉线与卷扬机配合，使杆身调整到正直。

（6）最后用填土将基础填妥、夯实，拆卸立杆工具。

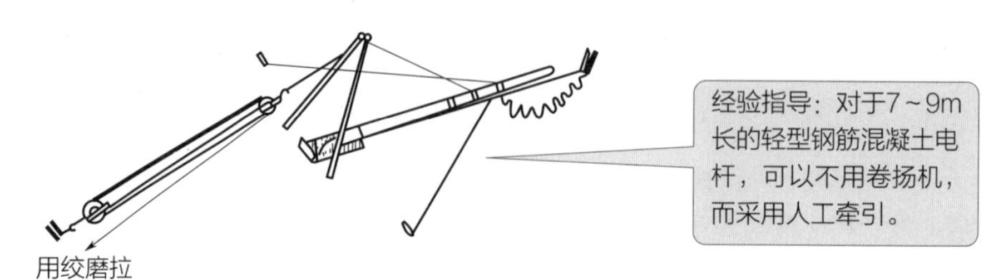

经验指导：对于7～9m长的轻型钢筋混凝土电杆，可以不用卷扬机，而采用人工牵引。
用绞磨拉

图 7–52 倒落式人字抱杆立杆示意图

5. 架腿立杆

架腿立杆又称撑式立杆，它是利用撑杆来竖立电杆的。该方法使用工具比较简单，但是劳动强度大，当立杆少，又缺乏立杆机具的情况下，可以采用，但是只能竖立木杆和 9m 以下的混凝土电杆。

采用这种方法立杆时，应先将杆根移至坑边，对正马道，坑壁竖一块木滑板，电杆梢部系三根拉绳，以控制杆身，防止在起立过程中倾倒，然后将电杆梢抬起，到适当高度时用撑杆交替进行，向坑心移动，电杆即逐渐抬起。

6. 电杆调整要求

调整杆位（图 7–53），通常可用杠子拨，或用杠杆与绳索联合吊起杆根，使其移至规定位置。调整杆面，可用转杆器弯钩卡住，推动手柄使杆旋转。

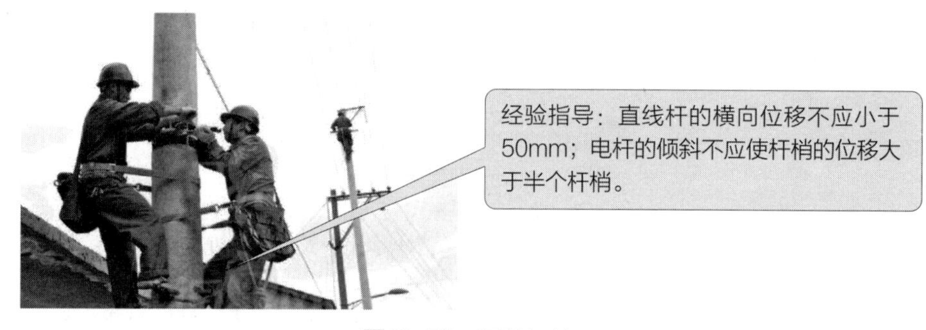

图 7–53 调整杆位

（1）站在相邻未立杆的杆坑线路方向上的辅助标桩处（或其延长线上），面对线路向已立杆方向观测电杆，或通过垂球观测电杆，指挥调整杆身，或使与已立正直的电杆重合。

（2）若为转角杆，观测人站在与线路垂直方向或转角等分角线的垂直线（转角杆）的杆坑中心辅助桩延长线上，通过垂球观测电杆，指挥调正杆身，此时横担轴向应正对观测方向。

（3）转角杆应向外角预偏，紧线后不应向内角倾斜，向外角的倾斜不应使杆梢位移大于一个杆梢。转角杆的横向位移不应大于 50mm。

（4）终端杆立好后应向拉线侧预偏，紧线后不应向拉线反方向倾斜，向拉线侧倾斜不应使杆梢位移大于一个杆梢。

（5）双杆立好后应正直，双杆中心与中心桩之间的横向位移偏差不得超过 50mm；两杆高低偏差不得超过 20mm；迈步不得超过 30mm；根开不应超过 ±30mm。

（二）电杆安全文明安装常用数据

钢筋混凝土电杆常用的多为圆形空心杆，其规格见表 7-4。

表 7-4　钢筋混凝土电杆规格

杆长 /m	7	8		9		10		11	12	13	15
梢径 /mm	150	150	170	150	190	150	190	190	190	190	190
底径 /mm	240	256	277	270	310	283	323	337	350	363	390

（三）电杆安装施工安全文明操作施工总结

（1）钢筋混凝土电杆（图 7-54）表面应光滑，内外壁厚均匀，不应有露筋、跑浆等现象。

电杆不应出现纵向裂纹，横向裂纹的宽度不应超过0.1mm。

图 7-54　钢筋混凝土电杆验收

（2）钢圈连接的混凝土电杆，焊缝不得有裂纹、气孔、结瘤和凹坑。

二、拉线安装施工安全文明操作

（一）拉线安装安全文明操作要点

1. 拉线坑的开挖

拉线坑（图 7-55）应开挖在标定拉线桩位处，其中心线和深度应符合设计要求。在拉线引入一侧应开挖斜槽，以免拉线不能伸直，影响拉力。其截面和形式可根据具体情况确定。

2. 拉线盘的埋设

在埋设拉线盘（图 7-56）前，首先应将下把拉线棒组装好，然后再进行整体埋设。

经验指导：拉线坑深度应根据拉线盘埋设深度确定，应有斜坡，回填土时，应将土块打碎后夯实。拉线坑宜设防沉层。

图 7-55 拉线坑开挖

经验指导：拉线盘埋设深度应符合工程设计规定，最低不应低于1.3m。

图 7-56 拉线盘埋设施工

拉线棒应与拉线盘垂直，其外露地面部分长度应为 500 ~ 700mm。目前，普遍采用的下把拉线棒为圆钢拉线棒，它的下端套有丝口，上端有拉环，安装时拉线棒穿过水泥拉线盘孔，放好垫圈，拧上双螺母即可。在下把拉线棒装好之后，将拉线盘放正，使底把拉环露出地面 500 ~ 700mm，即可分层填土夯实。

拉线棒地面上下 200 ~ 300mm 处，都要涂以沥青，泥土中含有盐碱成分较多的地方，还要从拉线棒出土 150mm 处起，缠卷 80mm 宽的麻带，缠到地面以下 350mm 处，并且浸透沥青，以防腐蚀。涂沥青和缠麻带，都应在填土前做好。

3. 拉线上把安装

拉线上把装在混凝土电杆上，须用拉线抱箍以及螺栓固定。其方法是用一只螺栓将拉线抱箍抱在电杆上，然后把预制好的上把拉线环放在两片抱箍的螺孔间，穿入螺栓拧上螺母固定。上把拉线环的内径以能穿入 16mm 螺栓为宜，但是不能大于 25mm。

在来往行人较多的地方，拉线上应装设拉线绝缘子（图 7-57）。

经验指导：其安装位置，应使拉线断线而沿电杆下垂时，绝缘子距地面的高度在2.5m以上，不致触及行人。同时，使绝缘子距电杆最近距离也应保持为2.5m，使人不致在杆上操作时触及接地部分。

图 7-57　拉线绝缘子安装施工

（二）拉线安装安全文明操作施工总结

（1）拉线与电杆之间的夹角不宜小于 45°；当受地形限制时，可适当小些，但是不应小于 30°。

（2）终端杆的拉线以及耐张杆承力拉线应与线路方向对正，分角拉线应与线路分角线方向对正，防风拉线应与线路方向垂直。

（3）采用拉桩杆拉线的安装应符合下列规定。

① 拉桩杆埋设深度不应小于杆长的 1/6。

② 拉桩杆应向张力反方向倾斜 15° ~ 20°。

③ 拉桩坠线与拉桩杆夹角不应小于 30°。

④ 拉桩坠线上端固定点的位置距拉桩杆顶应为 0.25m，距地面不应小于 4.5m。

三、导线架设与连接安全文明操作

（一）导线架设与连接安全文明操作要点

1. 放线与架线

在导线架设放线（图 7-58）前，应勘察沿线情况，清除放线道路上可能损伤导线的障碍物，或采取可靠的防护措施。

经验指导：对于跨越公路、铁路、一般通信线路和不能停电的电力线路，应在放线前搭好牢固的跨越架，跨越架的宽度应稍大于电杆横担的长度，以防止掉线。

图 7-58　放线

放线包括拖放法和展放法两种。拖放法是将线盘架设在放线架上拖放导线；展放法是将线盘架设在汽车上，行进中展放导线。放线一般从始端开始，通常以一个耐张段为一单元进行。可以先放线，即把所有导线全部放完，再一根根地将导线架在电杆横担上；也可以边放线边架线。放线时应使导线从线盘上方引出，放线过程中，线盘处要有人看守，保持放线速度均匀，同时检查导线质量，发现问题及时处理。

当导线沿线路展放在电杆旁的地面上以后，可由施工人员登上电杆将导线用绳子提到电杆的横担上。架线（图 7-59）时，导线吊上电杆后，应放在事先装好的开口木质滑轮内，防止导线在横担上拖拉磨损。钢导线也可使用钢滑轮。

图 7-59　导线架设

2. 导线的修补

导线有损伤时一定要及时修补，否则会影响电气性能。导线修补包括以下几种情况。

（1）导线在同一处损伤，有下列情况之一时，可不作修补：单股损伤深度小于直径的 1/2，但应将损伤处的棱角与毛刺用 0 号砂纸磨光；钢芯铝绞线、钢芯铝合金绞线损伤截面面积小于导电部分截面面积的 5%，并且强度损失小于 4%；单金属绞线损伤截面面积小于导电部分截面积的 4%。

（2）当导线在同一处损伤时，应进行修补（图 7-60），修补应符合规定。受损导线采用缠绕处理时应符合下列规定：受损伤处线股应处理平整；选用与导线同种金属的单股线作为缠绕材料，且其直径不应小于 2mm；缠绕中心应位于损伤最严重处，缠绕应紧密，受损部分应全部覆盖，其长度不应小于 100mm。

受损导线采用修补管修补时应符合下列规定：损伤处的铝或铝合金股线应先恢复其原始绞制状态；修补管的中心应位于损伤最严重处，需修补导线的范围距管端部不得小于20mm。

图 7-60　导线的修补

预绞丝修补的规定：受损伤处线股应处理平整；修补预绞丝长度不应小于 3 个节距；修补预绞丝中心应位于损伤最严重处，并且应与导线紧密接触，损伤部分应全部覆盖。

（3）导线在同一处的损伤有下列情况之一时，应将导线损伤部分全部割去，重新用直线接续管连接：强度损伤或损伤截面面积超过修补管修补的规定；连续损伤其强度、截面面积虽未超过可以用修补管修补的规定，但损伤长度已超过修补管能修补的范围；钢芯铝绞线的钢芯断一股；导线出现灯笼状的直径超过 1.5 倍导线直径而且无法修复；导线金钩破股已使钢芯或内层线股形成无法修复的永久变形。

3. 导线的连接

（1）由于导线的连接质量直接影响到导线的机械强度和电气性能，所以架设导线的连接应符合下列规定：在任何情况下，每一档距内的每条导线，只能有一个接头；导线接头位置与针式绝缘子固定处的净距离不应小于 500mm；与耐张线夹之间的距离不应小于 15m。

（2）架空线路在跨越公路、河流、电力及通信线路时，导线及避雷线上不能有接头。

（3）不同金属、不同规格、不同绞制方向的导线严禁在档距内连接，只能在电杆上跳线时连接。

（4）导线接头处的力学性能，不应低于原导线强度的 90%，电阻不应超过同长度导线电阻的 1.2 倍。

（5）导线连接的常用方法有钳压接法、缠绕法和爆炸压接法。如果接头在跳线处，可以使用线夹连接，接头在其他位置，通常采用钳压接法连接。

（6）压接后接续管两端出口处、接缝处以及外露部分应涂刷油漆。

（7）压接铝绞线时，压接顺序从导线断头开始，按交错顺序向另一端进行；铜绞线与铝绞线压接方法相类似；压接钢芯铝绞线时，压接顺序从中间开始，分别向两端进行，压接 240mm^2 钢芯铝绞线时，可用两根接续管串联进行，两管间距不应小于 15mm。

4. 紧线

在做好耐张杆、转角杆和终端杆拉线后，就可以分段紧线。先将导线的一端在绝缘子上固定好，然后在导线的另一端用紧线器紧线。在杆的受力侧应装设正式和临时拉线，用钢丝绳或具有足够强度的钢线拴在横担的两端，以防横担偏扭。待紧完导线并固定好后，拆除临时拉线。

紧线（图 7-61）时，在耐张段的操作端，直接或通过滑轮来牵引导线，导线收紧后，再用紧线器夹住导线。

紧线的方法有两种：一种是将导线逐根均匀收紧的单线法；另一种是三根或两根同时收紧。前者适用于导线截面面积较小，耐张段距离不大的场合；后者适用于导线型号大、档距大、电杆多的情况。紧线的顺序：应从上层横担开始，依次至下层横担，先紧中间导线，后紧两边导线。

图 7-61　紧线施工

5. 测量弧垂

导线弧垂是指一个档距内导线下垂形成的自然弛度，也称为导线的弛度。弧垂可以表示导线所受拉力的量，弧垂越小拉力越大，反之拉力越小。导线紧固后，弛度误差不应超过设计弛度的 ±5%，同一档距内各根导线的弛度应该一致；水平排列的导线，高低差应不大于 50mm。

测量弧垂时，用两个规格相同的弧垂尺（弛度尺），把横尺定位在规定的弧垂数值上，两个操作者都把弧垂尺勾在靠近绝缘子的同一根导线上，导线下垂最低点与对方横尺定位点应处于同一直线上。弧垂测量应从相邻电杆横担上某一侧的一根导线开始，接着测另一侧对应的导线，然后交叉测量第三根和第四根，以保证电杆横担受力均匀，没有因紧线出现扭斜的情况。

6. 导线的固定

导线在绝缘子上通常用绑扎方法来固定，绑扎方法因绝缘子形式和安装地点不同而各异，常用方法如下。

（1）顶绑法：顶绑法适用于 1 ~ 10kV 直线杆针式绝缘子的固定绑扎。铝导线绑扎时应在导线绑扎处先绑 150mm 长的铝包带。所用铝包带宽为 10mm，厚为 1mm。绑线材料应与导线的材料相同，其直径在 2.6 ~ 3.0mm 范围内。

（2）侧绑法：转角杆针式绝缘子上的绑扎，导线应放在绝缘子颈部外侧。若绝缘子顶槽太浅，直线杆也可以用这种绑扎方法。在导线绑扎处同样要绑以铝带。

（3）耐张线夹固定导线法：耐张线夹固定导线法是用紧线钳先将导线收紧，使弧垂比所要求的数值稍小些。然后在导线需要安装线夹的部分，用同规格的线股缠绕，缠绕时，应从一端开始绕向另一端，其方向须与导线外股缠绕方向一致。缠绕长度须露出线夹两端各 10mm。卸下线夹的全部 U 形螺栓，使耐张线夹的线槽紧贴导线缠绕部分，装上全部 U 形螺栓及压板，并稍拧紧。最后按顺序进行拧紧。在拧紧过程中，要使受力均衡，不要使线夹的压板偏斜和卡碰。

（二）导线架设与连接安全文明操作施工总结

（1）导线采用钳压接续管进行连接（图 7-62）时，应符合下列规定。

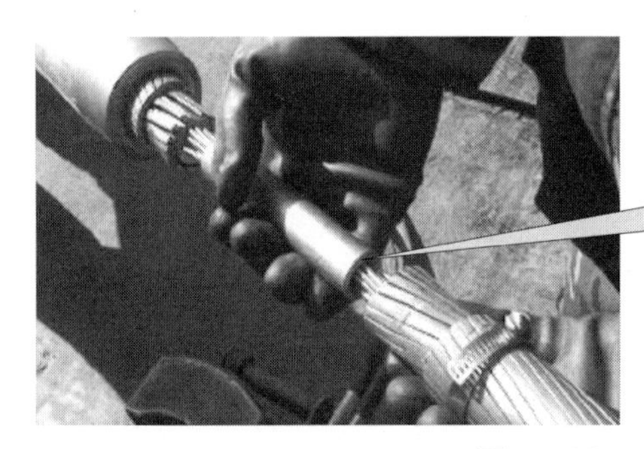

压接后的接续管弯曲度不应大于管长的2%；
压接后或矫直后的接续管不应有裂纹。

图 7-62　接续管连接

① 接续管型号与导线规格应配套。

② 压接前导线的端头要用绑线绑牢，压接后不应拆除。

③ 钳压后，导线端头露出长度不应小于 20mm。

④ 压接后的接续管两端附近的导线不应有灯笼、抽筋等现象。

（2）当导线在同一处损伤需要进行修补时，损伤补修处理标准应符合表 7-5 的规定。

表 7-5　导线损伤补修处理标准

导线类别	损伤情况	处理方法
铝绞线	导线在同一处损伤程度已经超过规定，但因损伤导致强度损失不超过总拉断力的 5% 时	缠绕或补修预绞线修理
铝合金绞线	导线在同一处损伤导致的强度损失超过总拉断力的 5%，但不超过 17% 时	补修管补修
钢芯铝绞线	导线在同一处损伤程度已超过规定，但因损伤导致强度损失不超过总拉断力的 5%，且截面积损伤又不超过导电部分总截面积的 7% 时	缠绕或补修预绞线修理
钢芯铝合金绞线	导线在同一处损伤的强度损失已超过总拉断力的 5% 但不足 7%，且截面积损伤也不超过导电部分总截面积的 25% 时	补修管补修

四、杆上电气设备安装安全文明操作

（一）杆上电气设备安装安全文明操作要点

（1）跌落式熔断器（图 7-63）的安装，要求各部分零件完整；转轴光滑灵活，铸件不应有裂纹、砂眼、锈蚀；瓷件良好，熔丝管不应有受潮膨胀或弯曲现象。

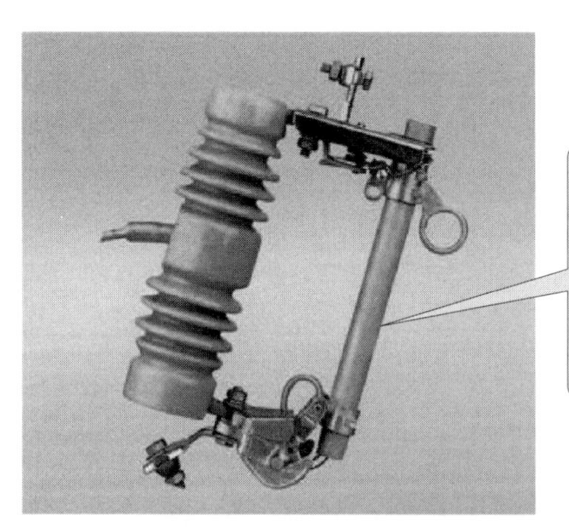

经验指导：熔断器安装牢固、排列整齐，熔管轴线与地面的垂线夹角为15°~30°；熔断器水平相间距离不小于500mm；操作时灵活可靠，接触紧密；合熔丝管时上保护继电器用触点应有一定的压缩行程；上、下引线压紧；与线路导线的连接紧密可靠。

图 7-63 跌落式熔断器

（2）杆上断路器和负荷开关（图 7-64）的安装，其水平倾斜不应大于台架长度的 1/100。当采用绑扎连接时，连接处应留有防水弯，其绑扎长度应不小于 150mm。外壳应干净，不应有漏油现象，气压不低于规定值；外壳接地可靠，接地电阻值应符合规定。

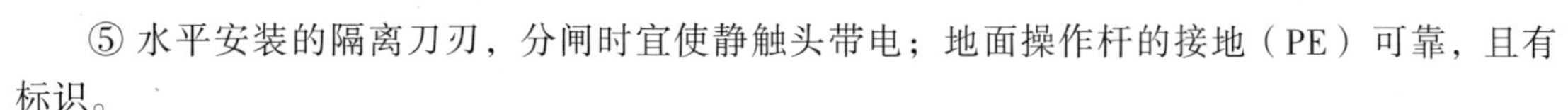

图 7-64 负荷开关

（3）杆上隔离开关安装应符合下列规定。

① 瓷件良好。

② 操作机构动作灵活。

③ 隔离刀刃分闸后应有不小于 200mm 的空气间隙。

④ 与引线的连接紧密可靠。

⑤ 水平安装的隔离刀刃，分闸时宜使静触头带电；地面操作杆的接地（PE）可靠，且有标识。

⑥ 三相连动隔离开关的三相隔离刀刃应分、合同期。

（二）杆上电气设备安装安全文明操作施工总结

（1）电杆上电气设备安装应牢固可靠；电气连接应接触紧密；不同金属连接应有过渡措施；瓷件表面光洁，无裂缝、破损等现象。

（2）电杆上变压器及变压器台的安装，其水平倾斜不大于台架根开的 1/100；一、二次引线排列整齐、绑扎牢固；储油柜油位正常、外壳干净；接地可靠，接地电阻值符合规定；套管压线螺栓等部件齐全；呼吸孔道畅通。

（3）杆上避雷器（图 7-65）安装要排列整齐、高低一致，其间隔距离为：1 ~ 10kV 不应小于

350mm；1kV 以下不应小于 150mm。避雷器的引线应短而直且连接紧密。当采用绝缘线时，应符合下列规定。

图 7-65 杆上避雷器

① 引上线：铜线截面面积不小于 16mm²，铝线不小于 25mm²。

② 引下线：铜线截面面积不小于 25mm²，铝线不小于 35mm²，引下线接地可靠，接地电阻值符合规定。与电气部分连接，不应使避雷器产生外加应力。

（4）杆上隔离开关分、合操作灵活，操动机构机械销定可靠，分合时三相同期性好，分闸后，刀片与静保护继电器用触点间空气间隙距离不小于 200mm，地面操作杆接地（PE）可靠，且有标志。

五、室内布线安全文明操作

（一）室内布线安全文明操作要点

1. 配管安装

（1）配管敷设要求。

① 明配管（图 7-66）时，管路应沿建筑物表面横平竖直敷设，但不得在锅炉、烟道和其他发热表面上敷设。

经验指导：水平或垂直敷设的明配管路允许偏差值，2m以内均为3mm，全长不应超过管子内径的 1/2。

图 7-66 明配管施工

② 暗配管（图 7-67）时，电线保护管宜沿最近的路线敷设，并应减少弯曲，力求管路最短，节约费用，降低成本。

③ 敷设塑料管（图 7-68）时的环境温度不应低于 -15℃，并应采用配套塑料接线盒、灯头盒、开关盒等配件。

④ 在电线管路超过下列长度时，中间应加装接线盒或拉线盒，其位置应便于穿线。

a. 管子长度每超过 40m，无弯曲时。

b. 管子长度每超过 30m，有一个弯时。

c. 管子长度每超过 20m，有两个弯时。

d. 管子长度每超过 12m，有三个弯时。

⑤ 塑料管进入接线盒、灯头盒、开关盒或配电箱内，应加以固定。钢管进入灯头盒、开关盒、拉线盒、接线盒及配电箱时，暗配管可用焊接固定，管口露出盒（箱）应小于 5mm；明配管应用锁紧螺母或护圈帽固定，露出锁紧螺母的螺纹为 2 ～ 4 扣。

⑥ 埋入建（构）筑物的电线保护管，为保证暗敷设后不露出抹灰层，防止因锈蚀造成抹灰面脱落，影响整个工程质量，管路与建（构）筑物主体表面的距离不应小于 15mm。

图 7-67 暗配管施工

⑦ 无论明配、暗配管，都严禁用气、电焊切割，管内应无铁屑，管口应光滑。在多尘和潮湿场所的管口，管子连接处及不进入盒（箱）的垂直敷设的上口穿线后都应密封处理。与设备连接时，应将管子接到设备内，如不能接入时，应在管口处加接保护软管引入设备内，并应采用软管接头连接，在室外或潮湿房屋内，管口处还应加防水弯头。

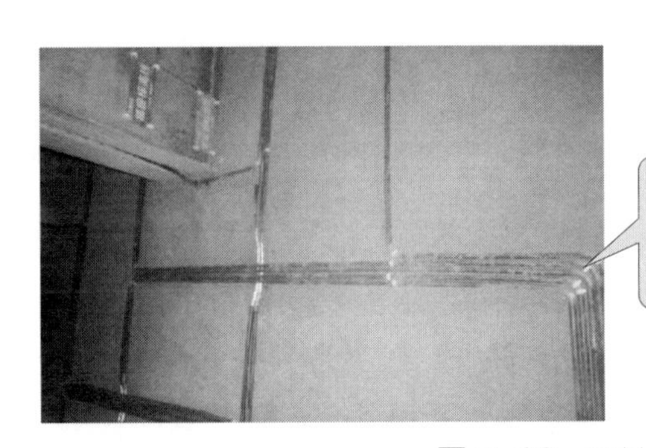

经验指导：当塑料管在砖墙内剔槽敷设时，必须用不小于M10的水泥砂浆抹面保护，厚度不应小于15 mm。

图 7-68 塑料管敷设施工

⑧ 埋地管路不宜穿过设备基础，如要穿过建筑物基础时，应加保护管保护；埋入墙或混凝土内的管子，离表面的净距不应小于 15mm；暗配管管口出地坪不应低于 200mm；进入落地式配电箱的管路，排列应整齐，管口应高出基础面不小于 50mm。

⑨ 暗配管应尽量减少交叉。如交叉时，大口径管应放在小口径管下面，成排暗配管间距间隙应大于或等于 25mm。

⑩ 管路在经过建筑物伸缩缝及沉降缝处，都应有补偿装置。硬质塑料管沿建筑物表面敷设时，在直线段每 30m 处应装设补偿装置。

（2）配管固定。

① 明配管固定。明配管应排列整齐，固定间距均匀。管卡与管终端、转弯处中点、电气设备或接线盒边缘的距离 l 随管径不同而不同。l 与管径的对照见表 7-6。不同规格的成排管，固定间距应按小口径管距规定安装。金属软管的固定间距不应大于 1m。

表 7-6 l 与管径对照表 单位：mm

管径	15 ～ 20	25 ～ 32	40 ～ 50	65 ～ 100
l	150	250	300	500

② 暗配管固定（图 7-69）。电线管暗敷在钢筋混凝土内，应沿钢筋敷设，并用电焊或铅丝与钢筋固定，间距不大于 2m；敷设在钢筋网上的波纹管，宜绑扎在钢筋的下侧，固定间距应不大于 0.5m；在吊顶内，电线管不宜固定在轻钢龙骨上，而应用膨胀螺栓或粘接法固定。

经验指导：在砖墙内剔槽敷设的硬、半硬塑料管，须用不小于M10的水泥砂浆抹面保护，其厚度应不小于15mm。

图 7-69 暗配管的固定

（3）接线盒（箱）安装。

① 各种接线盒（箱）的安装位置，应根据设计要求，并结合建筑结构来确定。

② 接线盒（箱）的标高应符合设计要求，一般采用连通管测量、定位。

暗配管开关箱标高一般为 1.3m（或按设计标高），离门框边为 150 ~ 200mm；暗插座箱离地一般不低于 300mm，特殊场所一般不低于 150mm；相邻开关箱、插座箱或盒高低差不大于 0.5mm；同一室内开关、插座箱高低差不大于 5mm。

③ 对半硬塑料管，当管路用直线段长度超过 15m 或直角弯超过 3 个时，也应中间加装接线盒。

④ 明配管不准使用八角接线盒与镀锌接线盒，而应采用圆形接线盒。

⑤ 在盒、箱上开孔，应采用机械方法，不准用气焊、电焊开孔，暗敷箱、盒一般先用水泥固定，并应采取有效防堵措施，防止水泥砂浆进入。

⑥ 箱、盒内应清洁无杂物，用单只盒、箱并列安装时，盒、箱间拼装尺寸应一致，盒箱间用短管、锁紧螺母连接。

（4）管内配线。

① 管内绝缘导线的额定电压不应低于 500V。按标准，黄、绿、红色分别为 A、B、C 三相色标，黑色线为零线，黄绿相间混合线为接地线。

② 管内导线总截面积（包括外护层）不应超过管截面积的 40%。

③ 同一交流回路的导线必须穿在同一根管内。电压为 65V 及以下的回路，同一设备或生产上相互关联设备所使用的导线，同类照明回路的导线（但导线总数不应超过 8 根），各种电机、电器及用电设备的信号、控制回路的导线都可穿在同一根配管中。穿管前，应将管中积水及杂物清除干净。

④ 管内导线不得有接头和扭结，在导线出管口处，应加装护圈。为了便于导线的检查与更换，配线所用的铜芯软线最小线芯截面面积不小于 $1mm^2$，铜芯绝缘线最小线芯截面面积不小于 $7mm^2$，铝芯绝缘线最小线芯截面面积不小于 $2.5mm^2$。

⑤ 敷设在垂直管路中的导线，当导线截面面积分别为 $50mm^2$（及其以下）、70 ~ $95mm^2$、120 ~ $240mm^2$，横向长度分别超过 30m、20m、18m 时，应在管口处或接线盒中加以固定。

（5）管路接地。

① 在 TN–S、TN–C/S 系统中，由于有专用的保护线（PE 线），可以不必利用金属电线管作保护接地或接零的导体，因而金属管和塑料管可以混用。当金属管、金属盒（箱）、塑料管、塑料盒（箱）混合使用时，金属管和金属盒（箱）必须与保护线（PE 线）有可靠的电气连接。

② 成排管路之间的跨接线，圆钢截面应按大的管径规格选择，跨接圆钢应弯曲成与管路形状相近的圆弧形。

③ 管与箱、盒间的跨接线应按接入箱、盒中大的管径规格选择，明装成套配电箱应采用管端焊接接地螺栓后，用导线与箱体连接；暗装预埋箱、盒可采用跨接圆钢与箱体直接焊接，由电源箱引出的末端支管应构成环形接地。圆钢焊接时，应在圆钢两侧焊接，不准用电焊点焊束节来代替跨接线连接。

（6）钢管防腐（图 7–70）。

钢管内外均应刷防腐漆。明敷薄壁管应刷一层水柏油；顶棚内配管有锈蚀的应刷一层水柏油；明敷的厚壁管应刷一层底漆、一层面漆；暗敷在墙（砖）内的厚壁管应刷一层防腐漆（红丹）；镀锌钢管镀层剥落处应补漆；电焊跨接处应补漆；预埋箱、盒有锈蚀处应补漆；支架、配件应除锈、保持干净，刷一层防腐漆和一层面漆。

经验指导：暗敷在混凝土内配管可不刷漆；埋地黑铁管应刷两层水柏油进行防腐；埋入有腐蚀性土层内的管线，应按设计要求确定防腐方式。

图 7–70 钢管防腐

2. 管内线路试验

（1）导线通电试验。

导线通电试验主要是为了检查导线是否有折断、接触不良及误接等现象。试验时，可用万用表先将导线的一端全部短接，然后在导线的另一端，用万用表的欧姆挡每两个端头测试一次，检查是否正确。

（2）绝缘电阻的测量。

① 使用绝缘电阻表（图 7–71）时应水平放置。在接线前先摇动手柄，指针应在“∞”处，再把“L”“E” 两接线柱瞬时短接，再摇动手柄，指针应指在“0”处。

② 测量时，先切断电源，把被测设备清扫干净，并进行充分放电。放电方法是将设备的接线端子用绝缘线与大地接触（电荷多的如电力电容器则须先经电阻与大地接触，而后再直接与大地接触）。

③ 使用绝缘电阻表时，摇动手柄应由慢变快，读取额定转速下 1min 的指示值。接线柱上电压很高，禁止用手触摸。当指针指零时，不要再继续摇动手柄，以防表内线圈烧坏。

（3）检查相位与耐压试验。

① 检查相位。线路敷设完工后，始端与末端相位应一致，测法参考电缆相位检查方法。

② 耐压试验。重要场所对主动力装置应做交流耐压试验，试验电压标准为1000V。当回路绝缘电阻值在10MΩ以上时，可用2500V级绝缘电阻表代替，时间为1min。

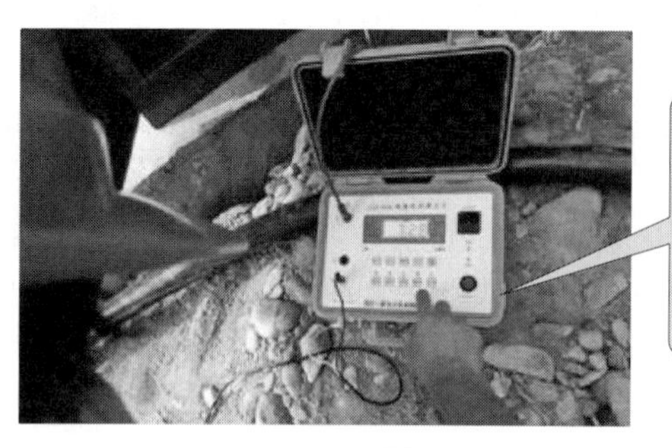

经验指导：选用绝缘电阻表注意电压等级。测500V以下的低压设备绝缘电阻时，应选用500V的绝缘电阻表；500~1000V的设备用1000V的绝缘电阻表；1000V以上的设备用2500V的绝缘电阻表。

图7-71　使用绝缘电阻表测量施工

（二）室内布线安全文明操作施工总结

1. 管子弯曲

（1）外观。管路弯曲处不应有起皱、凹陷等缺陷，弯扁程度不应大于管外径的10%，配管接头不宜设在弯曲处，埋地管不宜把弯曲部分露出地面，镀锌钢管不准用热揻弯法使镀锌层脱落。

（2）弯曲半径。明配管弯曲半径一般不小于管外径的6倍；如两个连接盒只有一个弯时，则可不小于管外径的4倍。暗配管埋设于混凝土楼板内时，弯曲半径一般不小于管外径的6倍；埋设于地下时，则不应小于管外径的10倍。

2. 配管连接

（1）塑料管连接（图7-72）。硬质塑料管采用插入法连接时，插入深度为管内径的1.1 ~ 1.8倍；采用套接法连接时，套管长度为连接管口内径的1.5 ~ 3倍，连接管的对口处应位于套管的中心。

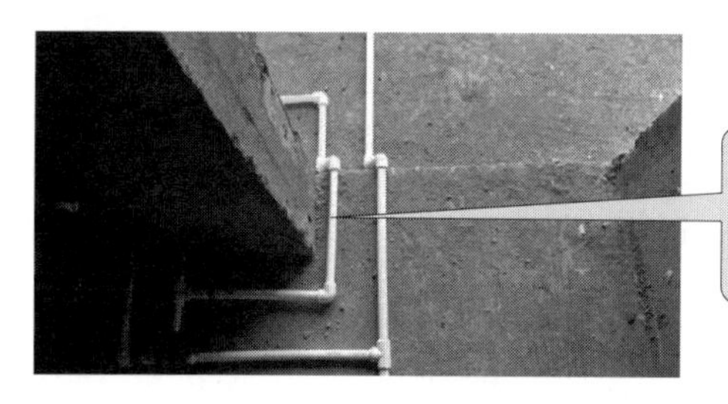

用胶黏剂连接接口必须牢固、密封。半硬塑料管用套管粘接法连接，套管长度应不小于连接管外径的2倍。

图7-72　塑料管连接

图7-73　薄壁管连接

（2）薄壁管连接（图7-73）。薄壁管严禁对口焊接连接，也不宜采用套筒连接，如必须采用螺纹连接，套螺纹长度一般为束节长度的1/2。

（3）厚壁管连接。厚壁管在2″（1″=2.54cm）及以下应用套丝连接，对埋入泥土或暗配管宜采用套筒焊接，焊口应焊接牢固、严密，套筒长度为连接管外径的1.5 ~ 3倍，连接管的对口应处在套管的中心。

六、钢管敷设安全文明操作

（一）钢管敷设安全文明操作要点

钢管敷设也称配管。配管工作通常从配电箱开始，逐段配至用电设备处，有时也可从用电设备端开始，逐段配至配电箱处。

1. 敷设方式

钢管的敷设方式分为暗配和明配两种，暗配就是在现浇混凝土内敷设钢管。在现浇混凝土构件内敷设管子，可用铁线将管子绑扎至钢筋上，也可以用钉子钉在模板上，但是应将管子用垫块垫起，用铁线绑牢，垫块可用碎石块，垫高 15 ~ 20mm，以减轻地下水对管子的腐蚀，此项工作在浇筑混凝土前进行。

2. 砖墙内配管

在砖墙内配管（图 7–74）时，管子一般是随同土建砌砖时预埋，也可以预先在砖墙上留槽或剔槽。

经验指导：固定时，可先在砖缝里打入木楔，再在木楔上钉钉子，用铁线将管子绑扎在钉子上，使管子充分嵌入槽内。应保证管子离墙表面净距不小于15mm。

图 7–74　砖墙内配管

3. 地坪内配管

在地坪内配管时，必须在土建浇筑混凝土前埋设，固定方法可用木桩或圆钢等打入地中，再用铁丝将管子绑牢。为使管子全部埋设在地坪混凝土层内，应将管子垫高，离土层 15 ~ 20mm。当有许多管子并排敷设在一起时，必须使其相互离开一定距离，以保证其间也灌上混凝土。进入落地式配电箱的管子要整齐排列，管口高出基础面不小于 50mm。

4. 其他注意事项

为避免管口堵塞影响穿线，管子配好后要将管口用木塞或塑料塞堵好。管子连接处以及钢管及接线盒连接处，要按规定做好接地处理。

当电线管路遇到建筑物伸缩缝、沉降缝时，必须相应做伸缩、沉降处理。通常是装设补偿盒。在补偿盒的侧面开一个长孔，将管端穿入长孔中，无须固定，而另一端则要用六角螺母与接线盒拧紧固定，如图 7–75 所示。

5. 线管的穿线

通常应在管子全部敷设完毕，建筑物抹灰、粉刷及地面工程结束后进行管内穿线工作。在穿线前应将管中的积水及杂物清除干净。

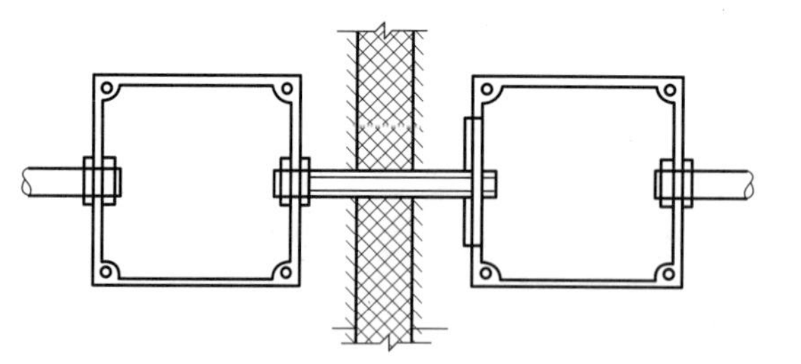

图 7-75　钢管经过伸缩缝补偿装置

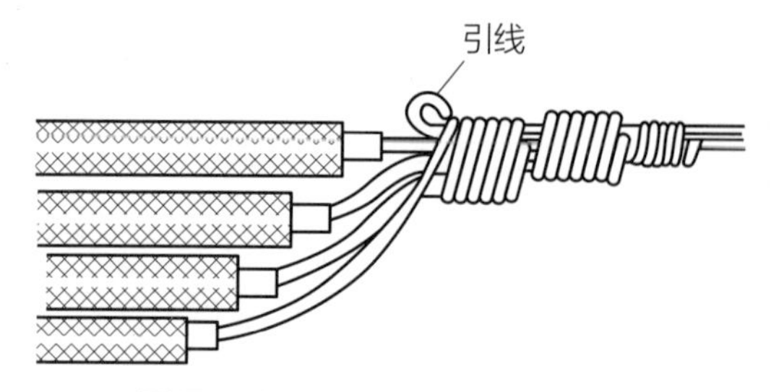

图 7-76　多根导线绑扎方法

穿线时，应先穿一根钢带线（ϕ1.6mm 钢丝）作为牵引线，所有导线应一起穿入，多根导线绑扎方法如图 7-76 所示。拉线时应有两人操作，一人送线，另一人拉线，两人应互相配合。

导线穿入钢管时，管口处应装设护线套保护导线；在不进入接线盒（箱）的垂直管口，穿入导线后应将管口密封。在较长的垂直管路中，导线长度与截面的关系如下：

（1）50mm^2 及以下的导线，长度为 30m。

（2）70 ~ 95mm^2 的导线，长度为 20m。

（3）120 ~ 240mm^2 的导线，长度为 10m。

为防止由于导线本身的自重拉断导线或拉脱接线盒中的接头，导线应在管路中间增设的接线盒中加以固定，其在接线盒中的固定方法如图 7-77 所示。

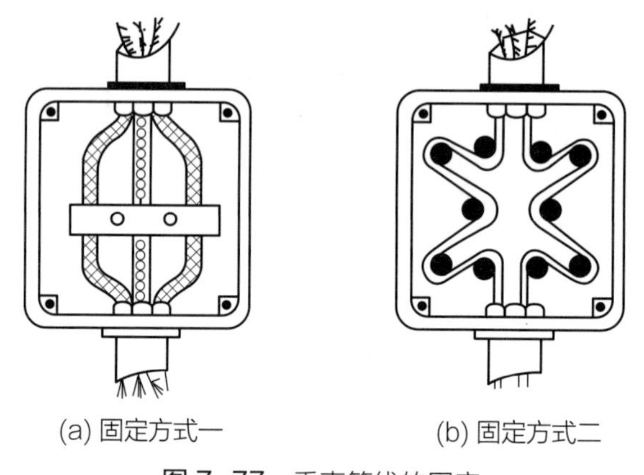

(a) 固定方式一　　(b) 固定方式二

图 7-77　垂直管线的固定

导线穿好后，剪除多余的导线，但要留出适当的余量，便于以后接线。预留长度为：接线盒内以绕盒一周为宜；开关板内以绕板内半周为宜。为在接线时能方便分辨出各条导线，可以在各导线上标上不同标记。

穿线时应严格按照相关规定进行。同一交流回路的导线应穿于同一根钢管内。不同回路、电压等级或交流与直流的导线，不得穿在同一根管内。但下列几种情况或设计有特殊规定的除外：

（1）电压为 65V 及以下的回路。

（2）同一台设备的电机回路和无抗干扰要求的控制回路。

（3）照明花灯的所有回路。

（4）同类照明的几个回路，可穿入同一根管内，但管内导线总数不应多于 8 根。

钢管与设备连接时，应将钢管敷设到设备内。若不能直接进入设备内，可用金属软管连接至设备接线盒内。金属软管与设备接线盒的连接使用软管接头，如图 7-78 所示。

（二）钢管敷设安全文明操作施工总结

图 7-78　软管接头

1. 钢管连接质量要求

按照施工规范要求，钢管与钢管的连接有管箍连接（螺纹连接）、套管连接和紧定螺钉连接等方法。通常情况下，多采用管箍连接，不能直接用电焊连接。

（1）螺纹连接。钢管与钢管之间采用螺纹连接时，为了使管路系统接地良好、可靠，要在管箍两端焊接用圆钢或扁钢制作的跨接接地线，焊接长度不可小于接地线截面面积的 6 倍，或采用专用接地卡跨接。跨接线规格的选择见表 7-7。镀锌钢管或可挠金属电线保护管的跨接接地线宜采用专用接地线卡跨接，不应采用熔焊连接。

表 7-7　跨接线规格选择表　　单位：mm

公称直径		跨接线规格	
电线管	钢管	圆钢	扁钢
≤ 32	≤ 25	$\phi 6$	—
40	32	$\phi 8$	—
50	40 ~ 50	$\phi 10$	—
70 ~ 80	70 ~ 80	$\phi 12$	25 × 4

（2）套管连接。采用套管连接时，套管长度宜为管外径的 1.5 ~ 3 倍，管与管的对口处应位于套管的中心。套管长度不合适将不能起到加强接头处机械强度的作用。通常应视敷设管线上方的冲击大小而定，冲击大选上限，冲击小则选下限。套管采用焊接连接时，焊缝应牢固严密；对于套管的选择，由于太大的管径不易使两连接管中心线对正，造成管口连接处有效截面面积减小，致使穿线和焊接困难，所以通常根据表 7-8 选择。

表 7-8　套管规格选择表　　单位：mm

线管公称直径	套管规格	备注	线管公称直径	套管规格	备注
15	$\phi 20$	焊接钢管	50	$\phi 68 \times 4.0$	无缝钢管
20	$\phi 25$		70	$\phi 83 \times 3.5$	
25	$\phi 42 \times 4.0$	无缝钢管	80	$\phi 95 \times 3.5$	
32	$\phi 50 \times 3.5$		100	$\phi 121 \times 3.5$	
40	$\phi 57 \times 4.2$		—	—	

（3）紧定螺钉连接。采用紧定螺钉连接时，螺钉应拧紧。在振动的场所，紧定螺钉应有防松措施。镀锌钢管和薄壁钢管应采用螺纹连接或套管紧定螺钉连接，不应采用熔焊连接。

2. 钢管与盒（箱）或设备的连接质量要求

暗配的黑铁管与盒（箱）连接可采用焊接连接，管口宜高出盒（箱）内壁 3 ~ 5mm，并且焊后应补刷防腐漆；明配钢管或暗配的镀锌钢管与盒（箱）连接应采用锁紧螺母或护圈帽固定，如

图 7-79 所示。用锁紧螺母固定的管端螺纹宜外露锁紧螺母 2 ~ 3 扣。

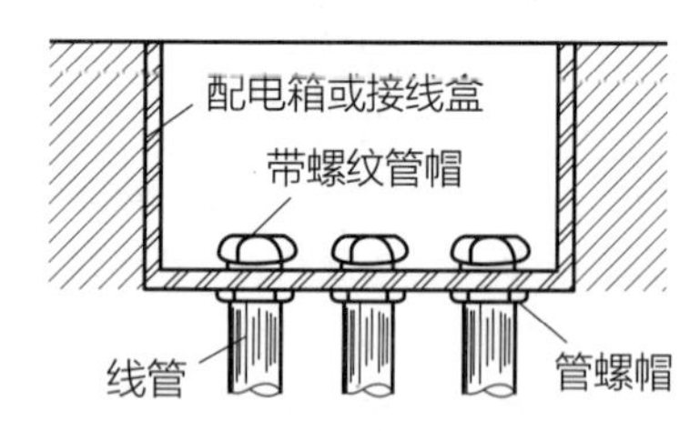

图 7-79　钢管和接线盒（箱）连接

管与盒（箱）直接连接时要掌握好入盒长度，不应在预埋时使管口脱出盒子，也不应使管插入盒内过长，一般在盒（箱）内露出长度应小于 5mm。

钢管与设备直接连接时，应将钢管敷设到设备的接线盒内。当钢管与设备间接连接时，对室内干燥场所，钢管端部宜在增设电线保护软管或可挠金属电线保护管后引入设备的接线盒内，且钢管管口应包扎紧密（软管长度不宜大于 0.8m）；对室外或室内潮湿场所，钢管端部应增设防水弯头，导线应加套保护软管，经弯成滴水弧状后再引入设备的接线盒。与设备连接的钢管管口与地面的距离宜大于 200mm。

七、塑料管敷设安全文明操作

（一）塑料管敷设安全文明操作要点

1. 塑料管的连接

（1）硬质塑料管的连接。

硬塑料管的连接包括螺纹连接和粘接连接两种方法。

① 螺纹连接。采用螺纹连接时，要在管口处套螺纹，可采用圆丝扳，与钢管套螺纹方法类似。套完螺纹后，要清洁管口，将管口端面和内壁的毛刺清理干净，使管口光滑以免伤线。软塑料管和波纹管没有套螺纹的加工工艺。

② 粘接连接。硬塑料管的粘接连接通常采用以下两种方法：插入法和套接法。

a. 插入法。插入法又分为一步插入法和两步插入法，一步插入法适用于直径 50mm 及以下的硬质塑料管，两步插入法适用于直径 65mm 及以上的硬质塑料管。

硬质塑料管之间以及与盒（箱）等器件的连接应采用插入法连接；连接处结合面应涂专用胶合剂，接口应牢固密封，并应符合下列要求：

ⅰ. 管与管之间采用套管连接时，套管长度宜为管外径的 1.5 ~ 3 倍；管与管的对口处应位于套管的中心。

ⅱ. 管与器件连接时，插入深度宜为管外径的 1.1 ~ 1.8 倍。

硬质塑料管的连接，目前多使用成品管接头，连接管两端涂以专用胶合剂，直接插入管接头。

硬质塑料管与盒（箱）的连接，可以采用成品管盒连接件，如图 7-80 所示。连接时，管端涂以专用胶合剂插入连接即可。

b. 套接法。套接法是将相同直径的硬质塑料管加热扩大成套管，再把需要连接的两管端部倒角，并用汽油清洁插接段，待汽油挥发后，在插接段均匀涂上胶合剂，迅速插入热套管中，并用湿布冷却即可。目前这种硬质塑料管快接接头工艺应用很多，套接示意图如图 7-81 所示。

（2）半硬质塑料管和波纹管的连接。

半硬质塑料管应采用套管粘接法连接，套管长度一般取连接管外径的 2 ~ 3 倍，接口处应用黏合剂粘接牢固。

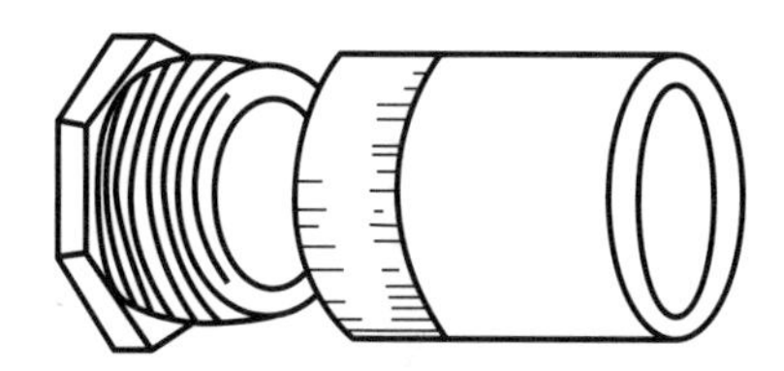

图 7-80　塑料管盒连接件

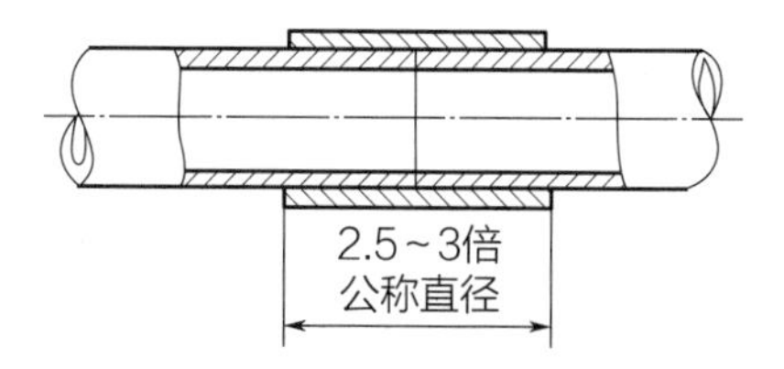

图 7-81　塑料管套接法连接

塑料波纹管通常不用连接，必须连接时，可采用管接头连接。管接头形式有两种，如图 7-82 所示。当波纹管进入配电箱接线时，必须采用管接头连接，操作示意图如图 7-83 所示。

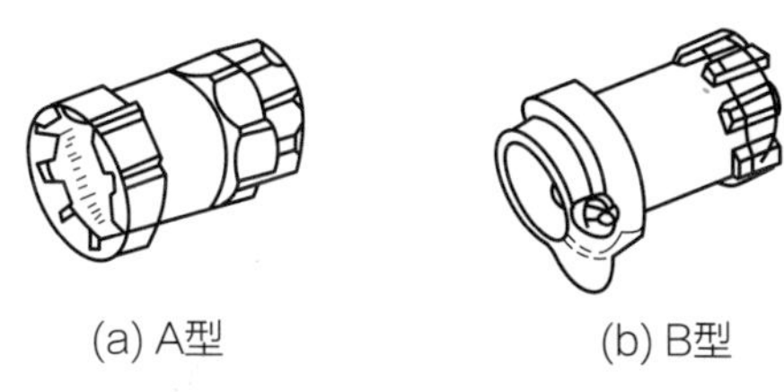

(a) A型　　(b) B型

图 7-82　管接头示意图

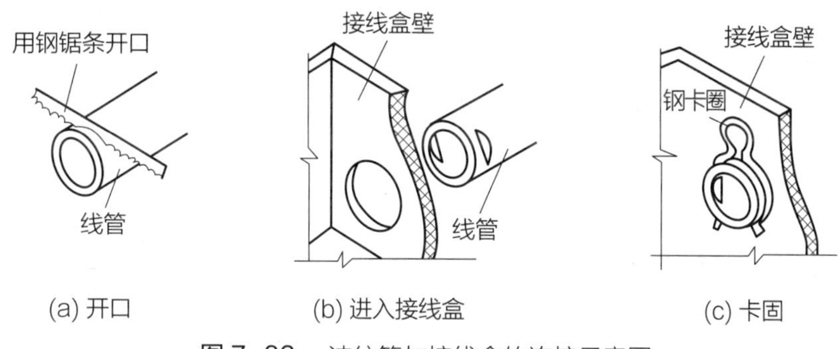

(a) 开口　　(b) 进入接线盒　　(c) 卡固

图 7-83　波纹管与接线盒的连接示意图

2. 塑料管敷设

塑料管（图 7-84）直埋于现浇混凝土内，在浇捣混凝土时，应采取防止塑料管发生机械损伤的措施，在露出地面易受机械损伤的一段，也应采取保护措施。

图 7-84　塑料管敷设施工

3. 塑料管穿线

塑料管穿线的施工规范和施工方法与钢管内穿线完全相同，穿线后即可进行接线和调试。

（二）塑料管敷设安全文明操作施工总结

（1）切断硬质塑料管时，多用钢锯条。硬质塑料管还可以使用厂家配套供应的专用截管器截剪管子。使用时，应边转动管子边进行裁剪，使刀口易于切入管壁，刀口切入管壁后，应停止转动塑料管（以保证切口平整），继续裁剪，直至管子切断为止，如图 7–85 所示。

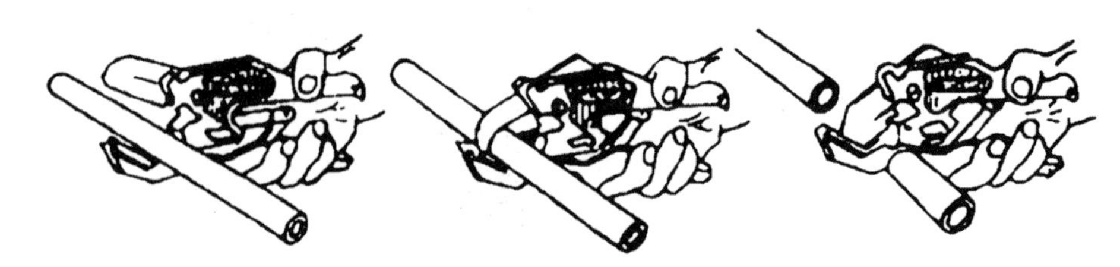

图 7–85　塑料管切割

（2）硬质塑料管的弯曲分为冷摵和热摵两种。冷摵时，将相应的弯管弹簧插入管内需要弯曲处，两手握住管弯处弹簧的部位，用手逐渐弯出所需要的弯曲半径来，如图 7–86 所示。采用热摵时，可将塑料管按量好的尺寸放在电烘箱和电炉上加热，待要软时取出，放在事先做好的胎具内弯曲成形。但是应注意不能将管烤伤、变色。

图 7–86　塑料管冷摵法

八、线槽布设安全文明操作

（一）线槽布设安全文明操作要点

1. 塑料线槽的敷设

（1）线槽的选择。

选用塑料线槽（图 7–87）时，应根据设计要求和允许容纳导线的根数来选择线槽的型号和规格。

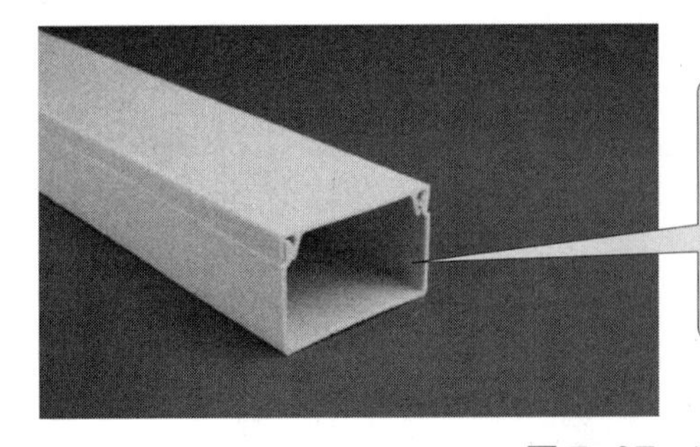

经验指导：选用的线槽应有产品合格证等，线槽内外应光滑无棱刺，且不应有扭曲、翘边等现象。塑料线槽及其附件的耐火及阻燃性能应符合相关规定，一般氧指数不应低于27%。

图 7–87　塑料线槽

（2）弹线定位。

① 塑料线槽敷设前，应先确定好盒（箱）等电气器具固定点的准确位置，从始端至终端按顺

序找好水平线或垂直线（图 7-88）。

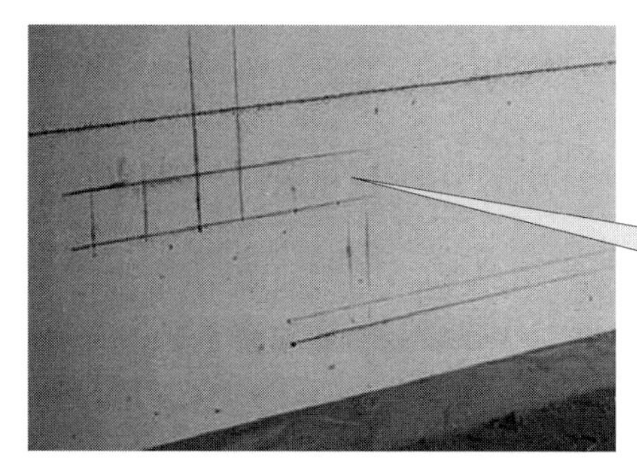

经验指导：用粉线袋在线槽布线的中心处弹线，确定好各固定点的位置。

图 7-88　弹线定位

② 在确定门旁开关线槽位置时，应能保证门旁开关盒处在距门框边 0.15 ~ 0.2m 的范围内。

（3）线槽固定。

塑料线槽敷设时，宜沿建筑物顶棚与墙壁交角处的墙上及墙角和踢脚板上口线上敷设。

① 塑料线槽布线应先固定槽底，线槽槽底应根据每段所需长度切断。塑料线槽布线在分支时应做成 T 字分支。线槽在转角处，槽底应锯成 45° 角对接，对接连接面应严密平整、无缝隙。

② 塑料线槽槽底可用伞形螺栓或塑料胀管固定，也可用木螺钉将其固定在预先埋入在墙体内的木砖上，如图 7-89 所示。塑料线槽槽底的固定点间距应根据线槽规格而定。固定线槽时，应先固定两端再固定中间，端部固定点距槽底终点不应小于 50mm。固定好后的槽底应紧贴建筑物表面、布置合理、横平竖直，线槽的水平度与垂直度允许偏差均不应大于 5mm。

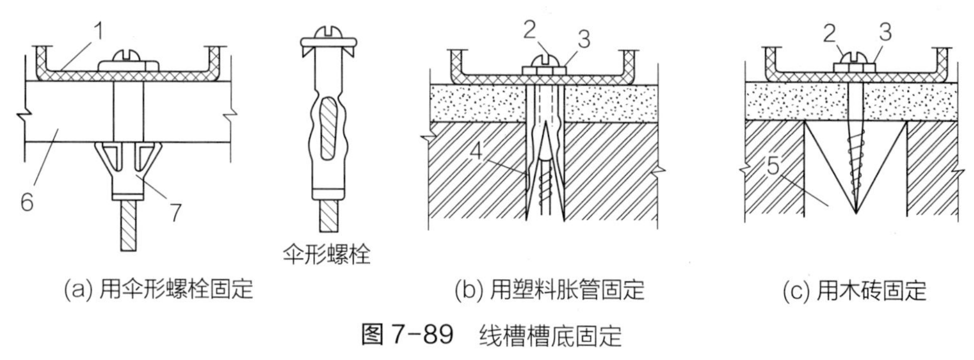

图 7-89　线槽槽底固定

1—槽底；2—木螺钉；3—垫圈；4—塑料胀管；5—木砖；6—石膏壁板；7—伞形螺栓

③ 安装前，比照每段线槽槽底的长度按需要切断，槽盖的长度要比槽底的长度短一些，如图 7-90 所示，l_A 的长度应为线槽宽度 l_B 的一半，在安装槽盖时做装饰配件就位用。塑料线槽槽盖如不使用装饰配件时，槽盖与槽底应错位搭接。槽盖安装时，应将槽盖平行放置，对准槽底，用手按槽盖，即可卡入槽底的凹槽中。

④ 在建筑物的墙角处线槽进行转角及分支布置时，应使用左三通或右三通。分支线槽布置在墙角左侧时使用左三通，分支线槽布置在墙角右侧时应使用右三通。塑料线槽布线在线槽的末端应使用附件堵头封堵。

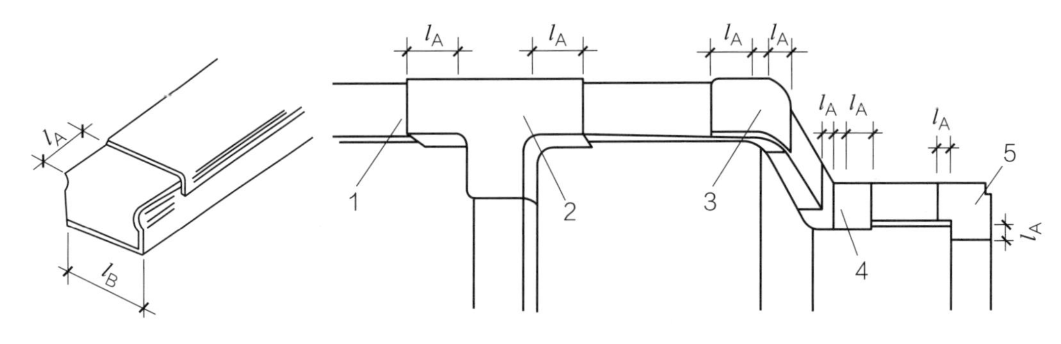

图 7-90　线槽沿墙敷设示意图

1—直线线槽；2— 平三通；3—阳转角；4—阴转角；5—直转角

2. 线槽内导线敷设

（1）金属线槽内导线的敷设。

① 金属线槽内配线（图 7-91）前，应清除线槽内的积水和杂物。清扫线槽时，可用抹布擦净线槽内残存的杂物，使线槽内外保持清洁。清扫地面内暗装的金属线槽时，可先将引线钢丝穿通至分线盒或出线口，然后将布条绑在引线一端送入线槽内，从另一端将布条拉出，反复多次即可将槽内的杂物和积水清理干净，也可用压缩空气或氧气将线槽内的杂物、积水吹出。

经验指导：穿线时，在金属线槽内不宜有接头。但在易于检查（可拆卸盖板）的场所，可允许在线槽内有分支接头。电线电缆和分支接头的总截面（包括外护层）不应超过该点线槽内截面的75%；在不易于拆卸盖板的线槽内，导线的接头应置于线槽的接线盒内。

图 7-91　金属线槽内配线

② 放线前应先检查导线的选择是否符合要求，导线分色是否正确。

③ 放线时应边放边整理，不应出现挤压、背扣、扭结、损伤绝缘等现象，并应将导线按回路（或系统）绑扎成捆，绑扎时应采用尼龙绑扎带或线绳，不允许使用金属导线或绑线进行绑扎。导线绑扎好后，应分层排放在线槽内并做好永久性编号标志。

④ 电线在线槽内有一定余量。线槽内电线或电缆的总截面（包括外护层）不应超过线槽内截面积的 20%，载流导线不宜超过 30 根。当设计无规定时，包括绝缘层在内的导线总截面积不应大于线槽截面积的 60%。控制、信号或与其相类似的线路，电线或电缆的总截面不应超过线槽内截面的 50%，电线或电缆根数不限。

⑤ 同一回路的相线和中性线，敷设于同一金属线槽内。

⑥ 同一电源的不同回路，无抗干扰要求的线路可敷设于同一线槽内；由于线槽内电线有相互交叉和平行紧挨现象，敷设于同一线槽内有抗干扰要求的线路用隔板隔离，或采用屏蔽电线且屏蔽护套一端接地等防护措施。

⑦ 在金属线槽垂直或倾斜敷设时，应采取措施防止电线或电缆在线槽内移动，使绝缘不致损坏，及不拉断导线或拉脱拉线盒（箱）内导线。

⑧ 引出金属线槽的线路，应采用镀锌钢管或普利卡金属套管，不宜采用塑料管与金属线槽连接。线槽的出线口应位置正确、光滑、无毛刺。引出金属线槽的配管管口处应有护口，电线或电缆在引出部分不得遭受损伤。

（2）塑料线槽内导线的敷设。

① 线槽内（图 7–92）电线或电缆的总截面（包括外护层）不应超过线槽内截面的 20%，载流导线不宜超过 30 根（控制、信号等线路可视为非载流导线）。

经验指导：强、弱电线路不应同时敷设在同一根线槽内。同一路径、无抗干扰要求的线路，可以敷设在同一根线槽内。

图 7–92　塑料线槽配线

② 放线时先将导线放开、抻直，从始端到终端边放边整理，导线应顺直，不得有挤压、背扣、扭结和受损等现象。

③ 电线、电缆在塑料线槽内不得有接头，导线的分支接头应在接线盒内进行。从室外引进室内的导线在进入墙内一段处应使用橡胶绝缘导线，严禁使用塑料绝缘导线。

（二）线槽布设安全文明操作施工总结

1. 线槽在墙上安装

（1）金属线槽在墙上安装（图 7–93）时，可采用塑料胀管安装。当线槽的宽度 $b<100$mm 时，可采用一个胀管固定；如线槽的宽度 $b>100$mm 时，应采用两个胀管并列固定。金属线槽在墙上固定安装的间距为 500mm，每节线槽的固定点不应少于两个。

（2）金属线槽在墙上水平架空安装时，既可使用托臂支承，也可使用扁钢或角钢支架支承。托臂可用膨胀螺栓进行固定，当金属线槽宽度 $b<100$mm 时，线槽在托臂上可采用一个螺栓固定。制作角钢或扁钢支架时，下料后长短偏差不应大于 5mm，切口处应无卷边和毛刺。

支架焊接后应无明显变形，焊缝均匀平整，焊缝处不得出现裂纹、咬边、气孔、凹陷、漏焊等缺陷。

2. 线槽在吊顶内安装

金属线槽在吊顶内安装（图 7–94）时，吊杆可用膨胀螺栓与建筑结构固定。当在钢结构固定时，可进行焊接固定，将吊架直接焊在钢结构的固定位置处；也可以使用万能吊具与角钢、槽钢、工字钢等钢结构进行安装。

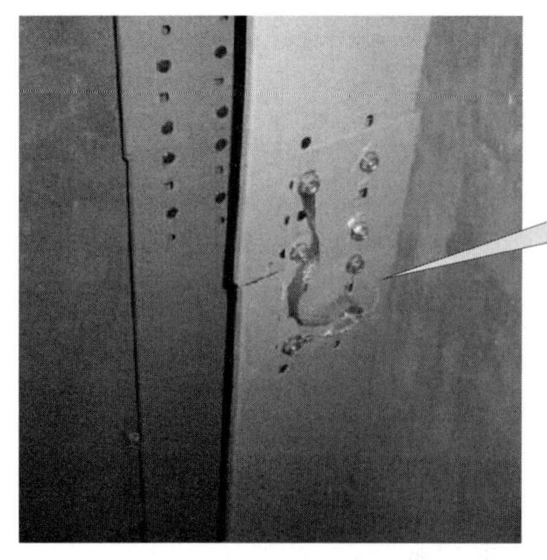

线槽固定螺钉紧固后，其端部应与线槽内表面光滑相连，线槽槽底应紧贴墙面固定。线槽的连接应连续无间断，线槽接口应平直、严密，线槽在转角、分支处和端部均应有固定点。

图 7-93　金属线槽在墙上安装

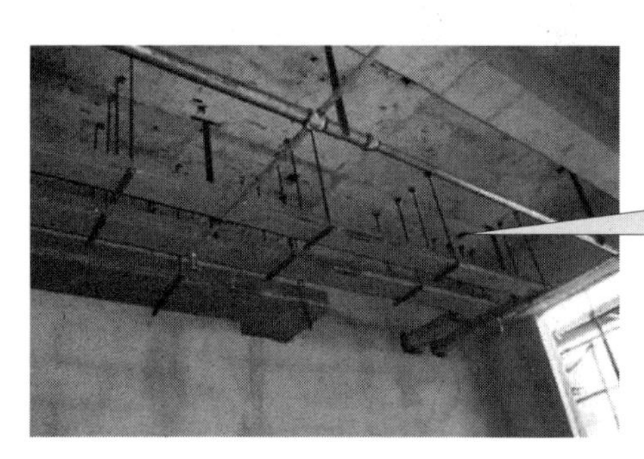

金属线槽在吊顶内吊装时，吊杆应固定在吊顶的主龙骨上，不允许固定在副龙骨或辅助龙骨上。

图 7-94　金属线槽在吊顶内安装

3. 线槽在吊架上安装（图 7-95）

线槽用吊架悬吊安装时，可根据吊装卡箍的不同形式采用不同的安装方法。当吊杆安装完成后，即可进行线槽的组装。

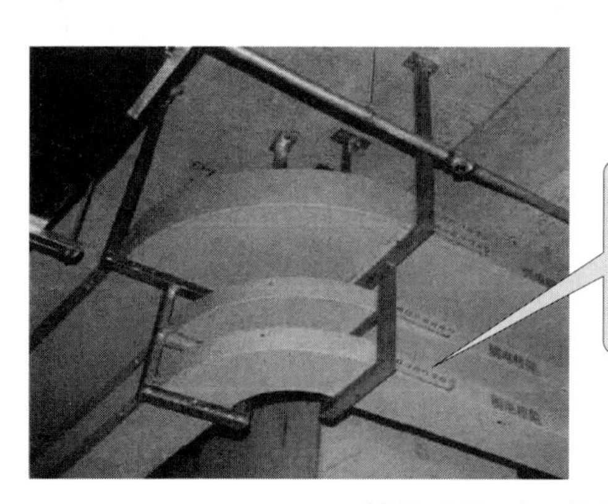

吊装金属线槽时，可根据不同需要，选择开口向上安装或开口向下安装。吊装金属线槽时，应先安装干线线槽，后装支线线槽。

图 7-95　金属线槽在吊架上安装

（1）线槽安装时，应先拧开吊装器，把吊装器下半部套入线槽上，使线槽与吊杆之间通过吊装器悬吊在一起。如在线槽上安装灯具时，灯具可用蝶形螺栓或蝶形夹卡与吊装器固定在一起，然后再把线槽逐段组装成形。

（2）线槽与线槽之间应采用内连接头或外连接头连接，并用沉头或圆头螺栓配上平垫和弹簧垫圈用螺母紧固。

（3）吊装金属线槽在水平方向分支时，应采用二通、三通、四通接线盒进行分支连接。在不同平面转弯时，在转弯处应采用立上弯头或立下弯头进行连接，安装角度要适宜。

九、护套线布线安全文明操作

（一）护套线布线安全文明操作要点

1. 施工要求

（1）护套线宜在平顶下 50mm 处沿建筑物表面敷设。多根导线平行敷设时，一只轧头最多夹三根双芯护套线。

（2）护套线（图 7–96）之间应相互靠紧，穿过梁、墙、楼板，跨越线路，护套线交叉时都应套有保护管，护套线交叉时保护管应套在靠近墙的一根导线上。塑料护套线穿过楼板采用保护管保护时，必须用钢管保护，其保护高度距地面不应低于 1.8m；如在装设开关的地方，保护高度可到开关所在位置。

经验指导：塑料护套线明配时，导线应平直，不应有松弛、扭结和曲折的现象。弯曲时，不应损伤护套线的绝缘层，弯曲半径应大于导线外径的3倍。

图 7–96　护套线敷设施工

（3）护套线过伸缩缝处，线两端应固定牢固，并放有适当余量；暗配在空心楼板孔内的导线，孔口处应加护圈保护。

2. 画线定位（图 7-97）

导线沿门头线和线脚敷设时，可不必弹线，但线卡必须紧靠门头线和线脚边缘线。支持点间的距离应根据导线截面大小而定，一般为 150 ~ 200mm。在接近电气设备或接近墙角处间距有偏差时，应逐步调整均匀，以保持美观。

3. 固定线卡

在安装好的木砖上，将线卡用铁钉钉在弹线上，勿使钉帽凸出，以免划伤导线的外护套。在木结构上，线卡可直接用钉子钉牢。在混凝土梁或预制板上敷设时，可用胶黏剂将线卡粘接在建筑物表面，如图 7–98 所示。粘接时，一定要用钢丝刷将建筑物粘接面上的粉刷层刷净，使线卡底座与水泥直接粘接。

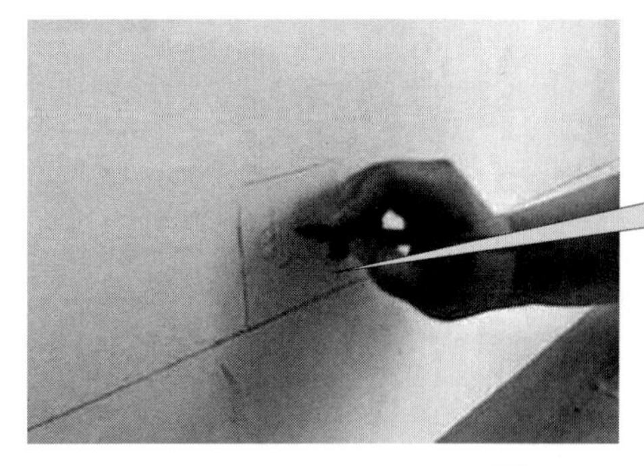

经验指导：用粉线袋按照导线敷设方向弹出水平或垂直线路基准线，同时标出所有线路装置和用电设备的安装位置，均匀地画出导线的支持点。

图 7-97　画线定位

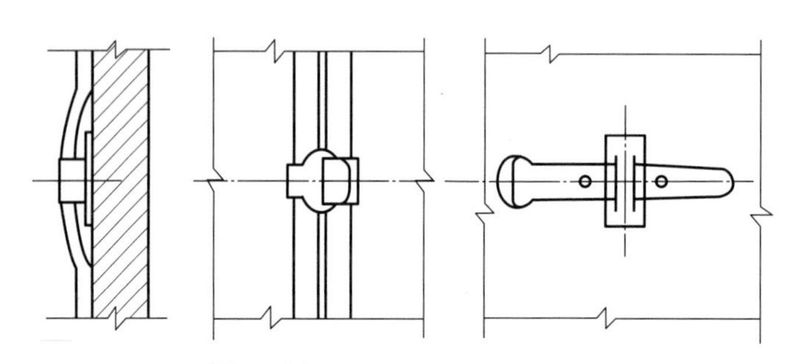

图 7-98　线卡粘接固定示意图

4. 放线

放线是保证护套线敷设质量的重要一步。整盘护套线不能弄乱，不可使线产生扭曲。所以，放线时需要操作者相互合作，一人把整盘线套入双手中，另一人握住线头向前拉。放出的线不可在地上拖拉，以免损伤或弄脏电线的护套层。线放完后先放在地上，量好长度，并留出一定余量后剪断。如果不小心将电线弄乱或扭弯，需设法校直，其方法如下。

（1）把线平放在地上（地面要平），一人踩住导线一端，另一人握住导线的另一端拉紧，用力在地上甩直。

（2）将导线两端拉紧，用木柄沿导线全长来回刮（赶）直。

（3）将导线两端拉紧，用布包住导线，用手沿电线全长捋直。

5. 导线敷设

为使线路整齐美观，必须将导线敷设得横平竖直。多条护套线成排平行敷设时，应上下左右排列紧密，不能有明显空隙。敷线时，应将线收紧。

（1）短距离的直线部分先把导线一端夹紧，然后夹紧另一端，最后再把中间各点逐一固定。

（2）长距离的直线部分可在其两端的建筑构件的表面上临时各装一副瓷夹板，把收紧的导线先夹入瓷夹板中，然后逐一夹上线卡。

（3）在转角部分，戴上手套用手指顺弯按压，使导线挺直平顺后夹上线卡。

（4）中间接头和分支连接处应装置接线盒，接线盒固定应牢固。在多尘和潮湿的场所应使用密闭式接线盒。

（5）塑料护套线在同一墙面上转弯时，必须保持垂直。导线弯曲半径应不小于护套线宽度的 3 倍。弯曲时不应损伤护套和芯线外的绝缘层。铅皮护套线弯曲半径不得小于其外径的 10 倍。

6. 护套线暗敷设

护套线暗敷设是指在过路盒（断接盒）至楼板中心灯位之间穿一段塑料护套线，并在盒内留出适当余量，以便和墙体内暗配管内的普通塑料线在盒内相连接。

（1）暗敷设护套线施工（图 7–99）时，应在空心楼板穿线孔的垂直下方的适当高度设置过路盒（也称断接盒）。

经验指导：板孔穿线时，护套线需直接通过两板孔端部的接头，板孔孔洞必须对直。此外，还须穿入与孔洞内径一致、长度不宜小于200mm的油毡纸或铁皮制的圆筒，加以保护。

图 7–99　暗敷设护套线施工

（2）暗配在空心楼板板孔内的导线，必须使用塑料护套线或加套塑料护层的绝缘导线，具体应符合下列要求。

① 穿入导线前，应将楼板孔内的积水、杂物清除干净。

② 穿入导线时，不得损伤导线的护套层，并能便于日后更换导线。

③ 导线在板孔内不得有接头，分支接头应放在接线盒内连接。

（二）护套线布线安全文明操作施工总结

（1）选择塑料护套线（图 7–100）时，其导线的规格、型号必须符合设计要求，并有产品出厂合格证。

工程中所使用的塑料护套线的线芯截面规定如下：铜线不应小于1.0mm^2，铝线不应小于1.5mm^2。塑料护套线明敷设时，采用的导线截面积不宜大于6mm^2。

图 7–100　塑料护套线

（2）施工中可根据实际需要选择使用双芯或三芯护套线。如工程设计图中标注为三根线时，可采用三芯护套线；若标注五根线的，可采用双芯和三芯的各一根，这样不会造成浪费。

（3）塑料护套线的固定间距，应根据导线截面的大小加以控制，一般应控制在 150 ~ 200mm 之间。在导线转角两边、灯具、开关、接线盒、配电板、配电箱进线前 50mm 处，还应加木榫将轧头固定；在沿墙直线段上每隔 600 ~ 700mm 处，也应加木榫固定。

同时，塑料护套线布线时，应尽量避开烟道和其他发热物体的表面。若塑料护套线与其他管道相遇时，应加套保护管并尽量绕开，其与其他管道之间的最小距离应符合表 7-9 的规定。

表 7-9　塑料护套线与其他管道的布线间距　　单位：mm

管道类型	最小间距	
蒸汽管道	平行	1000
	下边	500
外包有隔热层的蒸汽管道	平行	300
	交叉	200
电气开关和导线接头与煤气管道之间最小距离		150
暖热水管道	平行	300
	下边	200
	交叉	100
煤气管道	同一平面	500
	不同平面	20
通风上下水、压缩空气管道	平行	200
	交叉	100
配电箱与煤气管道之间最小距离		300

十、槽板布线安全文明操作

（一）槽板布线安全文明操作要点

槽板布线是把绝缘导线敷设在槽板底板的线槽中，上部再用盖板把导线盖上的一种布线方式。槽板配线只适用于干燥环境下室内明敷设配线。它分为塑料槽板和木槽板两种，其安装要求基本相同，只是塑料槽板要求环境温度不得低于 -15℃。槽板配线不能设在顶棚和墙壁内，也不能穿越顶棚和墙壁。

槽板施工应在土建抹灰层干燥后进行，步骤如下。

1. 画线定位

与夹板配线相同，应尽量沿房屋的线脚、横梁、墙角等隐蔽的地方敷设，并且与建筑物的线条平行或垂直。

2. 安装槽板

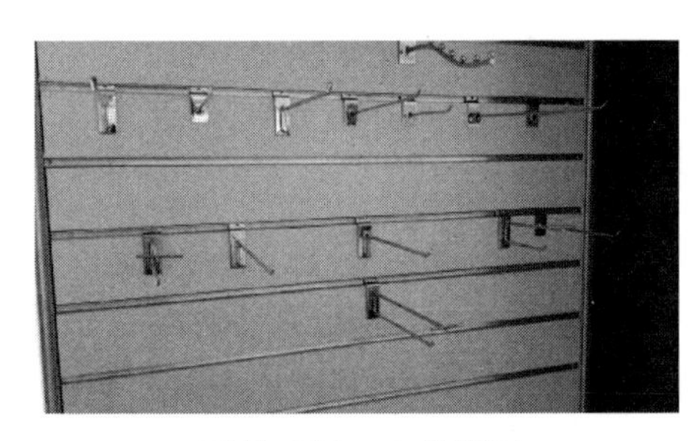

图 7-101　安装槽板

首先应正确拼接槽板（图 7-101），对接时应注意将底板与盖板的接口错开。槽板固定在砖和混凝土上时，固定点间距离不应大于 500mm，固定点与起点、终点之间距离为 30mm。

3. 导线敷设

在槽内敷设导线时应注意以下几点。

（1）同一条槽板内应敷设同一回路的导线，一槽只许敷设一条导线。

（2）槽内导线不应受到挤压，不得有接头；若必须有接头时，可另装接线盒扣在槽板上。

（3）导线在灯具、开关、插座处一般要留 10cm 左右预留线以便连接；在配电箱、开关板处一般预留配电箱半个周长的导线余量或按实际需要留出足够长度。

4. 固定盖板

敷设导线同时就可把盖板固定在底板上。固定盖板时用钉子直接钉在底板中线上，槽板的终端需要做封端处理，即将盖板按底板槽的斜度折覆固定。

（二）槽板布线安全文明操作施工总结

（1）槽板（图 7-102）通常用于干燥、较隐蔽的场所，导线截面不大于 $10mm^2$；排列时应紧贴着建筑物，整齐、牢靠，表面色泽均匀，无污染。

线槽不应太小，以免损伤线芯。线槽内导线间的距离不小于12mm，导线与建筑物和固定槽板的螺钉之间应有不小于6mm的距离。

图 7-102　槽板

（2）槽板底板固定间距不应大于 500mm，盖板间距不应大于 300mm，底板、盖板距起点或终点 50mm 与 30mm 处应加以固定，并应符合下列规定。

① 底板宽狭槽连接时应对口。

② 分支接口应做成 T 字三角叉接。

③ 盖板接口和底板接口应错开，距离不小于 100mm。

④ 盖板无论在直接段或 90° 转角时，接口都应锯成 45° 斜口连接。

⑤ 直立线段槽板应用双钉固定。

⑥ 木槽板进入木台时，应伸入台内 10mm。

⑦ 穿过楼板时，应有保护管，并离地面高度大于 1200mm。

⑧ 穿过伸缩缝处，应用金属软保护管做补偿装置，端头固定，管口进槽板。

十一、电缆敷设安全文明操作

（一）电缆敷设安全文明操作要点

（1）电缆在电缆沟内敷设（图 7-103）时，首先挖好一条电缆沟，电缆沟壁要用防水水泥砂浆抹面，然后把电缆敷设在沟壁的角钢支架上，最后盖上水泥板。电缆沟的尺寸根据电缆多少（通常不宜超过 12 根）而定。

经验指导：该敷设方法较直埋式投资高，但是检修方便，能容纳较多的电缆，在厂区的变、配电所中应用很广。在容易积水的地方，应考虑开挖排水沟。

图 7-103　电缆在电缆沟内敷设

（2）电缆敷设前，应先检验电缆沟和电缆竖井，电缆沟的尺寸以及电缆支架间距应满足设计要求。

（3）电缆沟应平整，并且有 0.1% 的坡度。沟内要保持干燥，能防止地下水浸入。沟内应设置适当数量的积水坑，及时将沟内积水排出，通常每隔 50m 设一个，积水坑的尺寸以 400mm × 400mm × 400mm 为宜。

（4）敷设在支架上的电缆（图 7-104），按电压等级排列，高压在上面，低压在下面，控制与通信电缆在最下面。若两侧装设电缆支架，则电力电缆与控制电缆、低压电缆应分别安装在沟的两边。

经验指导：电缆支架横撑间的垂直净距，若无设计规定，一般对电力电缆不小于150mm；对控制电缆不小于100mm。

图 7-104　电缆在支架上敷设

（5）在电缆沟内敷设电缆时，其水平间距不得小于下列数值。

① 电缆敷设在沟底时，电力电缆间距为 35mm，但是不小于电缆外径尺寸；不同级电力电缆与控制电缆间距为 100mm；控制电缆间距不作规定。

② 电缆支架间的距离应按设计规定施工。

（6）电缆在支架上敷设时，拐弯处的最小弯曲半径应符合电缆最小允许弯曲半径的规定。

（7）电缆表面距地面的距离不应小于 0.7m，穿越农田时不应小于 1m；66kV 及以上电缆不应小于 1m。只有在引入建筑物、与地下建筑物交叉及绕过地下建筑物处，可埋设浅些，但是应采取保护措施。

（8）电缆应埋设于冻土层以下；当无法深埋时，应采取保护措施，以防止电缆损坏。

（9）垂直敷设的电缆或大于 45° 倾斜敷设的电缆在每个支架上均应固定。

（10）排水方式应按分段（每段为 50m）设置集水井，集水井盖板结构应符合设计要求。井底铺设的卵石或碎石层与砂层的厚度应依据地点的情况适当增减。地下水位高的情况下，集水井应设置排水泵排水，保持沟底无积水。

（二）电缆敷设安全文明操作常用数据

展放及敷设电缆作业 24h 以内的环境温度平均为 15 ~ 20℃。敷设电缆温度低于表 7-10 中的数值时，应采取相应的技术措施。

表 7-10　电缆最低允许敷设温度

电缆类型	电缆结构	最低允许敷设温度 /℃	电缆类型	电缆结构	最低允许敷设温度 /℃
油浸纸绝缘电力电缆	充油电缆	-10	塑料绝缘电力电缆	—	0
	其他油纸电缆	0			
橡胶绝缘电力电缆	橡胶或聚氯乙烯护套	-15	控制电缆	耐寒护套	-20
	裸铅套	-20		橡胶绝缘聚氯乙烯护套	-15
	铅护套钢带铠装	-7		聚氯乙烯绝缘、聚氯乙烯护套	-10

（三）电缆敷设安全文明操作施工总结

（1）电缆各支持点间的距离应符合设计规定。无设计规定时，不应大于表 7-11 所列值。

表 7-11　电缆各支持点间的距离　　单位：m

电缆种类		距离	
		水平距离	垂直敷设
电力电缆	全塑料	400	1000
	除全塑料外的中低压电缆	800	1500
	35kV 及以上高压电缆	1500	2000
控制电缆		800	1000

（2）电缆表面不得有未消除的机械损伤（如铠装压扁、电缆绞拧、护层开裂等），并防止过分弯曲。电缆的弯曲半径不应小于表 7-12 所列值。

表 7-12　电缆最小允许弯曲半径

电缆形式		多芯	单芯
控制电缆	非铠装、屏蔽型软电缆	$6D$	—
	铠装型、铜屏蔽型	$12D$	
	其他	$10D$	

续表

<table>
<tr><td colspan="3">电缆形式</td><td>多芯</td><td>单芯</td></tr>
<tr><td rowspan="3">橡皮绝缘电力电缆</td><td colspan="2">无铅包、钢铠护套</td><td colspan="2">10D</td></tr>
<tr><td colspan="2">裸铅包护套</td><td colspan="2">15D</td></tr>
<tr><td colspan="2">钢铠护套</td><td colspan="2">20D</td></tr>
<tr><td rowspan="2">塑料绝缘电缆</td><td colspan="2">有铠装</td><td>15D</td><td>20D</td></tr>
<tr><td colspan="2">无铠装</td><td>12D</td><td>15D</td></tr>
<tr><td rowspan="3">油浸纸绝缘电力电缆</td><td colspan="2">铅套</td><td colspan="2">30D</td></tr>
<tr><td rowspan="2">铅套</td><td>有铠装</td><td>15D</td><td>20D</td></tr>
<tr><td>无铠装</td><td>20D</td><td>—</td></tr>
<tr><td colspan="3">自容式充油（铅包）电缆</td><td>—</td><td>20D</td></tr>
</table>

注：表中 D 为电缆外径。

十二、电缆保护管敷设安全文明操作

（一）电缆保护管敷设安全文明操作要点

1. 高强度保护管的敷设地点

在下列地点，需敷设具有一定机械强度的保护管保护电缆。

（1）电缆进入建筑物以及墙壁处。保护管伸入建筑物散水坡的长度不应小于 250mm，保护罩根部不应高出地面。

（2）从电缆沟引至电杆或设备，距地面高度 2m 及以下的一段，应设钢保护管保护，保护管埋入非混凝土地面的深度不应小于 100mm。

（3）电缆与地下管道接近和有交叉的地方。

（4）电缆与道路、铁路有交叉的地方。

（5）其他可能受到机械损伤的地方。

2. 明敷电缆保护管

（1）明敷的电缆保护管与土建结构平行时，通常采用支架固定在建筑结构上，保护管装设在支架上。支架应均匀布置，支架间距应符合设计的要求，以免保护管出现垂度。

（2）若明敷的保护管为塑料管，其直线长度超过 30m 时，宜每隔 30m 加装一个伸缩节，以消除由于温度变化引起管子伸缩带来的应力影响。

（3）保护管与墙之间的净空距离不得小于 10mm；交叉保护管间净空距离不宜小于 10mm；平行保护管间净空距离不宜小于 20mm。

（4）明敷金属保护管的固定不得采用焊接方法。

3. 混凝土内保护管敷设

对于埋设在混凝土内的保护管（图 7–105），在浇筑混凝土前应按实际安装位置量好尺寸，下料加工。管子敷设后应加以支撑和固定，以防止在浇筑混凝土时因受震而移位。

经验指导：保护管敷设或弯制前应进行疏通和清扫，通常采用钢丝绑上棉纱或破布穿入管内清除脏污，检查通畅情况，在保证管内光滑畅通后，将管子两端暂时封堵。

图 7-105　混凝土内保护管敷设

4. 电缆保护钢管顶管敷设

（1）当电缆直埋敷设线路时，其通过的地段有时会与铁路或交通频繁的道路交叉，由于不可能较长时间地断绝交通，所以常采用不开挖路面的顶管方法。

（2）不开挖路面的顶管方法，即在铁路或道路的两侧各挖掘一个作业坑，一般可用顶管机或油压千斤顶将钢管从道路的一侧顶到另一侧。顶管时，应将千斤顶、垫块以及钢管放在轨道上用水准仪和水平仪将钢管找平调正，并且应对道路的断面有充分的了解，以免将管顶坏或顶坏其他管线。被顶钢管不宜做成尖头，以平头为好，尖头容易在碰到硬物时产生偏移。

（3）在顶管时，为防止钢管头部变形并且阻止泥土进入钢管和提高顶管速度，也可在钢管头部装上圆锥体钻头，在钢管尾部装上钻尾，钻头和钻尾的规格均应与钢管直径相配套。也可以用电动机为动力，带动机械系统撞打钢管的一端，使钢管平行向前移动。

5. 电缆保护钢管接地

（1）用钢管作电缆保护管（图 7-106）时，若利用电缆的保护钢管作接地线，要先焊好接地跨接线，再敷设电缆。应避免在电缆敷设后再焊接地线时烧坏电缆。

经验指导：当电缆保护钢管，采用套管焊接时，不需再焊接地跨接线。

图 7-106　钢管作为电缆保护管

（2）钢管有螺纹的管接头处，在接头两侧应用跨接线焊接。用圆钢做跨接线时，其直径不宜小于 12mm；用扁钢做跨接线时，扁钢厚度不应小于 4mm，截面积不应小于 $100mm^2$。

（二）电缆保护管敷设安全文明操作施工总结

（1）电缆保护管管口处宜做成喇叭口，可以减少直埋管在沉降时管口处对电缆的剪切力。

（2）电缆保护管（图 7-107）应尽量减少弯曲，弯曲增多将造成穿电缆困难，对于较大截面的电缆不允许有弯头。电缆保护管在垂直敷设时，管子的弯曲角度应大于 90°，避免因积水而冻坏管内电缆。

每根电缆保护管的弯曲不应超过3处，直角弯不应超过2个。当实际施工中不能满足弯曲要求时，可采用内径较大的管子或在适当部位设置拉线盒，以利电缆的穿设。

图 7-107　电缆保护管施工

（3）电缆保护管在弯制后，管的弯曲处不应有裂缝和明显凹瘪现象，管弯曲处的弯扁程度不宜大于管外径的 10%。如弯扁程度过大，将减少电缆管的有效管径，造成穿设电缆困难。

（4）保护管的弯曲半径一般为管子外径的 10 倍，且不应小于所穿电缆的最小允许弯曲半径。

（5）电缆保护管管口处应无毛刺和尖锐棱角，以防止在穿电缆时划伤电缆。

十三、电缆排管敷设安全文明操作

（一）电缆排管敷设安全文明操作要点

1. 石棉水泥管混凝土包封敷设

石棉水泥管排管（图 7-108）在穿过铁路、公路以及有重型车辆通过的场所时，应选用混凝土包封的敷设方式。

（1）在电缆管沟沟底铲平夯实后，先用混凝土打好 100mm 厚底板，在底板上再浇筑适当厚度的混凝土后，再放置定向垫块，并且在垫块上敷设石棉水泥管。

（2）定向垫块应在管接头两端 300mm 处设置。

（3）石棉水泥管排放时，应注意使水泥管的套管以及定向垫块相互错开。

2. 石棉水泥管钢筋混凝土包封敷设

（1）对于直埋石棉水泥管排管，若敷设在可能发生位移的土壤中（例如流砂层、8 度及以上地震基本烈度区、回填土地段等），应选用钢筋混凝土包封敷设方式。

经验指导：石棉水泥管混凝土包封敷设时，要预留足够的管孔，管与管之间的间距不应小于80mm。若采用分层敷设时，应分层浇筑混凝土并捣实。

图 7-108　石棉水泥管排管敷设

（2）钢筋混凝土的包封敷设，在排管的上、下侧使用 ϕ16 圆钢，在侧面当排管截面高度大于 800mm 时，每 400mm 需设 ϕ12 钢筋一根，排管的箍筋使用 ϕ8 圆钢，间距 150mm。当石棉水泥管管顶距地面不足 500mm 时，应根据工程实际另行计算确定配筋数量。

（3）石棉水泥管钢筋混凝土包封敷设，在排管方向和敷设标高不变时，每隔 50m 须设置变形缝。石棉水泥管在变形缝处应用橡胶套管连接，并且在管端部缝隙处用沥青木丝板填充。在管接头处每隔 250mm 另设置长度为 900mm 的 ϕ20 接头连接钢筋；在接头包封处设长 500mmϕ25 套管，在套管内注满防水油膏，在管接头包封处，另设间距 250mm 的 ϕ6 弯曲钢管。

3. 混凝土管块包封敷设

当混凝土管块穿过铁路、公路及有重型车辆通过的场所时，混凝土管块应采用混凝土包封的敷设方式。

混凝土管块的长度一般为 400mm，其管孔的数量有 2 孔、4 孔、6 孔不等。现场较常采用的是 4 孔、6 孔管块。根据工程情况，混凝土管块也可在现场组合排列成一定形式进行敷设。

（1）混凝土管块混凝土包封敷设时，应先浇筑底板，然后再放置混凝土管块。

（2）在混凝土管块接缝处，应缠上宽 80mm、长度为管块周长加上 100mm 的接缝纱布、纸条或塑料胶粘布，以防止砂浆进入。

（3）缠包严密后，先用 1 ∶ 2.5 水泥砂浆抹缝封实，使管块接缝处严密，然后在混凝土管块周围灌注强度不小于 C10 的混凝土进行包封。

（4）混凝土管块敷设组合安装时，管块之间上下左右的接缝处，应保留 15mm 的间隙，用 1 ∶ 25 水泥砂浆填充。

（5）混凝土管块包封敷设，按照规定设置工作井，混凝土管块与工作井连接时，管块距工作井内地面不应小于 400mm。管块在接近工作井处，其基础应改为钢筋混凝土基础。

（二）电缆排管敷设安全文明操作施工总结

（1）电缆排管埋设（图 7-109）时，排管沟底部地基应坚实、平整，不应有沉陷。若不符合要求，应对地基进行处理，并且夯实，以免地基下沉损坏电缆。

（2）排管安装时，应有不小于 0.5% 的排水坡度，并且在人孔井内设集水坑，集中排水。

（3）电缆排管敷设（图 7-110）应一次留足备用管孔数，当无法预计时，除考虑散热孔外，可留 10% 的备用孔，但是不应少于 1 ～ 2 孔。

（4）排管顶部距地面不应小于 0.7m，在人行道下方敷设时，承受压力小，受外力作用的可能性也较小；若地下管线较多，埋设深度可浅些，但是不应小于 0.5m。在厂房内不宜小于 0.2m。

电缆排管沟底部应垫平夯实，并且铺以厚度不小于80mm厚的混凝土垫层。

图 7-109　电缆排管埋设

电缆排管管孔的内径不应小于电缆外径的1.5倍，但是电力电缆的管孔内径不应小于90mm，控制电缆的管孔内径不应小于75mm。

图 7-110　电缆排管敷设施工

十四、电线、电缆连接安全文明操作

（一）电线、电缆连接安全文明操作要点

1. 铜、铝导线的连接

（1）铜导线连接。

① 导线连接前，为便于焊接，用砂布把导线表面残余物清除干净，使其光泽清洁。但是对表面已镀有锡层的导线，可不必刮掉，因它对锡焊有利。

② 单股铜导线的连接，包括绞接和缠卷两种方法，凡是截面较小的导线，通常多用绞接法；截面较大的导线，因绞捻困难，则多用缠卷法。

③ 多股铜导线连接，包括单卷、复卷和缠卷三种方法，无论何种接法，均须把多股导线顺次解开成 30° 伞状，用钳子逐根拉直，并且用砂布将导线表面擦净。

④ 铜导线接头处锡焊，方法因导线截面不同而不同。$10mm^2$ 及以下的铜导线接头，可用电烙铁进行锡焊；在无电源的地方，可用火烧烙铁；$16mm^2$ 及其以上的铜导线接头，则用浇焊法。

无论采用哪种方法，锡焊前，接头上均须涂一层无酸焊锡膏或天然松香溶于酒精中的糊状溶液。但是以氯化锌溶于盐酸中的焊药水不宜采用，因为它对铜导线有腐蚀作用。

（2）铝导线连接。

铝导线与铜导线相比较，在物理、化学性能上有许多不同处。由于铝在空气中极易氧化，导

线表面生成一层导电性不良并且难于熔化的氧化膜（铝本身的熔点为653℃，而氧化膜的熔点达到2050℃，而且比重也比铝大），当熔化时，它便沉积在铝液下面，降低了接头质量。因此，铝导线连接工艺比铜导线复杂，稍不注意，就会影响接头质量。

铝导线的连接方法很多，施工中常用的包括机械冷态压接、电阻焊和气焊等。

2. 电缆导体的连接

① 要求连接点的电阻小而且稳定。对于新安装的终端头和中间接头，连接点的电阻与相同长度、相同截面的导体的电阻的比值应不大于1；对于运行中的终端头和中间接头，比值应不大于1.2。

② 要有足够的机械强度（主要是指抗拉强度）。连接点的抗拉强度一般低于电缆导体本身的抗拉强度。对于固定敷设的电力电缆，其连接点的抗拉强度，要求不低于导体本身抗拉强度的60%。

③ 要耐腐蚀。若铜和铝相接触，由于这两者金属标准电极电位差较大（铜为＋0.345V；铝为-1.67V），当有电解质存在时，将形成以铝为负极、铜为正极的原电池，使铝产生电化学腐蚀，从而使接触电阻增大。另外，由于铜铝的弹性模数和热膨胀系数相差很大，在运行中经多次冷热（通电与断电）循环后，会使接点处产生较大间隙而影响接触，从而产生恶性循环。所以，铜和铝的连接，是一个应该十分重视的问题。一般地说，应使铜和铝两种金属分子产生相互渗透，例如采用铜铝摩擦焊、铜铝闪光焊和铜铝金属复合层等。在密封较好的场合，若中间接头，可采用铜管内壁镀锡后进行铜铝连接。

④ 要耐振动。在船用、航空和桥梁等场合，对电缆接头的耐振动性要求很高，往往超过了对抗拉强度的要求。这项要求主要通过振动（仿照一定的频率和振幅）试验后，测量接点的电阻变化来检验。即在振动条件下，接点的电阻仍应达到上述第①项要求。

3. 电缆接线

（1）导线与接线端子连接。

① 10mm^2 及以下的单股导线，在导线端部弯一圆圈，直接装接到电气设备的接线端子上，注意线头的弯曲方向与螺栓（或螺母）拧入方向一致。

② 4mm^2 以上的多股铜或铝导线，由于线粗、载流大，在线端与设备连接时，均需装接铝或铜接线端子，再与设备相接，这样可避免在接头处产生高热，烧毁线路。

③ 铜接线端子装接，可采用锡焊或压接方法。

a. 锡焊时，应先将导线表面和接线端子用纱布擦干净，涂上一层无酸焊锡膏，将线芯搪上一层焊锡，然后，把接线端子放在喷灯火焰上加热。当接线端子烧热时，把焊锡熔化在端子孔内，并且将搪好锡的线芯慢慢插入，待焊锡完全渗透到线芯缝隙中后，即可停止加热，使其冷却。

b. 采用压接方法时，将线芯插入端子孔内，用压接钳进行压接。铝接线端子装接，也可采用冷压接。

（2）导线与平压式接线桩连接。

导线与平压式接线桩连接时，可根据芯线的规格采用以下操作方法。

① 单芯线连接。用螺钉或螺帽压接时，导线要顺着螺钉旋进方向紧绕一周后再旋紧（反方向旋绕在螺钉上，旋紧时导线会松出），如图7-111所示。

现场施工中，最好的方法是将导线绝缘层剥去后，芯线顺着螺钉旋紧方向紧绕一周，再旋紧螺钉，用手捏住导线头部（全线长度不宜小于40 ~ 60mm），顺时针方向旋转，线头即断开。

② 多芯铜软线连接。多股铜芯软线与螺钉连接时，可先将软线芯线做成圈状，挂锡后再与螺

钉固定。也可将导线芯线挂锡后，将芯线顺着螺钉旋进方向紧绕一周，再围绕住芯线根部绕将近一周后，拧紧螺钉，如图 7-112 所示。

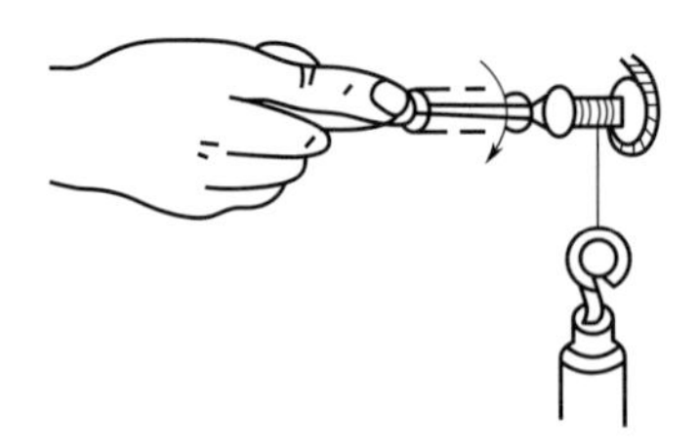

图 7-111　导线在螺钉上旋绕

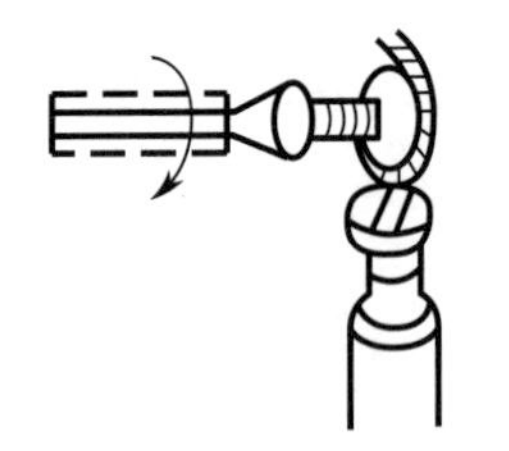

图 7-112　软线与螺钉连接

无论采用哪种方法，都要注意导线线芯根部无绝缘层的长度不能太长，根据导线粗细以 1 ~ 3mm 为宜。

（3）导线与针孔式接线桩连接。

当导线与针孔式接线桩连接时，应把要连接的芯线插入接线桩头针孔内，线头露出针孔 1 ~ 2mm。若针孔允许插入双根芯线，可把芯线折成双股后再插入针孔。若针孔较大，可在连接单芯线的针孔内加垫铜皮，或在多股线芯线上缠绕一层导线，以扩大芯线直径，使芯线与针孔直径相适应。

导线与针孔式接线桩头连接时，应使螺钉顶压更加平稳、牢固并且不伤芯线。若用两根螺钉顶压，则芯线线头必须插到底，使两个螺钉都能压住芯线，并应先拧牢前端的螺钉，再拧另一个螺钉。

（4）单芯导线与器具连接。

单芯导线与专用开关、插座可采用插接法接线。单芯导线剥切时露出芯线长度为 12 ~ 15mm，由接线桩头的针孔中插入后，压线弹簧片将导线芯线压紧，即完成接线的过程。

需要拔出芯线时，用小螺钉旋具插入器具开孔中，把导线拔出，芯线即可脱离，如图 7-113 所示。

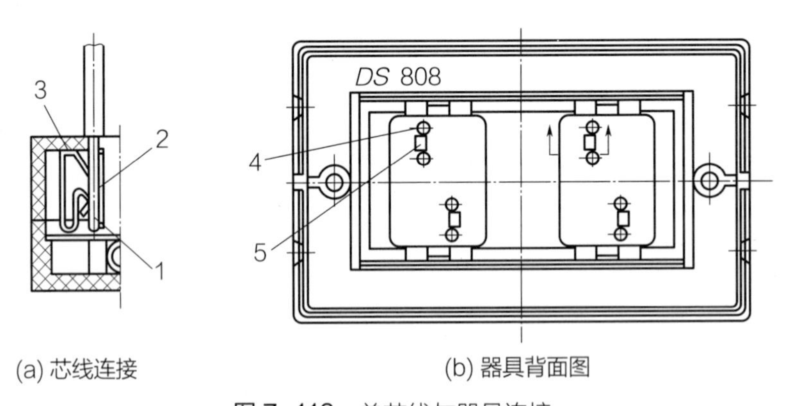

图 7-113　单芯线与器具连接

1—塑料单芯线；2—导电金属片；3—压线弹簧片；4—导线连接孔；5—螺钉旋具插入孔

（二）电线、电缆连接安全文明操作施工总结

（1）电缆线芯连接金具，应采用符合标准的连接管和接线端子，其内径应与电缆线芯紧密结

合，间隙不应过大；截面宜为线芯截面的 1.2 ～ 1.5 倍。

采用压接时，压接钳和模具应符合规格要求。压接后，应将端子或连接管上的凸痕修理光滑，不得残留毛刺。

（2）三芯电力电缆终端处的金属护层必须接地良好；塑料电缆每相铜屏蔽和钢铠应用焊锡焊接接地线。

第三节　施工现场照明施工安全文明操作

一、普通灯具安装安全文明操作

（一）普通灯具安装安全文明操作要点

1. 组装灯具

（1）组合式吸顶花灯的组装。

① 首先将灯具的托板放平，若托板为多块拼装而成，就要将所有的边框对齐，并用螺钉固定，将其连成一体，然后按照说明书及示意图把各个灯口装好。

② 确定出线和走线的位置，将端子板（瓷接头）用机械螺钉固定在托板上。

③ 根据已固定好的端子板（瓷接头）至各灯口的距离掐线，把掐好的导线削出线芯，盘好圈后，进行涮锡。然后压入各个灯口，理顺各灯头的相线和零线，用线卡子分别固定，并且按供电要求分别压入端子板。

（2）吊式花灯组装（图 7-114）。

图 7-114　吊式花灯组装

① 将导线从各个灯口穿到灯具本身的接线盒里。一端盘圈，涮锡后压入各个灯口。

② 理顺各个灯头的相线和零线，另一端涮锡后根据相序分别连接，包扎并甩出电源引入线，最后将电源引入线从吊杆中穿出。

2. 安装灯具

大面积安装时，特别强调综合布局，做好二次设计，布局不好不仅影响工程的美观，甚至会影响使用功能，布局好的还可降低工程成本。内在质量必须符合设计和规范的要求，必须满足使用功能和使用安全的要求，必须达到：技术先进，性能优良，可靠性、安全性、经济性和舒适性等方面都满足用户的需求。要做到布置合理、安装牢固、横平竖直、整齐美观、居中对称、成行成线、外表清洁、油漆光亮、标识清楚。重物吊点、支架设置一定要牢固可靠、没有坠落的可能性，若是大型灯具，吊点埋设隐蔽记录、超载试验记录要齐全。

（1）吸顶或白炽灯安装。

① 塑料绝缘台的安装。将接灯线从塑料绝缘台的出线孔中穿出，将塑料绝缘台紧贴住建筑物表面，塑料绝缘台的安装孔对准灯头盒螺孔，用机螺钉（或木螺钉）将塑料绝缘台固定牢固。绝缘台直径大于 75m 时，应使用 2 个以上胀管固定。

② 把从塑料绝缘台甩出的导线留出适当维修长度，削出线芯，然后推入灯头盒内，线芯应高出塑料绝缘台的台面。用软线在接灯芯上缠 5 ~ 7 圈后，将灯芯折回压紧。用黑胶布分层包扎紧密。将包扎好的接头调顺，扣于法兰盘内，法兰盘（吊盒、平灯口）应与塑料绝缘台的中心找正，用长度小于 20mm 的木螺钉固定。

（2）自在器吊灯安装。

① 首先根据灯具的安装高度及数量，把吊线全部预先掐好，应保证在吊线全部放下后，其灯泡底部距地面高度为 800 ~ 1100mm 之间。削出线芯，然后盘圈、涮锡、砸扁。

② 根据已掐好的吊线长度断取软塑料管，并将塑料管的两端管头剪成两半，其长度为 20mm，然后把吊线穿入塑料管。

③ 把自在器穿套在塑料管上，将吊盒盖和灯口盖分别套入吊线两端，挽好保险扣，再将剪成两半的软塑料管端头搭接紧密，并加热黏合，然后将灯线压在吊盒和灯口螺柱上。若为螺灯口，找出相线，并且做好标记，最后按塑料（木）台安装接头方法将吊线安装好。

（二）普通灯具安装安全文明操作施工总结

（1）各种接线箱（盒）的口边应用水泥砂浆抹口。如箱（盒）口离墙面较深时，可在箱口和贴脸（门头线）之间嵌上木条，或抹水泥砂浆补齐，使贴脸与墙面平齐。对于暗开关、插座盒沉入墙面较深时，常用的方法是垫上弓子（即以直径 0.2 ~ 1.6mm 的钢丝绕一长弹簧），根据盒子的不同深度，随用随剪。

（2）花灯吊钩圆钢直径不应小于灯具挂销直径，且不应小于 6mm。大型花灯的固定及悬吊装置，应按灯具自重的 2 倍做过载试验。

（3）装有白炽灯泡的吸顶灯具，灯泡不应紧贴灯罩；当灯泡与绝缘台间距离小于 5mm 时，灯泡与绝缘台间应采取隔热措施。

（4）大型灯具安装时，应先以 5 倍以上的灯具自重进行过载、起吊试验，如果需要人站在灯具上，还应另加 200kg，做好记录进入竣工验收资料归档。

二、专用灯具安装安全文明操作

（一）专用灯具安装安全文明操作要点

1. 行灯安装

（1）电压不得超过 36V。

（2）灯体及手柄应绝缘良好，坚固耐热、耐潮湿。

（3）灯头与灯体结合紧固，灯头应无开关。

（4）灯泡外部应有金属保护网。

（5）金属网、反光罩及悬吊挂钩，均应固定在灯具的绝缘部分上。

（6）在特殊潮湿场所或导电良好的地面上，或工作地点狭窄、行动不便的场所（例如在锅炉内、金属容器内工作），行灯电压不得超过 12V。

（7）携带式局部照明灯具所用的导线宜采用橡套软线。

2. 手术台无影灯安装

（1）固定螺钉的数量，不得少于灯具法兰盘上的固定孔数，且螺栓直径应与孔径配套。

（2）在混凝土结构上，预埋螺栓应与主筋相焊接，或将挂钩末端弯曲与主筋绑扎锚固。

（3）固定无影灯底座时，均须采用双螺母。

（4）安装在重要场所的大型灯具的玻璃罩，应有防止其破碎后向下溅落的措施（除设计要求外），一般可用透明尼龙丝编织的保护网，网孔的规格应根据实际情况决定、定制。

3. 金属卤化物灯（例如钠铊铟灯、镝灯等）安装

（1）灯具安装高度宜在 5m 以上，电源线应经接线柱连接，并不得使电源线靠近灯具的表面。

（2）灯管必须与触发器和限流器配套使用。

4. 36V 及以下行灯变压器安装

（1）变压器应采用双圈的，不允许采用自耦变压器。初级与次级应分别在两盒内接线。

（2）电源侧应有短路保护，其熔丝的额定电流不应大于变压器的额定电流。

（3）外壳、铁芯和低压侧的一端或中心点均应接保护地线或接零线。

5. 手术室工作照明回路要求

（1）照明配电箱内应装有专用的总开关及分路开关。

（2）室内灯具应分别接在两条专用的回路上。

（二）专用灯具安装安全文明操作施工总结

（1）灯具、配电箱盘安装完毕，并且各条支路的绝缘电阻摇测合格后，方允许通电试运行。

（2）通电后应仔细检查和巡视，检查灯具的控制是否灵活、准确；开关与灯具控制顺序相对应，若发现问题必须先断电，然后找出原因进行修复。

三、照明开关安装安全文明操作

（一）照明开关安装安全文明操作要点

（1）拉线开关（图 7-115）距地面的高度一般为 2 ~ 3m，层高小于 3m 时，距顶板不小于 100mm；距门口为 150 ~ 200mm；拉线的出口应垂直向下。

（2）翘把开关距地面的高度为 1.3m（或按施工图纸要求），距门口为 150 ~ 200mm；开关不得置于单扇门后面。

图 7-115　拉线开关

（3）暗装开关的面板应端正，紧贴墙面，四周无缝隙，安装牢固，表面光滑，无碎裂、划伤，装饰帽齐全。

（4）开关位置应与控制灯位相对应，同一场所内开关方向应一致。

（5）相同型号成排安装的开关高度应一致，高差不大于 2mm，且控制有序不错位；拉线开关相邻间距一般不小于 20mm。

（6）多尘、潮湿场所和户外应选用密封防水型开关。

（二）照明开关安装安全文明操作施工总结

（1）开关安装位置便于操作，开关边缘距门框边缘 0.15 ~ 0.2m，开关距地面高度 1.3m；拉线开关距地面高度 2 ~ 3m，层高小于 3m 时，拉线开关距顶板不小于 100mm，拉线出口垂直向下。

（2）相同型号并列安装及同一室内开关安装高度一致，且控制有序不错位。并列安装的拉线开关的相邻间距不小于 20mm。

（3）暗装的开关面板应紧贴墙面，四周无缝隙，安装牢固，表面光滑整洁，无碎裂、划伤，装饰帽齐全。

四、插座安装安全文明操作

（一）插座安装安全文明操作要点

（1）暗装和工业用插座距地面不应低于 300mm，特殊场所暗装插座不低于 150mm。

（2）在儿童活动场所和民用住宅中应采用安全插座，采用普通插座时，其安装高度不应低于 1.8m。

（3）同一室内安装的插座（图 7-116）高低差不应大于 5mm；成排安装的插座安装高度应一致。

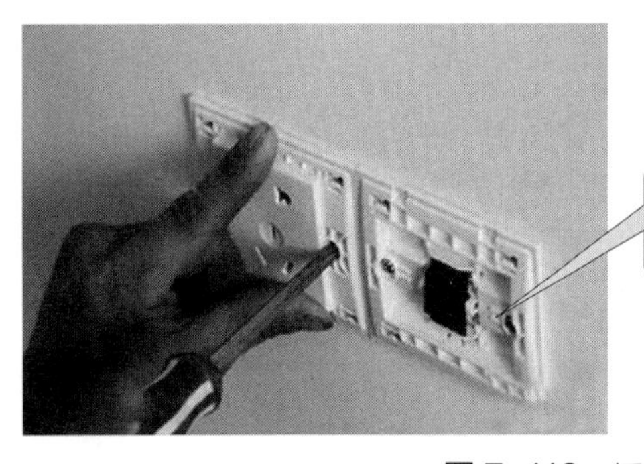

经验指导：地插座面板与地面齐平或紧贴地面，盖板牢固、密封良好。

图 7-116　插座安装施工

（4）暗装的插座应有专用盒，面板应端正严密、与墙面平整。

（5）带开关的插座，开关应断相线。

（6）开关、插座安装在有装饰木墙裙或装饰布的地方时，应有可靠的防火措施。

（二）插座安装安全文明操作施工总结

（1）暗装的插座面板紧贴墙面，四周无缝隙，安装牢固，表面光滑整洁、无碎裂、划伤，装饰帽齐全。

（2）车间及试（实）验室的插座安装高度距地面不小于 0.3m，特殊场所实装的插座不小于 0.15m，同一室内插座安装高度应一致。

第四节　低压电气设备安装安全文明操作

一、低压熔断器安装安全文明操作

（一）低压熔断器安装安全文明操作要点

（1）低压断路器（图 7–117）又称自动空气开关，是一种完善的低压控制开关。能在正常工作时带负荷通断电路，也能在电路发生短路、严重过载以及电源电压太低或失压时自动切断电源，分为框架式和塑料外壳式两种。

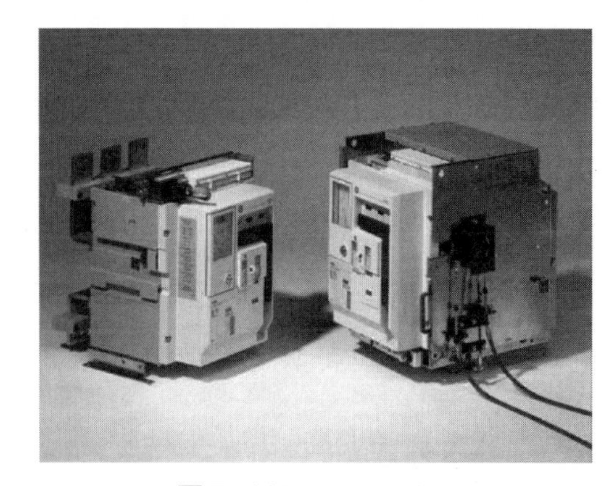

图 7–117　低压断路器

（2）断路器开关合闸只能手动，分闸既可手动也可自动。当电路发生短路故障时，其过电流脱扣器动作，使开关自动跳闸，切断电路。电路发生严重过负荷，并且过负荷达到一定时间时，过负荷脱扣器动作，使开关自动跳闸切断电源。在按下脱扣按钮时，也可使开关的失压脱扣器失压或者使分励脱扣器通电，实施开关远程控制跳闸。

（3）断路器操动机构安装还应符合以下规定。

① 操作手柄或传动杠杆的开、合位置应正确，操作力不应大于技术文件给定值。

② 电动操动机构接线应正确。在合闸过程中开关不应跳跃。开关合闸后，限制电动机或电磁铁通电时间的连锁机构应及时动作，电动机或电磁铁通电时间不应超过产品规定值。

③ 开关辅助接点动作应正确、可靠，接触良好。

④ 抽屉式断路器的工作、试验、隔离三个位置的定位应明显，并应符合产品技术文件的规定。当空载时，抽拉数次应无卡阻现象，机械联锁应可靠。

（4）低压断路器接线时，裸露在箱体外部易于触及的导线端子必须加以绝缘保护。有半导体脱扣装置的低压断路器的接线，应符合相关要求。脱扣装置的动作应灵活、可靠。

（5）直流快速断路器的安装调试应注意下列事项：

① 直流快速断路器的型号、规格应符合设计要求。

② 安装时应防止倾斜，其倾斜度不应大于 5°，应严格控制底座的平整度。

③ 安装时应防止断路器倾倒、碰撞和激烈振动。基础槽钢与底座间应按设计要求采取防振措施。

④ 断路器极间的中心距离以及与相邻设备和建筑物之间的距离应符合表 7–13 的规定。

（6）灭弧时要求室内的绝缘衬件必须完好，电弧通道应畅通。

（7）触头的压力、开距、分段时间以及主触头调整后灭弧室支持螺杆与触头之间的绝缘电阻，应符合技术标准要求。

表 7-13　断路器安装相关距离要求表

项目	安装距离
断路器极间中心距离及与相邻设备或建筑物之间距离	≥ 500mm(当不能满足要求时，应加装高度不小于单极开关总高度的隔弧板)
灭弧室上方应留空间	≥ 1000mm，当不能满足要求时： (1) 在开关电流为 3000A 以下的断路器灭弧室上方 200mm 处，应加装隔弧板； (2) 在开关电流为 3000A 及以上的断路器灭弧室上方 500mm 处，应加装隔弧板

（8）直流快速断路器的接线还应符合下列要求：

① 与母线连接时出线端子不应承受附加应力，母线支点与断路器之间距离不应小于 1000mm。

② 当触头及线圈标有正、负极性时，其极性应与主回路极性一致。

③ 配线时应使其控制线与主回路分开。

（二）低压熔断器安装安全文明操作施工总结

低压断路器的安装调试应注意下列问题：

（1）安装在受振动处的断路器，应有减振措施，以防开关内部零件松动。

（2）正常安装应保持垂直，灭弧室应位于上部。

二、继电器安装安全文明操作

（一）继电器安装安全文明操作要点

图 7-118　继电器

（1）继电器（图 7-118）的型号、规格应符合设计要求。因为继电器是根据一定的信号（电压、电流、时间）来接通和断开电路的电器，在电路中通常是用来接通和断开接触器的吸引线圈，以达到控制或保护用电设备的目的，所以继电器又有电压信号动作和电流信号动作之分。电压继电器及电流继电器都是电磁式继电器。常规是按电路要求控制的保护继电器用触点较多，需选用一种多保护继电器用触点的继电器，以扩大控制工作范围。

（2）继电器可动部分的动作应灵活、可靠。

（3）表面污垢和铁心表面防腐剂应清除干净。

（二）继电器安装安全文明操作施工总结

（1）继电器安装通电时应调试继电器的选择性、速动性、灵敏性和可靠性。

（2）继电器及仪表组装后，应进行外部检查，外部应完好无损；仪表与继电器的接线端子应完整，相位连接测试必须符合要求。

（3）继电器所属开关的接触面应调整紧密，动作灵活、可靠，安装应牢固。

三、配电箱安装安全文明操作

（一）配电箱安装安全文明操作要点

1. 配电箱箱体预埋

（1）预埋配电箱箱体前应先做好准备工作。配电箱运到现场后应进行外观检查并检查产品有无合格证。由于箱体预埋和进行盘面安装接线的时间间隔较长，当有贴脸和箱门能与箱体解体时，应预先解体，并且做好标记，以防盘内元器件及箱门损坏或油漆脱落。将解体的箱门按安装位置和先后顺序存放好，待安装时对号入座。

（2）预埋配电箱箱体时，应按需要打掉箱体敲落孔的压片。在砌体墙砌筑过程中，到达配电箱安装高度（通常为箱底距地面 1.5m），就可以设置箱体了。箱体的宽度与墙体厚度的比例关系应正确，箱体应横平竖直，放置好后应用靠尺板找好箱体的垂直度使之符合规定。箱体的垂直度允许偏差如下：

① 当箱体高度为 500mm 以下时，不应大于 1.5mm；

② 当箱体高度为 500mm 及以上时，不应大于 3mm。

（3）当箱体宽度超过 300mm 时，箱顶部应设置过梁，使箱体不致受压。箱体宽度超过 500mm 时，箱顶部要安装钢筋混凝土过梁，箱体宽度在 500mm 以下时，在顶部可设置不少于 3 根 ϕ6 钢筋的钢筋砖过梁，钢筋两端伸出箱体两端不应小于 250mm，钢筋两端应弯成弯钩。

（4）在 240mm 墙上安装配电箱时，要将箱背凹进墙内不小于 20mm，在主体工程完成后室内抹灰前，配电箱箱体后壁要用 10mm 厚的石棉板，或钢丝直径为 2mm、孔洞尺寸为 10mm × 10mm 的钢丝网钉牢，再用 1 ∶ 2 水泥砂浆抹好，以防墙面开裂。

2. 配管与箱体连接

配电箱箱体（图 7–119）埋设后，将进行配管与配电箱体的连接。连接各种电源、负载管应从左到右按顺序排列整齐。

经验指导：配电箱箱体内引上管敷设应与土建施工配合预埋，配管应与箱体先连接好，在墙体内砌筑固定牢固。

图 7–119　配电箱箱体连接

配管与箱体的连接可以采用以下方法施工。

（1）螺纹连接：镀锌钢管与配电箱进行螺纹连接时，应先将管口端部套螺纹，拧入锁紧螺母，然后插入箱体内，再拧上锁紧螺母，露出 2 ~ 3 扣的螺纹长度，拧上护圈帽。钢管与配电箱体螺纹连接完成后，应采用相应直径的圆钢作接地跨接线，把钢管与箱体的棱边焊接起来。

（2）焊接连接：暗敷钢管与铁制配电箱箱体采用焊接连接时，不宜把管与箱体直接焊接，可在入箱管端部适当位置上用两根圆钢在钢管管端两侧横向焊接。配管插入箱体敲落孔后，管口露出箱体长度应为 3 ~ 5mm，把圆钢焊接在箱体棱边上，可以作为接地跨接线。

（3）塑料管与箱体连接：塑料管与配电箱的连接，可以使用配套供应的管接头。先把连接管端部结合面涂上专用胶合剂，插入导管接头中，用管接头同箱体的敲落孔进行连接。

配管与配电箱箱体的连接无论采用哪种方式，均应做到一管一孔顺直入箱，露出长度小于5mm 和入箱管管口平齐，管孔吻合，不用敲落孔的不应将其敲落；箱体与配管连接处不应开长孔和用电、气焊开孔。自配电箱箱体向上配管，当建筑物有吊顶时，为与吊顶内配管连接，引上管的上端应弯成 90°，沿墙体垂直进入吊顶顶棚内。

3. 明装配电箱的安装

明装配电箱（图 7–120）应在室内装饰工程结束后安装，可用预埋在墙体中的燕尾螺栓固定箱体，也可采用金属膨胀螺栓固定箱体。

图 7–120　明装配电箱

（二）配电箱安装安全文明操作施工总结

（1）总配电箱应装设在靠近电源处；分配电箱应装设在用电设备或负荷相对集中的地区，分配电箱与开关箱距离不得超过 30m。

（2）开关箱应装设在所控制的用电设备周围便于操作的地方，与其控制的固定式用电设备水平距离不宜超过 3m，以便于发生故障及时处理并防止用电设备的振动给开关箱工作造成不良影响。

（3）配电箱、开关箱周围应有足够两人同时工作的空间和通道；箱前不得堆物，不得有灌木与杂草，以免妨碍工作。

（4）固定式配电箱、开关箱的下底与地面的垂直距离应大于 1.4m，小于 1.6m；移动式分配电箱、开关箱的下底与地面的垂直距离宜不小于 0.8m，不大于 1.6m。

四、开关箱安装安全文明操作

（一）开关箱安装安全文明操作要点

1. 配电箱与开关箱的制作

（1）配电箱、开关箱箱体应严密、端正、防雨、防尘，箱门松紧适当，便于开关。

（2）所有配电箱和开关箱必须配备门、锁，在醒目位置标注名称、编号及每个用电回路的标志。

（3）端子板一般放在箱内电器安装板的下部或箱内底侧边，并做好接线标注，工作零线、保护零线端子板应分别标注 N、PE，接线端子与电箱底边的距离不小于 0.2m。

2. 配电箱与开关箱内电器的选择

（1）箱内所采用的开关电器必须是合格产品，必须完整、无损、动作可靠、绝缘良好。

（2）总配电箱内，应装设总隔离开关与分路隔离开关、总低压断路器与分路低压断路器（或总熔断器和分路熔断器）、剩余电流保护电器、总电流表、总电度表、电压表及其他仪表。总开关电器的额定值、动作整定值应与分路开关电器的额定值、动作整定值相适应。如果剩余电流保护电器具备低压断路器的功能，则可不设低压断路器和熔断器。

（3）分配电箱内，应装设总隔离开关与分路隔离开关、总低压断路器与分路低压断路器（或总熔断器和分路熔断器）。必要时，分配电箱内也可装设剩余电流保护电器。

（4）开关箱内，应装设隔离开关、熔断器与剩余电流保护电器，剩余电流保护电器的额定动作电流应不大于 30mA，额定动作时间应小于 0.1 s（36V 及以下的用电设备如工作环境干燥可免装剩余电流保护电器）。如果剩余电流保护电器具备低压断路器的功能，则可不设熔断器。每台用电设备应设有各自的专用开关箱，实行“一机一闸”制，严禁用同一个开关电器直接控制两台及两台以上用电设备（含插座）。

（二）开关箱安装安全文明操作施工总结

（1）配电箱、开关箱内采用的绝缘导线性能要良好，接头不得松动，不得有外露导电部分。

（2）配电箱、开关箱内尽量采用铜线，铝线接头一旦松动，会造成接触不良，产生电火花和高温，使接头绝缘烧毁，导致对地短路故障。为了保证可靠的电气连接，保护零线应采用绝缘铜线。

（3）电箱内母线和导线的排列应符合表 7-14 的规定。

表 7-14　电箱内母线和导线的排列

相别	颜色	垂直排列	水平排列	引下排列
A	黄	上	后	左
B	绿	中	中	中
C	红	下	前	右
N	淡蓝	较下	较前	较右
PE	绿 / 黄双色	最下	最前	最右

注：本处电箱内母线和导线的排列指的是从装置的正面看。

第八章

消防工程安全文明施工

第一节　火灾自动报警系统施工安全文明操作

一、火灾探测器安装安全文明操作

（一）火灾探测器安装安全文明操作要点

1. 火灾探测器的外形结构

火灾探测器（图 8–1）的外形结构总体大致相同，随着制造厂家不同而略有差异。一般根据使用场所不同，在安装方式上主要考虑露出型和埋入型两类。为方便用户辨认探测器是否动作，在外形结构上还可分为带有确认灯型与不带确认灯型两种。

图 8–1　火灾探测器

2. 火灾探测器的线制

线制就是火灾探测器的接线方式（出线方式）。火灾探测器的线制对火灾探测报警及消防联动控制系统报警形式和特性有较大影响。火灾探测器的接线端子一般为 3 ~ 5 个，但并不是每个端子一定要有进出线相连接。在消防工程中，对于火灾探测器通常采用三种接线方式，即两线制、三线制、四线制。

（1）两线制。两线制一般是由火灾探测器对外的信号线端和地线端组成。在实际使用中，两线制火灾探测器的 DC24V 电源端、检查线端和信号线端合一作为“信号线”形式输出，目前在火灾探测报警及消防联动控制系统产品中使用广泛。两线制接法可以完成火灾报警、断路检查、电源供电等功能，其布线少，功能全，工程安装方便。但使火灾报警装置电路更为复杂，不具有互换性。

（2）三线制。三线制在火灾探测报警及消防联动控制系统中应用比较广泛。工程实际中常用的三线制出线方式是：DC24V+ 电源线、地线和信号线（检查线与信号线合一输出），或 DC24V+ 电源线、检查线和信号线（地线与信号线合一输出）。

（3）四线制。四线制在火灾探测报警及消防联动控制系统中应用也较普遍。四线制的通常出线形式是：DC24V+ 电源线、电源负极、信号线、检查线（一般是检入线）。

3. 火灾探测器的接线及要求

（1）探测器的接线应按设计和生产厂家的要求进行，通常要求正极线应为红色，负极线应为蓝色，其余线根据不同用途采用其他颜色区分，但同一工程中用途相同的导线其颜色应一致。

（2）探测器的底座应固定可靠，在吊顶上安装时应先把盒子固定在主龙骨上或在顶棚上生根作支架，其连接导线必须可靠压接或焊接，当采用焊接时不得使用带腐蚀性的助焊剂，外接导线应有 0.15m 的余量，入端处应有明显标志。

（3）探测器底座的穿线孔宜封堵，安装时应采取保护措施（如装上防护罩）。

（4）一些火灾探测场所采用统一的地址编码，即由一个地址编码模块和若干个非地址编码探测器组合而成，其接线如图 8-2 所示。

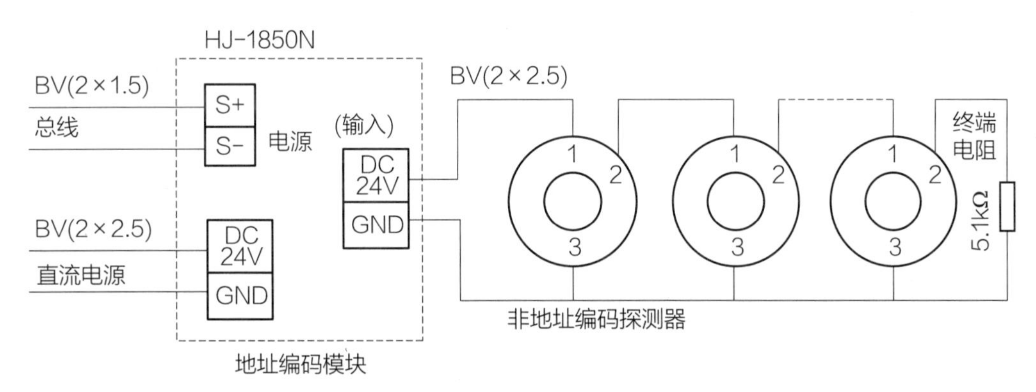

图 8-2　探测器地址编码模块接线示意图

（5）定温缆式探测器的接线如图 8-3 所示。

图 8-3　定温缆式探测器接线示意图

4. 火灾探测器的运用方式

在消防工程中，对于保护区域内火灾信息的监测，有时是单独运用一个火灾探测器进行监测，有时是用两个或若干个火灾探测器同时监测。为了提高火灾探测报警及消防联动控制系统的工作可靠性和联动有效性，目前多采用若干个火灾探测器同时监测的并联运用方式。

（1）单独运用方式。火灾探测器的单独运用方式是指每个火灾探测器构成一个探测回路，即每个火灾探测器的信号线单独送入（输入）火灾报警装置（或控制器），而独立成为一个探测回路（亦称探测支路）。单独运用方式的最大优点是接线、布线简单，在传统的多线制系统中应用较多，形成火灾探测报区不报点，其监测的准确性、可靠性较差，易造成误报警和灭火控制系统的误动作。

（2）并联运用方式。火灾探测器的并联运用方式是指若干个火灾探测器的信号线根据一定关系并联在一起，然后以一个部位或区域的信号送入火灾报警装置（或控制器）。即若干个火灾探测器连接起来后仅构成一个探测回路，并配合各个火灾探测器的地址编码实现保护区域内多个探测部位火灾信息的监测与传送。这里强调的若干个火灾探测器的信号线"按一定关系并联"，大体可以分为两种形式。

① 若干个火灾探测器的信号线以某种逻辑关系组合后，作为一个地址或部位的信号线送入火灾报警装置，如建筑中大面积房间的火灾探测。

② 若干个火灾探测器的信号线简单地直接并联联结在一起，而后送入火灾报警装置，如地址编码火灾探测器的应用。火灾探测器并联运用的优点是克服了因火灾探测器自身质量（损坏等）造成的大面积空间不报警现象，从而提高了探测区域火灾信号的可靠性。

5. 火灾探测器的安装施工

（1）点型火灾报警探测器安装施工如图 8-4 所示。

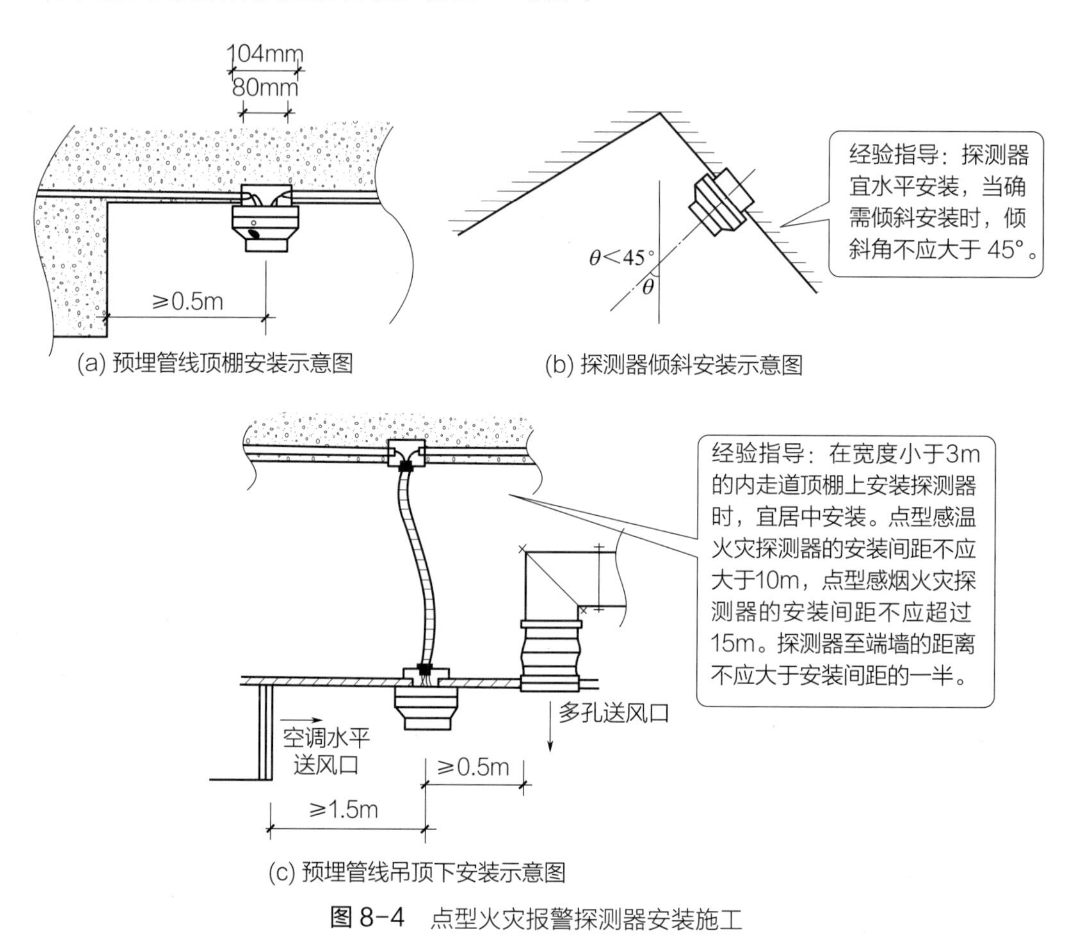

图 8-4　点型火灾报警探测器安装施工

点型感烟、感温火灾探测器的安装应符合下列要求。

① 探测器至墙壁、梁边的水平距离不应小于 0.5m。

② 探测器周围水平距离 0.5m 内不应有遮挡物。

③ 探测器至空调送风口最近边的水平距离不应小于 1.5m，至多孔送风顶棚孔口的水平距离不应小于 0.5m。

（2）线型红外光束感烟火灾探测器的安装（如图 8-5 所示）应当符合下列要求。

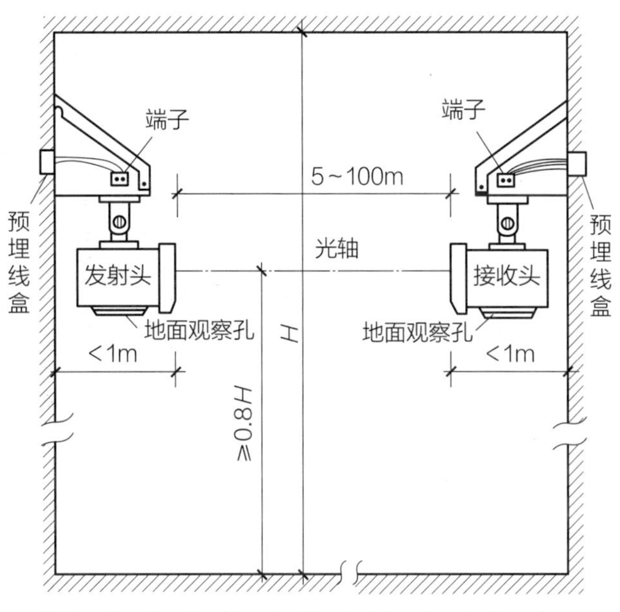

图 8-5　线型红外光束感烟火灾探测器安装示意图

H—室内地面到顶面的距离

① 当探测区域的高度不大于 20m 时，光束轴线至顶棚的垂直距离宜为 0.3 ~ 1.0m；当探测区域的高度大于 20m 时，光束轴线距探测区域的地（楼）面高度不宜超过 20m。

② 发射器和接收器之间的探测区域长度不宜超过 100m。

③ 相邻两组探测器光束轴线的水平距离不应大于 14m。探测器光束轴线至侧墙水平距离不应大于 7m，且不应小于 0.5m。

④ 发射器和接收器之间的光路上应无遮挡物或者干扰源。

⑤ 发射器和接收器应安装牢固，并不应产生位移。

（3）线型感温火灾探测器（图 8-6）安装在电缆桥架、变压器等设备上时，宜采用接触式布置；在各种皮带输送装置上敷设时，宜敷设在装置的过热点附近。

（4）敷设在顶棚下方的线型差温火灾探测器（图 8-7），至顶棚距离 0.1m，相邻探测器之间水平距离不宜大于 5m；探测器至墙壁距离宜为 1 ~ 1.5m。

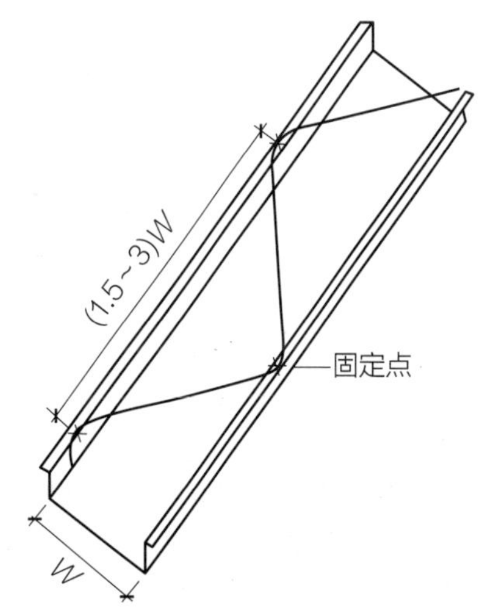

图 8-6　线型感温火灾探测器安装示意图

W—电缆桥架的宽度

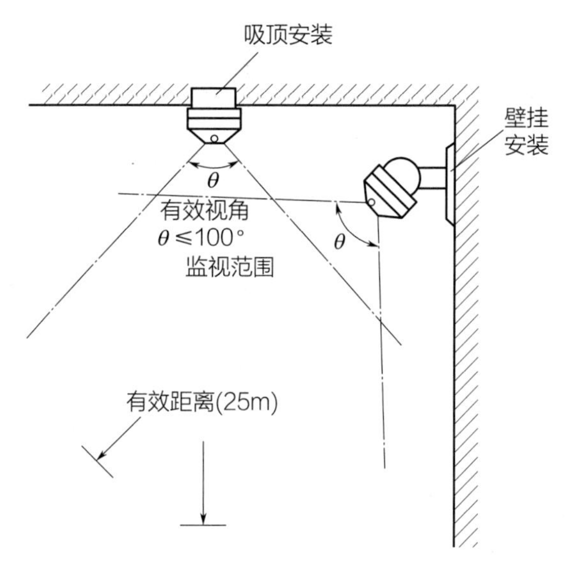

图 8-7　线型差温火灾探测器吸顶和壁挂安装示意图

（5）可燃气体探测器的安装（图 8-8）应符合下列要求。

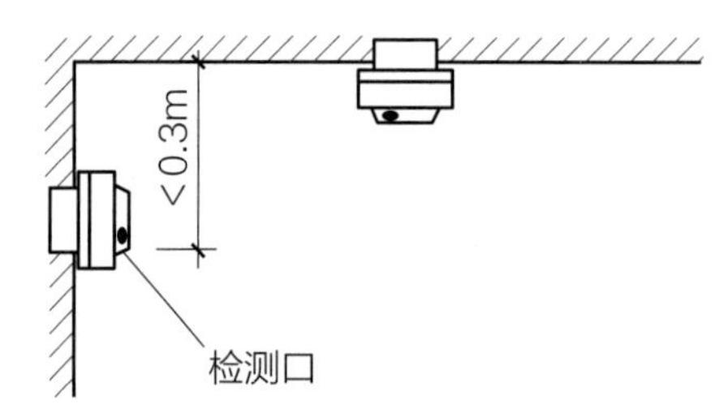

(a) 顶装，用于探测密度小于空气的可燃气体的泄漏

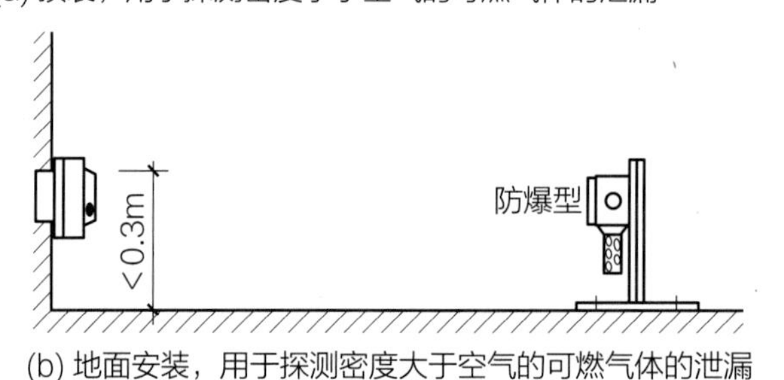

(b) 地面安装，用于探测密度大于空气的可燃气体的泄漏

图 8-8　可燃气体探测器安装示意图

① 安装位置应根据探测气体密度确定。如果其密度小于空气密度，探测器应位于可能出现泄漏点的上方或探测气体的最高可能聚集点上方；若其密度大于或等于空气密度，探测器应位于可能出现泄漏点的下方。

② 在探测器周围应适当留出更换和标定的空间。

③ 在有防爆要求的场所，应按防爆要求施工。

④ 线型可燃气体探测器在安装时，应使发射器和接收器的窗口避免日光直射，且在发射器与接收器之间不应有遮挡物，两组探测器之间的距离不应大于 14m。

（6）通过管路采样的吸气式感烟火灾探测器的安装应符合如下要求。

① 采样管应牢固。

② 采样管（含支管）的长度及采样孔应符合产品说明书的要求。

③ 非高灵敏度的吸气式感烟火灾探测器不宜安装在天棚高度大于 16m 的场所。

④ 高灵敏度吸气式感烟火灾探测器可安装在天棚高度大于 16m 的场所，并保证至少有 2 个采样孔低于 16m。

⑤ 安装在大空间时，每个采样孔的保护面积应符合点型感烟火灾探测器的保护面积要求。

（7）点型火焰探测器和图像型火灾探测器的安装应符合下列要求。

① 安装位置应保证其视角覆盖探测区域。

② 与保护目标之间不应有遮挡物。

③ 安装在室外时应有防尘、防雨措施。

（二）火灾探测器安装安全文明操作常用数据

在不同高度的房间内设置火灾探测器时，应首先按表 8-1 的规定初选探测器的类型，再根据被保护对象发生火灾时的燃烧特征和可能出现的主要火灾参数（烟、温度、光）以及被保护场所的环境条件，最后确定探测器的具体型号。

表 8-1　根据房间高度选择探测器

房间高度 h/m	感烟探测器	感温探测器			火焰探测器
		一级	二级	三级	
$12 < h \leqslant 20$	不适合	不适合	不适合	不适合	适合
$8 < h \leqslant 12$	适合	不适合	不适合	不适合	适合
$6 < h \leqslant 8$	适合	适合	不适合	不适合	适合
$4 < h \leqslant 6$	适合	适合	适合	不适合	适合
$h \leqslant 4$	适合	适合	适合	适合	适合

（三）火灾探测器安装安全文明操作施工总结

（1）探测器的底座应安装牢固，和导线连接必须可靠压接或焊接。当采用焊接时，不应使用带腐蚀性的助焊剂。

（2）探测器底座的连接导线应留有至少 150mm 的余量，且在其端部应有明显标志。

（3）探测器底座的穿线孔宜封堵，安装完毕的探测器底座应采取保护措施。

（4）探测器报警确认灯应朝向便于人员观察的主要入口方向。

（5）探测器在即将调试时才可以安装，在调试前应妥善保管并应采取防尘、防潮、防腐蚀措施。

二、火灾报警控制器安装安全文明操作

（一）火灾报警控制器安装安全文明操作要点

随着消防业的快速发展，火灾报警控制器的接线形式变化也很快，对于不同厂家生产的不同型号的火灾报警控制器，其线制各异，比如两线制、三线制、四线制、全总线制及二总线制等。

1. 两线制

两线制接线的配线较多，自动化程度较低，大多在小系统中应用，目前已很少使用。两线制接线如图 8-9 所示。

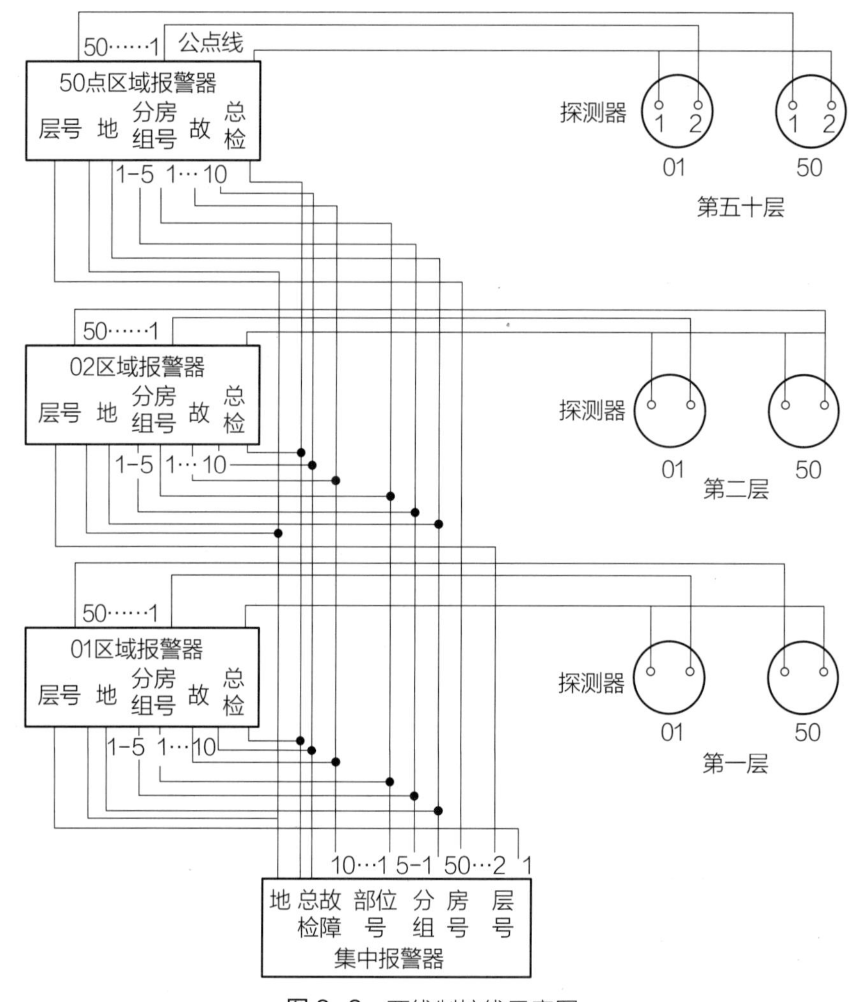

图 8-9 两线制接线示意图

因生产厂家的不同，其产品型号也不完全相同，两线制的接线计算方法有所区别，以下介绍的计算方法具有一般性。

（1）区域报警控制器的配线。区域报警控制器既要与其区域内的探测器连接，又可能和集中报警控制器连接。

区域报警控制器输出导线是指该台区域报警控制器与配套的集中报警控制器之间连接导线的数目。

（2）集中报警控制器的配线。集中报警控制器配线根数是指与其监控范围内的各区域报警控制器之间的连接导线。

2. 全总线制

全总线制接线方式在大系统中显示出它明显的优势，其接线非常简单，大大缩短了施工工期。

区域报警器输入线为 5 根，为 P、S、T、G 及 V 线，即电源线、信号线、巡检控制线、回路地线及 DC24V 线。

区域报警器输出线数等于集中报警器接出的六条总线，即 P_0、S_0、T_0、G_0、C_0、D_0，其中 C_0 为同步线，D_0 为数据线。之所以称之为四全总线（或称总线）是因为该系统中所使用的探测器、手动报警按钮等设备均采用 P、S、T、G 四根出线引至区域报警器上，如图 8-10 所示。

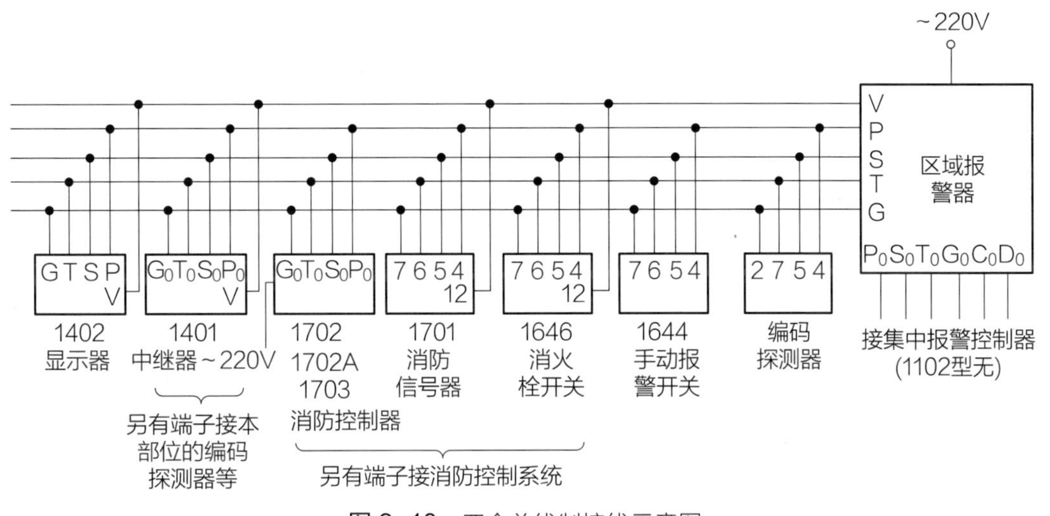

图 8-10　四全总线制接线示意图

3. 二总线制

二总线制（共 2 根导线）的接线如图 8-11 所示。其中 S- 为公共地线，S+ 同时完成供电、选址、自检、报警等多种功能的信号传输。其优点是接线简单、用线量较少。现已广泛应用，特别是目前逐步应用的智能型火灾报警系统更是建立在二总线制的运行机制上。

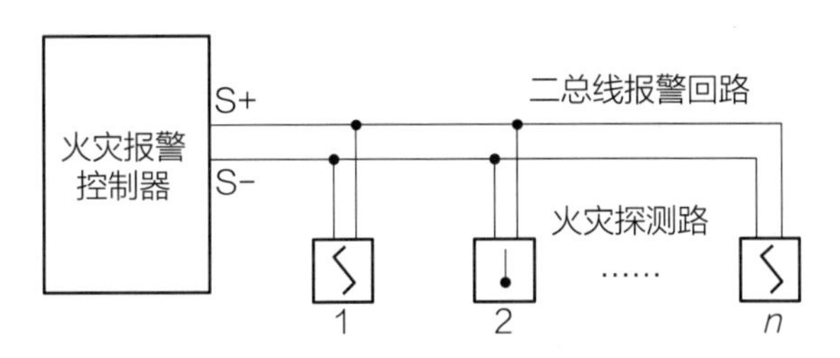

图 8-11　二总线制连接方式示意图

（二）火灾报警控制器安装安全文明操作施工总结

火灾报警控制器安装质量检查应符合如下规定。

（1）控制器应有保护接地且接地标志应明显。

（2）控制器的主电源应为消防电源，并且引入线应直接与消防电源连接，严禁使用电源插头。

（3）工作接地电阻值应小于 4Ω；当采用联合接地时，接地电阻值应小于 1Ω；当采用联合接地时，应用专用接地干线由消防控制室引至接地体。专用接地干线应用铜芯绝缘导线或电缆，其芯线截面积不应小于 $16mm^2$。

（4）由消防控制室接地体引至各消防设备的接地线，应选用铜芯绝缘软线，其线芯截面积不应小于 4mm^2。

（5）集中报警控制器安装尺寸。其正面操作距离：当设备单列布置时，应不小于 1.5m；双列布置时，应不小于 2m。当其中一侧靠墙安装时，另一侧距墙应不小于 1m。需从后面检修时，其后面板距墙应不小于 1m，在值班人员经常工作的一面，距墙不应小于 3m。

（6）区域控制器安装尺寸。安装在墙上时，其底边距地面的高度应不小于 1.5m，且应操作方便；靠近门轴的侧面距墙应不小于 0.5m；正面操作距离应不小于 1.2m。

（7）盘、柜内配线清晰、整齐，绑扎成束，避免交叉；导线线号清晰，导线预留长度不小于 20cm。报警线路连接导线线号清晰，端子板的每个端子其接线不能多于 2 根。

三、手动报警按钮安装安全文明操作

（一）手动火灾报警按钮安装安全文明操作要点

手动火灾报警按钮的设置要求如下。

（1）手动火灾报警按钮（图 8-12）宜设置在公共场所，并设置在明显和便于操作的部位。

图 8-12　手动火灾报警按钮

（2）每个防火分区应至少设置一个手动火灾报警按钮。

（3）从一个防火分区内的任何位置到最邻近的一个手动火灾报警按钮的距离不应超过 30m。

（二）手动火灾报警按钮安装安全文明操作施工总结

手动火灾报警按钮一般设置在公共场所。当人工确认火灾发生时，可随即按下按钮玻璃（可用专用工具使其复位），直接向报警控制器发出火灾报警信号。控制器收到报警信号后，可根据手动火灾报警按钮的编码地址，显示出报警按钮的编号或位置，并发出音响或声光警报。

四、声光讯响器安装安全文明操作

（一）声光讯响器安装安全文明操作要点

（1）声光讯响器（图 8-13）一般安装在公共走廊、各层楼梯口、消防电梯前室口等处。

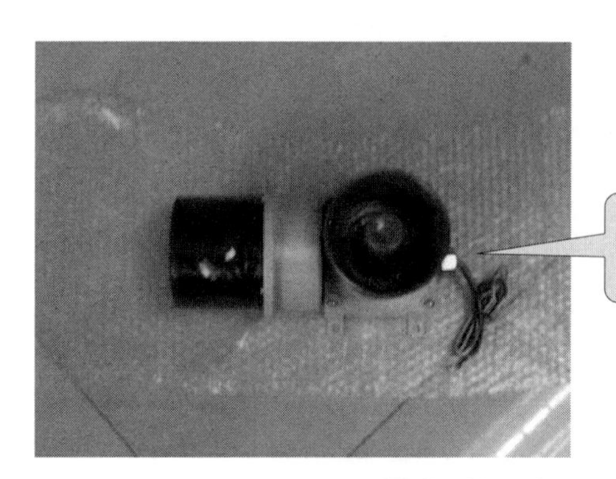

经验指导：声光讯响器采用壁挂式安装，在普通高度空间下，以距顶棚 0.2m处为宜。

图 8-13　声光讯响器安装施工

（2）声光讯响器的布线要求如下。

① 信号二总线 Z1、Z2 采用 RVS 型双绞线，截面积≥ $1.0mm^2$。

② 电源线 D1、D2 采用 BV 线，截面积≥ $1.5mm^2$。

③ S1、G 采用 RV 线，截面积≥ $0.5mm^2$。

（二）声光讯响器安装安全文明操作施工总结

声光讯响器安装施工后应按表 8-2 的内容对施工质量进行验收。

表 8-2　声光讯响器安装施工质量验收

<table>
<tr><td>工作电压</td><td colspan="2">DC24V</td></tr>
<tr><td>监视电流</td><td colspan="2">HX-100B 编码型声光讯响器接口与火灾报警控制器采用无极性二总线连接，另需 2 根 DC24V 电源线</td></tr>
<tr><td>线制</td><td colspan="2">HX-100A 非编码型声光讯响器采用两根线与 DC24V 有源常开触点连接</td></tr>
<tr><td>报警音响</td><td colspan="2">≥ 80dB</td></tr>
<tr><td rowspan="2">使用环境</td><td>温度</td><td>-10 ~ +50℃</td></tr>
<tr><td>相对湿度</td><td>≤ 95%（40℃ ±2℃）</td></tr>
<tr><td>外形尺寸</td><td colspan="2">90mm × 90mm × 45mm</td></tr>
<tr><td>Z1、Z2</td><td colspan="2">与火灾报警控制器信号二总线连接的端子，对于 HX-100A 型声光讯响器，此端子无效</td></tr>
<tr><td>D1、D2</td><td colspan="2">与 DC24V 电源线（HX-100B）或 DC24V 常开控制接触点（HX-100A）连接的端子，无极性</td></tr>
<tr><td>S1、G</td><td colspan="2">外控输入端子</td></tr>
</table>

五、短路隔离器安装安全文明操作

（一）短路隔离器安装安全文明操作要点

（1）短路隔离器（图 8-14）用在传输总线上，对各分支线在总线短路时通过短路部分两端呈高阻或开路状态，从而使该短路障碍的影响仅限于被隔离部分，且不影响控制器和总线上其他部分的正常工作。

图 8-14　短路隔离器

（2）短路隔离器的布线要求为：直接与信号二总线连接，无需进行其他布线。可选用截面积 ＞ 1.0mm^2 的 RVS 双绞线。

（二）短路隔离器安装安全文明操作施工总结

短路隔离器安装施工后应按表 8-3 的内容对施工质量进行验收。

表 8-3　短路隔离器安装施工质量验收

工作电压	DC19 ～ 25V 脉冲
工作电流	＜ 1.0mA
环境温度	-10 ～ +50℃
相对湿度	＜ 95%，40℃
线制	二总线，分极性
外形尺寸	110mm × 68mm × 30mm

第二节　消火栓灭火系统施工安全文明操作

一、室内消火栓管道安装安全文明操作

（一）室内消火栓管道安装安全文明操作要点

室内消火栓管道一般有干管、立管和支管。安装的步骤是由安装干管开始，再安装立管和支管。在土建主体工程完成后，并且墙面已经粉刷完毕，即可开始室内消火栓管道的安装工作。但是在土建施工的时候，应该密切配合，按照图纸要求预留孔洞，如基础的管道入口洞、墙面上的支架洞、过墙管孔洞以及设备基础地脚螺栓孔洞等。同时可以根据图纸预制加工出各类管件，如管子的搣弯、阀件的清洗和组装及管子的刷油等。

（1）干管的安装。

先了解和确定干管（图 8-15）的标高、坡度、位置、管径等，正确地按尺寸埋好支架。待支架牢固后，就可以架设连接。管子和管件可以先在地面组装，长度以方便吊装为宜。起吊后，轻轻落在支架上，用支架上的卡环固定，防止滚落。采用螺纹连接的管子，则吊上后即可上紧。采用焊接时，可全部吊装完毕后再焊接，但焊口的位置要在地面组装时就考虑好，选定在较合适的部位，便于焊工的操作。

（2）支、立管的安装。

干管安装后即可安装立管（图 8-16）。用线垂吊挂在立管位置上，用“粉囊”在墙面上弹出垂直线，立管就可以根据该线来安装。同时，根据墙面上的线和立管与墙面确定的尺寸，可预先埋好立管卡。

立管安装后，就可以安装支管（图 8-17），方法也是先在墙上弹出位置线，但必须在所接的设备安装定位后才可以连接。安装方法与立管相同。

经验指导：干管安装后，还要拨正调直；从管子端看过去，整根管道都在一条直线上。干管的变径要在分出支管之后，距离主分支管要有一定的距离，大小等于大管的直径，但是不应小于100mm。干管安装后，再用水平尺在每段上进行一次复核，防止局部管段有“塌腰”或“拱起”现象。

图 8-15　干管安装施工

经验指导：立管长度较长，如采用螺纹连接时，可按图纸上所确定的立管管件，量出实际尺寸记录在图纸上，先进行预组装。安装后经过调直，将立管的管段做好编号，再拆开到现场重新组装。这种安装方法可以加快进度，保证质量。

图 8-16　立管安装施工

应注意的是当支立管的直径都较小，并且采用焊接时，要防止三通口的接头处管径缩小，或闪焊瘤将管子堵死。

图 8-17　支管安装施工

（二）室内消火栓管道安装安全文明操作施工总结

（1）干管用法兰连接每根配管长度不宜超过 6m，直管段可把几根连接一起，使用捯链安装，但不宜过长，也可调直后编号依次顺序吊装。吊带时，应先吊起管道一端，待稳定后再吊起另一端。

（2）管道连接紧固法兰时，检查法兰端面是否干净，采用 3 ~ 5mm 的橡胶垫片。法兰螺栓的规格应符合规定。紧固螺栓应先紧固最不利点，然后依次对称紧固。法兰接口应安装在易拆装的位置。

二、室内消火栓安装安全文明操作

（一）室内消火栓安装安全文明操作要点

1. 消火栓箱的安装

室内消火栓均安装在消火栓箱内，安装消火栓应首先安装消火栓箱。消火栓箱分明装、半明装和暗装三种形式，如图 8-18 所示。其箱底边距地面高度为 1.08m。

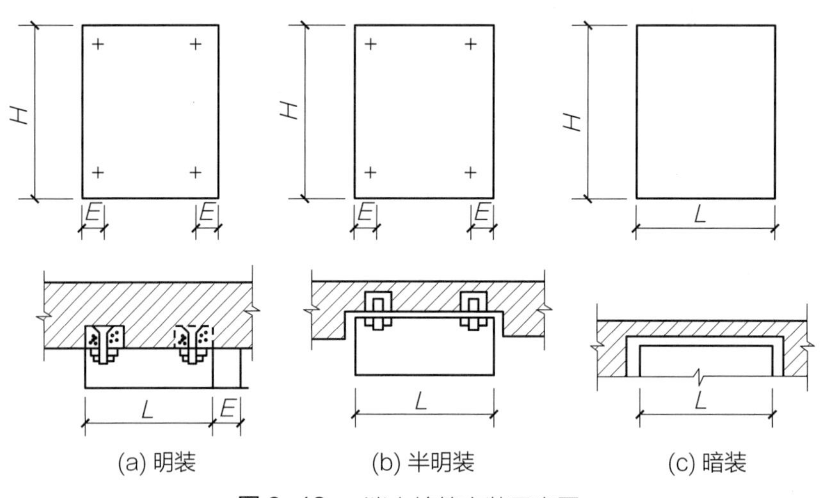

图 8-18　消火栓箱安装示意图

H—消火栓的高度；*L*—消火栓的宽度；*E*—螺栓孔距墙的距离

暗装及半明装均要求土建工程施工时预留箱洞，安装时将消火栓箱放入洞内，找平找正，找好标高，再用水泥砂浆塞满箱的四周空隙，将箱固定。采用明装时，先在墙上栽好螺栓，按螺栓的位置，在消火栓箱背部钻孔，将箱子就位、加垫，拧紧螺帽固定。消火栓箱安装在轻质隔墙上时，应有加固措施。

2. 室内消火栓的安装

如图 8-19 所示，消火栓安装时，栓口必须朝外，消火栓阀门中心距地面为 1.2m，允许偏差为 20mm；距箱侧面为 140mm，距箱后内表面为 100mm，允许偏差为 5mm。

消防水带折好放在挂架上或卷实、盘紧放在箱内，消防水枪竖放在箱内，自救式水枪和软拉管应置于挂钩上或放在箱底。消防水带与水枪、快速接头连接时，采用 14 号铅丝缠 2 道，每道不少于 2 圈；使用卡箍连接时，在里侧加一道铅丝。消火栓安装应平整牢固，各零件齐全可靠。安装完毕后，根据规定进行强度试验和严密性试验。

（二）室内消火栓安装安全文明操作施工总结

（1）室内消火栓的布置应保证有两支水枪的充实水柱可同时到达室内任何部位。建筑高度小于或等于 24m、体积小于或等于 500m^3 的库房，应保证有一支水枪的充实水柱可到达室内任何部位。水枪的充实水柱长度应由计算确定，一般不应小于 7m，但甲、乙类厂房，超过 6 层的民用建筑，超过 4 层的厂房和库房内，不应小于 10m；高层工业建筑、高架库房内，水枪的充实水柱不应低于 13m。

（2）室内消火栓应设在明显易于取用的地方。栓口离地面高度为 1.1m，其出水方向宜向下或与设置消火栓的墙面成 90° 角。

（3）同一建筑物内应采用统一规格的消火栓、水枪和水带。每根水带的长度不应超过 25m。

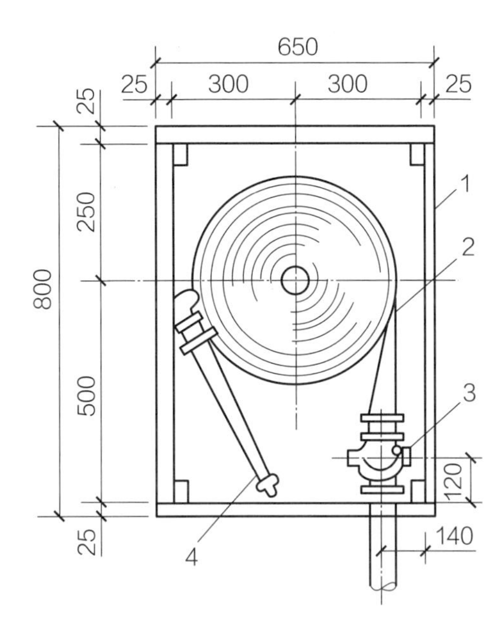

图 8-19　室内消火栓安装示意图（单位：mm）

1—消火栓箱；2—水带；3—消火栓；4—消防水枪

三、室内消火栓箱安装安全文明操作

（一）室内消火栓箱安装安全文明操作要点

（1）安装消火栓箱（图 8-20）时，在其四周与墙体接触部分，应当考虑进一步采取防腐措施（如涂沥青漆），并用干燥、防潮物质填塞四周空隙，以防箱体锈蚀。

经验指导：为了便于栓箱安装，对于暗装和半暗装的情况，在土建时预留栓箱位置的尺寸应比栓箱外形尺寸各边加大10mm左右。

图 8-20　消火栓安装施工

（2）为保证栓箱外形完整，栓箱没有备制敲落孔的，在外接电气线路时，可在现场按所需位置用手电钻钻孔解决。

（3）在给水管上安装消火栓时，应使水管端面紧贴消火栓接口内的大垫圈。系统试水压时，不得有渗漏现象。

（4）栓箱根据需要，可采用地脚螺栓加固，地脚螺栓选用 M6 × 80mm。

（5）安装完毕，应当启动消防泵进行水压试验，消火栓及其管路不得有渗漏现象。

（6）火警紧急按钮的试验：击碎火警紧急按钮盒玻璃盖板，应能将信号送至消防控制室（消防控制中心）并自动启动消防泵。

（二）室内消火栓箱安装安全文明操作常用数据

室内消火栓箱现场设置尺寸要求的具体内容见表 8-4。

表 8-4　室内消火栓箱尺寸　　单位：mm

箱体尺寸（$L \times H$）	箱宽 C	安装孔距 E
600 × 800	200、240、320 三种规格	50
700 × 1000		50
750 × 1200		50
1000 × 700		250

（三）室内消火栓箱安装安全文明操作施工总结

（1）若采用暗装（图 8-21）或半暗装，需在土建砌砖墙时预留好消火栓箱洞。当消火箱就位安装时，应根据高度及位置尺寸找正找平，使箱边沿与抹灰墙保持水平，再用水泥砂浆塞满箱四周空间，将箱稳固。

（2）若采用明装（图 8-22），需事先在砖墙上栽好螺钉，然后根据螺钉的位置在箱背面钻孔，将箱子就位，再加垫带螺帽拧紧固定。

图 8-21　暗装消火栓箱

图 8-22　明装消火栓箱

（3）无论明装或暗装，消火栓箱箱底距地面高均为 1.08m，消火栓栓口中心距地面高为 1.2m，栓口要向外，消火栓阀门中心距箱侧面为 140mm，距箱后内表面为 100mm，阀门安装前应检查其严密性。

四、消防水泵接合器安装安全文明操作

图 8-23　墙壁式消防水泵接合器

（一）消防水泵接合器安装安全文明操作要点

1. 消防水泵接合器的分类

根据设计规定，消防水泵接合器有三种类型：墙壁式（图 8-23）、地下式（图 8-24）、地上式（图 8-25）。其安装位置应有明显标志，阀门位置应便于操作，接合器附近不得有障碍物。安全阀应按系统工作压力确定压力，防止外来水压力过高破坏室内管网及部件，接合器应有泄水阀。

2. 墙壁式消防水泵接合器的安装

墙壁式消防水泵接合器安装在建筑物外墙上，其安装高度距地面为 1.1m，与墙面上的门、窗、孔、洞的净距离不应小于 2.0m，且不应安装在玻璃幕墙下方。墙壁式水泵接合器应设明显标志，与地上式消火栓应有明显区别。

图 8-24　地下式消防水泵接合器

图 8-25　地上式消防水泵接合器

3. 地下式消防水泵接合器的安装

地下式消防水泵接合器设在专用井室内，井室用铸有“消防水泵接合器”标志的铸铁井盖，在附近设置指示其位置的固定标志，便于识别。安装时，注意使地下消防水泵接合器进水口与井盖底面的距离大于井盖的半径且小于 0.4m。

4. 地上式消防水泵接合器的安装

接合器一部分安装在阀门井中，另一部分安装在地面上。为避免阀门井内部件锈蚀，阀门井内应建有积水坑，积水坑内积水定期排除，对阀门井内活动部件应进行防腐处理，接合器入口处应设置与消火栓区别的固定标志。

（二）消防水泵接合器安装安全文明操作施工总结

（1）地下式水泵接合器的顶部进水口与消防井盖底面的距离不得大于 400mm，且不应小于井盖的半径。井内应有足够的操作空间，并设爬梯。

（2）墙壁式消防水泵接合器安装高度如设计未要求，出水栓口中心距地面应为 1.10m，与墙面上的门、窗、孔、洞的净距离不应小于 2.0m，且不应安装在玻璃幕墙下方。其上方应设有防坠落物打击的措施。

（3）消防水泵接合器的各项安装尺寸应符合设计要求，栓口安装高度允许偏差为 ±20mm。

五、室外消火栓安装安全文明操作

（一）室外消火栓安装安全文明操作要点

（1）室外消火栓安装（图 8-26）前，管件内外壁均涂沥青冷底子油两遍，外壁需另回热沥青两遍，面漆一遍；埋入土中的法兰盘接口涂沥青冷底子油两遍，外壁需另加热沥青两遍，面漆一遍，并用沥青麻布包严；消火栓井内铁件也应涂热沥青防腐。

经验指导：室外消火栓一般沿道路设置，当道路宽度大于60m时，宜在道路两边设置消火栓。地上式消火栓设置直径为150mm或100mm和两个直径为65mm的栓口，地下式设置直径为100mm和65mm的栓口各一个，并有明显标志。

图 8-26　室外消火栓安装施工

（2）室外地上式消火栓安装时，根据管道埋深的不同，选用不同长度的法兰接管。

（3）消火栓应设置在阀门井内。阀门井内活动部件必须采取防锈措施，安装时，根据管道不同的埋深，选用不同长度的法兰接管。

（二）室外消火栓安装安全文明操作施工总结

（1）消火栓井内供水主管底部距井底不应小于 0.2m，消火栓顶部至井盖底距离最小不应小于 0.2m，冬季室外温度低于 -20℃的地区，地下消火栓井口需做保温处理。

（2）室外地上式消火栓甲型安装时，其放水口应用粒径为 20 ～ 30mm 的卵石做渗水层，铺设半径为 500mm，铺设厚度为自地面下 100mm 至槽底。铺设渗水层时，应保护好放水弯头，以免损坏。

（3）室外地上式消火栓乙型安装时，应将消火栓自带的自动放水弯头堵死，在消火栓井内另设放水龙头。

第三节　自动喷水灭火系统施工安全文明操作

一、消防水泵安装安全文明操作

（一）消防水泵安装安全文明操作要点

（1）消防水泵（图 8-27）吸水管的正确安装是消防水泵正常运行的根本保证。吸水管上应安装过滤器，避免杂物进入水泵。同时，该过滤器应便于清洗，确保消防水泵的正常供水。

经验指导：吸水管上安装控制阀是为了便于消防水泵的维修。先固定消防水泵，然后再安装控制阀门，以避免消防水泵承受应力。

图 8-27 消防水泵

（2）当消防水泵和消防水池位于独立基础上时，由于沉降不均匀，可能造成消防水泵吸水管受内应力，最终应力加在消防水泵上，将会导致消防水泵损坏。最简单的解决方法是加一段柔性连接管（图 8-28）。

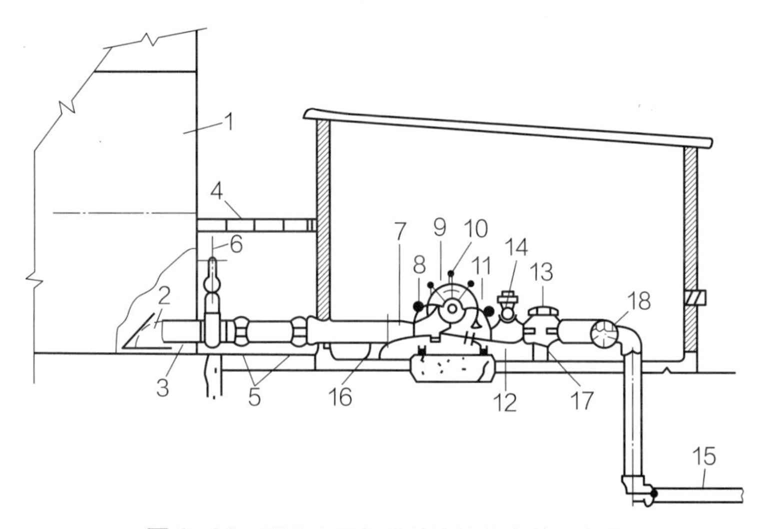

图 8-28 消防水泵加柔性连接管安装示意图

1—消防水池；2—进水弯头；3—吸水管；4—防冻盖板；5—消除应力的柔性连接管；6—闸阀；7—偏心异径接头；8—吸水压力表；9—消防泵；10—自动排气装置；11—出水压力表；12—渐缩式出水三通；13—多功能水泵控制阀或止回阀；14—泄压阀；15—出水管；16—泄水阀或球形滴水器；17—管道支座；18—指示性闸阀或蝶阀

（3）吸水管及其附件的安装应符合下列要求。

① 吸水管上应设过滤器，并应安装在控制阀后。

② 吸水管上的控制阀应在消防水泵固定于基础上之后再进行安装，其直径不应小于消防水泵吸水口直径，且不应采用没有可靠锁定装置的蝶阀，蝶阀应采用沟槽式或法兰式蝶阀。

③ 当消防水泵和消防水池位于独立的两个基础上且相互为刚性连接时，吸水管上应加设柔性连接管。

④ 吸水管水平管段上不应有气囊和漏气现象。变径连接时，应采用偏心异径管件并应采用管顶平接。

（二）消防水泵安装安全文明操作施工总结

消防水泵的出水管上应安装止回阀、控制阀和压力表，或安装控制阀、多功能水泵控制阀和压力表；系统的总出水管上还应安装压力表和泄压阀；安装压力表时应加设缓冲装置。压力表和缓冲装置之间应安装旋塞；压力表量程应为工作压力的 2 ~ 2.5 倍。

二、稳压泵安装安全文明操作

（一）稳压泵安装安全文明操作要点

（1）水泵机组就位（图 8-29）。安装水泵及电动机前应检查，看是否符合设计要求和产品说明书的规定；检查基础的尺寸位置、标高是否符合设计要求，设备的零部件是否有缺件、锈蚀。盘车应灵活无阻滞、卡住现象，无异常声音。

经验指导：水泵机组外观完好，无损伤，漆层无斑剥脱落现象；泵体和电机上必须有出厂铭牌；在施工安装时要采取措施保护铭牌，防止磨损和脱落。

图 8-29　水泵机组就位

（2）产品出厂时装配、调试完善的部分不应随意拆卸。确需拆卸时，应会同厂方、建设方、监理方研究后进行。拆卸和复装应按设备的技术文件规定进行。

（3）水泵机组安装在建筑地下室最底层时，其出水管、进水管上应安装柔性接头减振；若安装在建筑物楼层的楼板上时，除了在进出水管上安装柔性接头外，还应在机组基础上设隔振台座。

（二）稳压泵安装安全文明操作施工总结

（1）泵地脚螺栓和垫铁的安装：安装人员在安装前需仔细查看泵房设计图、泵安装图；地脚螺栓的不垂直度不应超过 10/1000；地脚螺栓最外缘离灌浆孔壁应大于 15mm；螺栓底端不应碰孔底；地脚螺栓上的油脂和污垢应清除干净，但灌浆孔上与泵相连的螺纹部分应涂油脂；螺母与垫圈间和垫圈与设备底座间的接触均应良好；拧紧螺母后螺栓必须露出螺母 1.5 ~ 5 个螺距。

（2）设备找平后，垫铁应露出设备底座外缘，平垫垫铁应露出 10 ~ 30mm，垫铁组（不包括垫铁）伸入设备底座面的长度应超过设备地脚螺栓孔。

（3）泵与管路连接后，应复核找正情况；要检查吸水管路与泵的连接是否符合设计和规范要求；如管路连接不正常时，应调整管路。

三、消防水箱安装安全文明操作

（一）消防水箱安装安全文明操作要点

1. 水箱箱体安装

（1）水箱的安装高度：水箱的安装（图 8-30）高度与建筑物高度、配水管道长度、管径及设计流量有关，应满足建筑物内最不利配水点所需的流出水头，并经管道的水力计算确定。

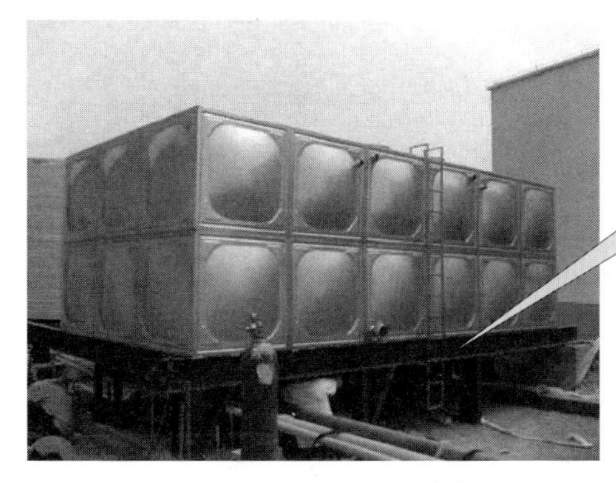

根据构造上的要求，水箱底距顶层板面的最小高度不得小于0.4m。

图 8-30　水箱现场安装

（2）水箱间的布置：水箱间的净高不得低于 2.2m，采光、通风应良好，保证不冻结，如有冻结危险时，要采取保温措施。水箱的承重结构应为非燃烧材料。水箱应加盖，不允许被污染。

（3）托盘安装：有的水箱设置在托盘上。托盘一般用木板制作（50 ~ 65mm 厚），外包镀锌铁皮，并刷防锈漆两道，周边高 60 ~ 100mm，边长（或直径）比水箱大 100 ~ 200mm，箱底距盘上表面、盘底距楼板面各不得小于 200mm。

2. 水箱配管

水箱配管的安装要求见表 8-5。

表 8-5　水箱配管的安装要求

名称	安装要求
进水管	当水箱直接由管网进水时，进水管上应装设不少于两个浮球阀或液压水位控制阀，为了检修的需要，在每个阀前设置阀门。进水管距水箱上缘应有 150 ~ 200mm 的距离。当水箱利用水泵压力进水，并采用水箱液位自动控制水泵启闭时，在进水管出口处可不设浮球阀或液压水位控制阀。进水管管径按水泵流量或室内设计秒流量计算决定
出水管	管口下缘应高出水箱底 50 ~ 100mm，以防污物流入配水管网。出水管与进水管可以分别和水箱连接，也可以合用一条管道，合用时出水管上应设止回阀
溢水管	溢水管的管口应高于水箱设计最高水位 20mm，以控制水箱的最高水位，其管径应比进水管的管径大 1 ~ 2 号。为使水箱中的水不受污染，溢水管通常不宜与污水管道直接连接，当需要与排污管连接时，应以漏斗形式接入。溢水管上不必安装阀门
排水管	排水管的作用是放空水箱及排出水箱中的污水。排水管应由箱底的最低处接出，通常连接在溢水管上，管径一般为 50mm。排水管上需装设阀门
信号管	信号管通常在水箱的最高水位处引出，然后通到有值班人员的水泵房内的污水盆或地沟处，管上不装阀门，管径一般为 32 ~ 40mm。该管可作为高水位信号装置，可提示水箱是否满水。有条件的可采用电信号装置，实现自动液位控制
泄出管	有的水箱设置托盘和泄水管，以排泄箱壁凝结水。泄水管可接在溢流管上，管径为 32 ~ 40mm。在托盘上管口要设栅网，泄水管上不得设置阀门

3. 水箱管道连接

（1）当水箱（图 8-31）利用管网压力进水时，其进水管上应装设浮球阀。其安装要求为出水管管口应高出水箱内底 100mm。

水管上通常装设浮球阀（不少于两个），每个浮球阀的直径最好不大于50mm，其引水管上均应设一个阀门。

图 8-31　水箱管道连接

（2）溢水管由水箱壁到与泄水管相连接处的管段的管径，一般应比进水管大 1 ~ 2 号，与泄水管合并后可采用与进水管相同的管径。由底部进入的溢水管管口应做成喇叭口，喇叭口的上口应高出最高水位 20mm。溢水管上不得设任何阀门，与排水系统相接处应做空气隔断和水封装置。

（3）当水箱进水管和出水管接在同一条管道上时，出水管上应设有止回阀，并在配水管上也设阀门。而当进水管和出水管分别与水箱连接时，只需在出水管上设阀门。

（二）消防水箱安装安全文明操作施工总结

（1）现场制作的水箱，按设计要求制作成水箱后须做盛水试验或煤油渗透试验。

（2）盛水试验后，内外表面除锈，刷红丹防锈漆两遍。

（3）整体安装或现场制作的水箱，按设计要求其内表面刷汽包漆两遍，外表面如不做保温再刷油性调和漆两遍，水箱底部刷沥青漆两遍。

（4）水箱支架或底座安装，其尺寸及位置应符合设计规范规定，埋设平整牢固。

（5）按图纸安装进水管、出水管、溢流管、排污管、水位信号管等，水箱溢流管和泄放管应设置在排水地点附近但不得与排水管直接连接。

四、消防水池安装安全文明操作

（一）消防水池安装安全文明操作要点

1. 混凝土垫层施工

槽底清理完成后，进行 C10 混凝土垫层施工（图 8-32），每边宽出水池 10cm，表面平整，标高准确。基槽办完隐检手续，用 10cm 钢模或 10cm × 10cm 方木支模，连好支平，保持其稳固性，并在模板边抄好标高，经监理验收合格后，提前与指定的搅拌站预订需要的混凝土数量，用罐车或泵车将混凝土送到槽底，混凝土运输道路应保持平整畅通，浇筑前应将槽内淤泥杂物清除干净，要掌握好混凝土的虚铺厚度，用长抹子找平，混凝土浇筑后要及时覆盖保温。

2. 弹线定位

垫层完成后，根据设计图纸，测量放样，弹出水池底板的边线（图 8-33），绑扎钢筋，钢筋数量、尺寸严格按设计图规定采用；钢筋绑扎完后，立模、模板必须牢固稳定，并经监理检验合格后，浇筑混凝土。混凝土采用C30混凝土，抗渗等级S8。混凝土坍落度控制在18 ~ 22mm范围内，采用泵送施工，混凝土由拌合站集中供应。施工过程中对预埋铁件、预留孔洞进行全过程严格控制，确保标高、位置准确。

图8-32　混凝土垫层浇筑施工

图8-33　弹线定位

3. 底板施工（图8-34）

在混凝土垫层上弹出底板的准确位置，按照底板设计图纸要求的断面尺寸，四周分别比水池大出100cm边线，预先制定出底板组合钢模板组装方案及加固措施，然后绑扎钢筋。底板受力筋搭接接头位置应相互错开，每个搭接接头或焊接接头范围内的钢筋面积不应超过该长度范围内底板断面钢筋总面积的1/4，所有箍筋弯钩与受力筋交接要严格按照图纸规定要求去做。预埋钢管、铁件要牢固，预留孔洞位置要准确。两层钢筋之间应加铁马凳，使板保护层为50mm。

底板技术标准：混凝土强度要求不低于设计标号，振捣密实，不应有蜂窝、麻面、露筋等缺陷。

图8-34　底板浇筑施工

4. 池壁施工

池壁每次浇筑高度不大于2m，根据池壁实际高度确定浇筑次数，施工缝处设置钢板止水带。

（1）底板施工结束后，用墨线在底板上弹出池壁、支柱立模位置。钢筋绑扎严格按规范及设计图进行。钢筋的数量、位置必须准确。标高、搭接长度、尺寸要符合规范要求，不漏绑、错位。钢筋绑扎的扎丝绑扣要向里，防止绑丝外漏现象出现。底板钢筋同一断面接头面积为受力筋总面积的50%，水平筋距离按图纸要求做。池壁保护层为35mm。所有箍筋弯钩与受力筋交接要严格按照图纸施工。预埋钢管、铁件要牢固，预留孔洞位置准确。

（2）钢筋绑扎（图8-35）：模板上面清理干净后，画好主筋、箍筋间距，先摆底层主筋，后摆箍筋，板筋搭接长度为35*d*（二级钢筋为42*d*），同一截面接头面积不超过总面积的25%，用顺扣或人字扣绑扎，两层之间应加铁马凳，板保护层厚度为25mm。

经验指导：钢筋表面不得有油渍、漆污、老锈及锈坑。焊接接头与钢筋弯曲处距离应不小于焊接钢筋直径的10倍。

图8-35　池壁钢筋绑扎

（3）池盖的施工：盖板采用预制后安装的方法施工。

（4）模板的安装：地下部分采用组合钢模，部分边角处采用木模；地上部分采用12mm厚竹胶板模板。使用前应进行挑选、修整。模板接缝处用密封条贴严，防止漏浆。模板支护要牢固、到位，保证足够的刚度。采用钢管支护，严禁采用钢丝捆绑牵拉固定。框架结构梁板模板支撑，按照放线位置，在底板四边离墙5 ~ 8cm处设立支杆位置，从四面顶住模板，以防发生位移，待墙面完成后拔出支杆，墙面按模数安装到梁底，模板就位后先用铅丝与主筋绑扎临时固定，四角使用内角膜和外角膜，用U形卡将两侧模板连接卡紧，安装完两面后，用对拉杆将其固定。再安装另两面模板，安装壁模的拉杆或斜撑，壁模每50cm设1根对拉杆，上下呈梅花形，固定于模板及事先预埋在底板内的支杆上，最后将壁模内清理干净后封闭扫除口。垫好钢筋保护层垫块，垫块间距一般不得大于1m，并与钢筋绑扎牢固。在混凝土灌注前应先将垫层上皮及模板润湿，并按顺序直接将混凝土倒入模内，混凝土应连续浇筑，浇筑过程中必须增加串筒进行施工，防止混凝土因自由落距太大而产生离析。

（5）混凝土振捣：振捣（图8-36）时棒距以不超过振捣半径为宜，振动棒应距模板5 ~ 10 cm振捣，防止漏振，振动时间以混凝土表面泛浆且不再有气泡溢出为宜，振捣棒伸入下层混凝土深度小于10cm，混凝土分层厚度小于50cm，施工时布置2个振捣棒，对称浇筑振捣，防止出现冷缝。混凝土表面应随振随按标高线将表面抹平，如果留槎，甩槎处应预先用模板挡好，留成高低槎，继续施工时，接槎混凝土应用水润湿并浇浆，使新旧混凝土结合良好，然后用原标号混凝土继续顺序浇筑。

经验指导：混凝土初凝后，进行覆盖养护，浇水次数以混凝土表面保持湿润状态为宜，养护时间不得少于7d。

图8-36　混凝土振捣

（6）模板拆除（图 8–37）：拆除模板时应保证混凝土强度达到 70% 以上，先拆除拉杆和斜支撑，再拆池壁模板，最后拆异形模。拆除时防止损伤混凝土表面与棱角，模板随拆随运，分规格码垛，模板拆除后及时清理并刷脱模剂保护，以便再次利用。

图 8–37　模板拆除施工

（7）混凝土浇筑顺序及施工要点：

① 浇筑池壁混凝土前，应先用与池壁混凝土同标号的砂浆灌入，避免混凝土灌入时因高度过高出现离析现象。浇筑池壁混凝土时，应从水池的一个角沿两边向对角方向同时分层浇筑。浇筑时应有专人指挥泵车和混凝土运输车辆，使混凝土按照计划的位置和顺序浇筑，同一层上的混凝土间歇时间不能过长，不能出现冷缝。

② 浇筑混凝土时每层浇筑高度应根据结构特点、钢筋疏密决定。一般分层高度为插入式振动器作用部分长度的 1.25 倍，不超过 500mm。

③ 使用插入式振动器应快插慢拔，插点要均匀排列，逐点移动，按顺序进行，不得遗漏，做到均匀振实。移动间距不大于振动棒作用半径的 1.5 倍（一般为 300 ~ 400mm）。振捣上一层时应插入下层混凝土面 50mm，以消除两层间的接缝。

④ 浇筑混凝土应连续进行。如遇特殊情况必须间歇，其间歇时间应尽量缩短。并应在前层混凝土初凝之前，将次层混凝土浇筑完毕。

⑤ 浇筑混凝土时应派专人经常观察模板钢筋、预留孔洞、预埋件、插筋等有无位移变形或堵塞情况，发现问题应立即停止浇灌，并应在已浇筑的混凝土初凝前修整完毕。

⑥ 混凝土应振捣密实，表面平整，不得有露筋、蜂窝和麻面现象，混凝土试块在标准条件下养护 28d 的抗压强度应符合设计要求。

（二）消防水池安装安全文明操作施工总结

（1）消防水池、消防水箱的溢流管、泄水管不得与生产或生活用水的排水系统直接相连。

（2）管道穿过钢筋混凝土消防水箱或消防水池时，应加设防水套管；对有振动的管道还应加设柔性接头。进水管和出水管的接头与钢板消防水箱的连接应采用焊接，焊接处应做防锈处理。

五、消防气压给水设备安装安全文明操作

（一）消防气压给水设备安装安全文明操作要点

（1）消防气压给水设备的气压罐（图 8–38），其容积、气压、水位及工作压力应符合设计要求。

（2）消防气压给水设备安装位置、进水管及出水管方向应符合设计要求；出水管上应设止回阀，安装时其四周应设检修通道，其宽度不宜小于 0.7m，消防气压给水设备顶部至楼板或梁底的距离不宜小于 0.6m。

（二）消防气压给水设备安装安全文明操作施工总结

（1）气压水罐（图 8–39）的制造单位应持有压力容器制造许可证或注册书，并具备健全的质量管理体系和制度。

经验指导：消防气压给水设备上的安全阀、压力表、泄水管、水位指示器、压力控制仪表等的安装应符合产品使用说明书的要求。

图 8-38　气压罐的安装施工

设备的外购配套件须有产品合格证并经入场检验合格后方可使用。设备的气压水罐、水泵机组、电器元件等构成部件，应在检验合格后方可组装使用。在使用现场组装的设备，可在现场检验整机性能。

图 8-39　气压水罐

（2）设备的管路上应设置安全阀，其开启压力不大于最高工作压力的 1.1 倍。

（3）设备整体结构、水管路、气管路及电气线路的布置应合理，应留有安装维修空间便于操作。

六、管网安装安全文明操作

（一）管网安装安全文明操作要点

（1）管道穿过建筑物的变形缝时，应采取抗变形措施。穿过墙体或楼板时应加设套管，套管长度不得小于墙体厚度，穿过楼板的套管其顶部应高出装饰地面 20mm，穿过卫生间或厨房楼板的套管，其顶部应高出装饰地面 50mm，且套管底部应与楼板底面相平。套管与管道的间隙应采用不燃材料填塞密实。

（2）管道横向安装宜设 0.002 ~ 0.005 的坡度，且应坡向排水管；当局部区域难以利用排水管将水排净时，应采取相应的排水措施。当喷头数量小于或等于 5 只时，可在管道低凹处加设堵头；当喷头数量大于 5 只时，宜装设带阀门的排水管。

（3）配水干管、配水管应做红色或红色环圈标志。红色环圈标志，宽度不应小于 20mm，间隔不宜大于 4m，在一个独立的单元内环圈不宜少于 2 处。

（4）管网在安装中断时，应将管道的敞口封闭。

（二）管网安装安全文明操作施工总结

（1）管道的安装位置应符合设计要求。当设计无要求时，管道的中心线与梁、柱、楼板等的最小距离应符合表 8-6 的规定。

表 8-6　管道的中心线与梁、柱、楼板的最小距离　　单位：mm

公称直径	25	32	40	50	70	80	100	125	150	200
距离	40	40	50	60	70	80	100	125	150	200

（2）管道支架、吊架、防晃支架的安装应符合下列要求。

① 管道应固定牢固。管道支架或吊架之间的距离不应大于表 8-7 的规定。

表 8-7　管道支架或吊架之间的距离

公称直径 /mm	25	32	40	50	70	80	100	125	150	200	250	300
距离 /m	3.5	4.0	4.5	5.0	6.0	6.0	6.5	7.0	8.0	9.5	11.0	12.0

② 管道支架、吊架、防晃支架的型式、材质、加工尺寸及焊接质量等，应符合设计要求和国家现行有关标准的规定。

③ 管道支架、吊架的安装位置不应妨碍喷头的喷水效果；管道支架、吊架与喷头之间的距离不宜小于 300mm，与末端喷头之间的距离不宜大于 750mm。

④ 配水支管上每一直管段、相邻两喷头之间的管段设置的吊架均不宜少于 1 个，吊架的间距不宜大于 3.6m。

⑤ 当管道的公称直径等于或大于 50mm 时，每段配水干管或配水管设置防晃支架不应少于 1 个，且防晃支架的间距不宜大于 15m；当管道改变方向时，应增设防晃支架。

⑥ 竖直安装的配水干管除中间用管卡固定外，还应在其始端和终端设防晃支架或采用管卡固定，其安装位置距地面或楼面的距离宜在 1.5 ～ 1.8m 之间。

七、喷头安装安全文明操作

（一）喷头安装安全文明操作要点

（1）喷头支管安装如图 8-40 所示，相关要点如下。

① 喷头支管安装指安装喷头的末端一段支管，这段管不能与分支干管同时顺序完成。

② 喷头安装在吊顶上的要与吊顶装修同步进行。吊顶龙骨装完，根据吊顶材料厚度定出喷头的预留口标高，按吊顶装修图确定喷头的坐标，使支管预留口做到位置准确。非安装在吊顶上的喷头的支管应用吊线安装，下料必须准确，保证安装后喷头支立管垂直向上或向下，且喷头横竖成线。

③ 喷头管管径一律为 25mm，末端用 25mm × 15mm 的异径管箍连接喷头，管箍口应与吊顶装修层平齐，可采用拉网格线的方式下料、安装。支管末端的弯头处 100mm 以内应加卡件固定，防止喷头与吊顶接触不牢，上下错动。支管安装完毕，管箍口须用丝堵拧紧，封堵严密，准备系统试压。

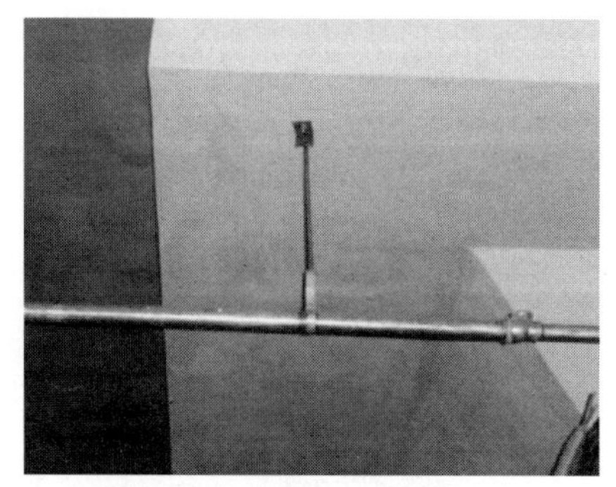
图 8-40　喷头支管安装

（2）喷头安装要点如下：

① 检查喷头（图 8-41）的规格、类型、动作温度是否符合设计要求，确保各甩口位置准确，甩口中心成排成线。

喷头的排布、保护面积、喷头间距及距墙、柱的距离应符合设计或规范要求。水幕喷头安装应注意朝向被保护对象，在同一配水支管上应安装相同口径的水幕喷头。

图 8-41　消防喷头

② 使用特制专用扳手（灯叉型）安装喷头，填料宜采用聚四氟乙烯带。喷头的两翼方向应成排统一安装，走廊单排的喷头两翼应横向安装。护口盘要贴紧吊顶，人员能触及的部位应安装喷头防护罩。安装过程中不得损坏和污染吊顶。

（3）喷洒管道支吊架安装应符合设计要求，无明确规定时应遵照以下原则安装。

① 支吊架的位置以不妨碍喷头喷洒效果为原则。一般吊架距喷头应大于 300mm，对圆钢吊架可小到 70mm，与末端喷头之间的距离不大于 750mm。

② 直管段，相邻两喷头之间的吊架不得少于 1 个，喷头之间距离小于 1.8m 时，可隔段设置吊架，但吊架的间距不大于 3.6m。

③ 为防止喷头喷水时管道产生大幅度晃动，干管、立管、支管末端均应加防晃固定支架。干管或分层干管可设在直管段中间，距主管及末端不宜超过 12m。管道改变方向时，应增设防晃支架。

④ 防晃固定支架应能承受管道、零件、阀门及管内水的总重量和 50% 水平方向推动力而不损坏或产生永久变形。立管要设两个方向的防晃固定支架。

（二）喷头安装安全文明操作施工总结

（1）喷淋头安装（图 8-42）时，不得对喷头进行拆装、改动，并严禁给喷头附加任何装饰性涂层。

安装在易受机械损伤处的喷头，应加设喷头防护罩；当喷头的公称直径小于10mm时，应在配水干管或配水管上安装过滤器。

图 8-42　喷淋头安装施工

（2）喷头安装时应使用专用扳手，严禁利用喷头的框架施拧；喷头的框架、溅水盘产生变形或释放元件损伤时，应采用规格、型号相同的喷头进行更换。

（3）喷头安装完毕后，应采取有效措施防止其磕碰损坏，或者接触明火等高温物体。

第四节　气体灭火系统安装安全文明操作

一、灭火剂储存装置安装安全文明操作

（一）灭火剂储存装置安装安全文明操作要点

（1）安装集流管前应检查内腔，确保清洁。

（2）集流管上的泄压装置的泄压方向不应朝向操作面。

（3）储存装置上压力计、液位计、称重显示装置的安装位置应便于人员观察和操作。

（4）储存容器的支、框架应固定牢靠，并应做防腐处理。

（5）储存容器宜涂红色油漆，正面应标明设计规定的灭火剂名称和储存容器的编号。

（二）灭火剂储存装置安装安全文明操作施工总结

（1）储存装置的安装位置应符合设计文件的要求。

（2）灭火剂储存装置安装后，泄压装置的泄压方向不应朝向操作面。低压二氧化碳灭火系统的安全阀应通过专用的泄压管接到室外。

二、选择阀及信号反馈装置安装安全文明操作

（一）选择阀及信号反馈装置安装安全文明操作要点

（1）选择阀（图 8-43）操作手柄应安装在操作面一侧，当安装高度超过 1.7m 时应采取便于操作的措施。

图 8-43　选择阀

（2）采用螺纹连接的选择阀，其与管网连接处宜采用活接。
（3）选择阀的流向指示箭头应指向介质流动方向。

（二）选择阀及信号反馈装置安装安全文明操作施工总结

选择阀及信号反馈装置安装施工质量验收的主要内容见表 8-8。

表 8-8　选择阀及信号反馈装置安装施工质量验收

名称	检查数量	检查方法
选择阀操作手柄应安装在操作面一侧，当安装高度超过 1.7m 时应采取便于操作的措施	全数检查	观察检查
采用螺纹连接的选择阀，其与管网连接处宜采用活接	全数检查	观察检查
选择阀的流向指示箭头应指向介质流动方向	全数检查	观察检查
选择阀上应设置标明防护区或保护对象名称或编号的永久性标志牌，并应便于观察	全数检查	观察检查
信号反馈装置的安装应符合设计要求	全数检查	观察检查

三、阀驱动装置安装安全文明操作

（一）阀驱动装置安装安全文明操作要点

（1）气动驱动装置的管道安装应符合下列要求。
① 管道布置应横平竖直。平行管道或交叉管道之间的间距应保持一致。
② 管道应采用支架固定。管道支架的间距不宜大于 0.6m。
③ 平行管道宜采用管夹固定。管夹的间距不宜大于 0.6m，转弯处应增设一个管夹。
（2）气动驱动装置的管道安装后应进行气压严密性试验。严密性试验应符合下列规定。
① 采取防止灭火剂和驱动气体误喷射的可靠措施。
② 加压介质采用氮气或空气，试验压力不低于驱动气体的贮存压力。
③ 压力升至试验压力后，关闭加压气源，5min 内被试管道的压力应无变化。

（二）阀驱动装置安装安全文明操作施工总结

（1）驱动气瓶的支、框架或箱体应固定牢靠，且应做防腐处理。
（2）驱动气瓶正面应标明驱动介质的名称和对应防护区名称的编号。

四、灭火剂输送管道安装安全文明操作

（一）灭火剂输送管道安装安全文明操作要点

（1）管道穿过墙壁、楼板处应安装套管（图 8-44）。套管公称直径比管道公称直径至少应大 2 级，穿墙套管长度应与墙厚相等，穿楼板套管长度应高出地板 50mm。

（2）在吊顶内、活动地板下等隐蔽场所内的管道，可涂红色油漆色环，色环宽度不应小于 50mm。每个防护区或保护对象的色环宽度应一致，间距应均匀。

经验指导：管道与套管间的空隙应采用防火封堵材料填塞密实。当管道穿越建筑物的变形缝时，应设置柔性管段。

图 8-44　套管安装施工

（二）灭火剂输送管道安装安全文明操作施工总结

（1）管道支、吊架的安装应符合下列规定。

① 管道末端应采用防晃支架固定，支架与末端喷嘴间的距离不应大于 500mm。

② 公称直径大于或等于 50mm 的主干管道，垂直方向和水平方向至少应各安装 1 个防晃支架（图 8-45），当穿过建筑物楼层时，每层应设 1 个防晃支架。当水平管道改变方向时，应增设防晃支架。

图 8-45　防晃支架

（2）灭火剂输送管道安装完毕后，应进行强度试验和气压严密性试验，并确保合格。

第五节　泡沫灭火系统安装安全文明操作

一、消防泵安装安全文明操作

（一）消防泵安装安全文明操作要点

（1）在地面上和原有的基础上放出新机组基础位置线，对需要增加基础部分的地面进行剔凿，挖掘基础。挖掘时要尽量保护好原有的钢筋，然后交给土建施工单位进行基础混凝土的浇筑。

（2）基础放线。按施工图纸依据轴线，用墨线在基础表面弹出泵安装中心线，依据基础上土建红三角标记用钢板尺确定安装标高。

（3）基础面处理。在基础放置垫铁处铲麻面，使二次灌浆时浇灌的混凝土与基础紧密结合。铲麻面的标准是100cm之内应有5 ~ 6个直径为10 ~ 20mm的小坑。基础面和地脚螺栓孔中的油污、碎石、泥土、积水等清除干净。

（4）泵运输就位。用道木或木方铺一条平坦通道至泵房室内，利用室内的天车将水泵吊到基础的部位，使地脚螺栓孔与地脚螺栓相对，然后平稳地落下。

（5）找正找平，具体操作如下。

① 摆正水泵，在泵的进水口中心和轴线中心分别用线坠吊垂线，使线锤尖和基础表面的中心线相交。

② 在每个地脚螺栓的两侧放置两组垫铁，泵长度方向两螺栓中间各放一组垫铁。使用3号平垫铁和斜垫铁。

③ 用钢板尺测量水泵轴中心线的高程，要求与设计要求相符，以保证水泵能在允许的吸水高度内工作。

④ 通过调整垫铁的厚度对泵进行找平，将水平仪放在泵轴上测其纵向水平，将水平仪放在泵出口法兰面上测其横向水平。

（6）二次灌浆。泵找正找平后，将每组垫铁相互用定位焊焊牢。灌浆处清洗洁净，并擦尽积水。用52.5号硅酸盐水泥与细碎石配制混凝土。灌浆时应捣实，并注意不使地脚螺栓倾斜和影响泵的精度。

待混凝土凝固后，其强度达到设计强度的75%以上时（常温下需7d时间），拧紧地脚螺栓。螺栓露出的螺母，其露出长度宜为8 ~ 10mm。对泵的位置和水平度进行复查。

（二）消防泵安装安全文明操作施工总结

（1）管道与泵连接，泵不得直接承受管道的重量。应在自然状态下进行接口，不许强迫进行。连接后应复查泵的找正精度。

（2）管道与泵连接后，不应在管道上进行焊接或气割，以防焊渣等进入泵内。

（3）不能在泵出口阀门全闭的情况下使泵运转超过3min，以免泵内水发热，且易损坏机件，易发生事故。

（4）泵停止试运转后，应关闭泵的出口阀门，待泵冷却后再依次关闭各附属系统阀门。

二、泡沫液储罐安装安全文明操作

（一）泡沫液储罐安装安全文明操作要点

（1）泡沫液压力储罐安装时，支架应与基础牢固固定，且不应拆卸和损坏配管、附件；储罐的安全阀出口不应朝向操作面。

（2）常压泡沫液储罐（图8-46）的现场制作、安装和防腐应符合下列规定。

① 现场制作的常压钢质泡沫液储罐，泡沫液管道出液口不应高于泡沫液储罐最低液面1m，泡沫液管道吸液口距泡沫液储罐底面不应小于0.15m，且宜做成喇叭口形。

经验指导：现场制作的常压钢质泡沫液储罐内、外表面应按设计要求防腐，并应在严密性试验合格后进行。

图 8-46　泡沫液储罐

② 现场制作的常压钢质泡沫液储罐应进行严密性试验，试验压力应为储罐装满水后的静压力，试验时间不应小于 30min，目测应无渗漏。

③ 常压泡沫液储罐的安装方式应符合设计要求，当设计无要求时，应根据其形状按立式或卧式安装在支架或支座上，支架应与基础固定，安装时不得损坏其储罐上的配管和附件。

④ 常压钢质泡沫液储罐罐体与支座接触部位的防腐，应符合设计要求，当设计无规定时，应按加强防腐层的做法施工。

（二）泡沫液储罐安装安全文明操作施工总结

（1）设在泡沫泵站外的泡沫液压力储罐的安装应符合设计要求，并应根据环境条件采取防晒、防冻和防腐等措施。

（2）泡沫液储罐的安装位置和高度应符合设计要求。当设计无要求时，泡沫液储罐周围应留有满足检修需要的通道，其宽度不宜小于 0.7m，且操作面不宜小于 1.5m；当泡沫液储罐上的控制阀距地面高度大于 1.8m 时，应在操作面处设置操作平台或操作凳。

三、泡沫产生装置安装安全文明操作

（一）泡沫产生装置安装安全文明操作要点

1. 高倍数泡沫产生器的安装

高倍数泡沫产生器的安装应符合下列规定。

（1）高倍数泡沫产生器的安装应符合设计要求。

（2）距高倍数泡沫产生器的进气端小于或等于 0.3m 处不应有遮挡物。

（3）在高倍数泡沫产生器的发泡网前小于或等于 1.0m 处，不应有影响泡沫喷放的障碍物。

（4）高倍数泡沫产生器应整体安装，不得拆卸，并应牢固固定。

2. 泡沫喷头的安装

泡沫喷头的安装应符合下列规定。

（1）泡沫喷头的规格、型号应符合设计要求，并应在系统试压、冲洗合格后安装。

（2）泡沫喷头的安装应牢固、规整，安装时不得拆卸或损坏其喷头上的附件。

（3）顶部安装的泡沫喷头应安装在被保护物的上部，其坐标的允许偏差：室外安装为 15mm，室内安装为 10mm；标高的允许偏差：室外安装为 ±15mm，室内安装为 ±10mm。

（4）侧向安装的泡沫喷头应安装在被保护物的侧面并应对准被保护物体，其距离允许偏差为20mm。

（5）地下安装的泡沫喷头应安装在被保护物的下方，并应在地面以下；在未喷射泡沫时，其顶部应低于地面 10 ~ 15mm。

3. 固定式泡沫炮的安装

固定式泡沫炮的安装应符合下列规定。

（1）固定式泡沫炮的立管应垂直安装，炮口应朝向防护区，并不应有影响泡沫喷射的障碍物。

（2）安装在炮塔或支架上的泡沫炮应牢固固定。

（3）电动泡沫炮的控制设备、电源线、控制线的规格、型号及设置位置、敷设方式、接线等应符合设计要求。

（二）泡沫产生装置安装安全文明操作施工总结

（1）泡沫堰板的最低部位设置排水孔的数量和尺寸应符合设计要求，并应沿泡沫堰板周长均布，其间距偏差不宜大于 20mm。

（2）半液下泡沫喷射装置应整体安装在泡沫管道进入储罐处设置的钢质明杆闸阀与止回阀之间的水平管道上，并应采用扩张器（伸缩器）或金属软管与止回阀连接，安装时不应拆卸和损坏密封膜及其附件。

四、管道、阀门和泡沫消火栓安装安全文明操作

（一）管道、阀门和泡沫消火栓安装安全文明操作要点

1. 泡沫混合液管道的安装

泡沫混合液管道的安装应符合下列规定。

（1）当储罐上的泡沫混合液立管与防火堤内地上水平管道或埋地管道用金属软管连接时，不得损坏其编织网，并应在金属软管与地上水平管道的连接处设置管道支架或管墩。

（2）储罐上泡沫混合液立管下端设置的锈渣清扫口与储罐基础或地面的距离宜为 0.3 ~ 0.5m；锈渣清扫口可采用闸阀或盲板封堵；当采用闸阀时，应竖直安装。

（3）当外浮顶储罐的泡沫喷射口设置在浮顶上，且泡沫混合液管道采用的耐压软管从储罐内通过时，耐压软管安装后的运动轨迹不得与浮顶的支撑结构相碰，且与储罐底部伴热管的距离应大于 0.5m。

（4）外浮顶储罐梯子平台上设置的带闷盖的管牙接口，应靠近平台栏杆安装，并宜高出平台1.0m，其接口应朝向储罐；引至防火堤外设置的相应管牙接口，应面向道路或朝下。

（5）连接泡沫产生装置的泡沫混合液管道上设置的压力表接口宜靠近防火堤外侧，并应竖直安装。

（6）泡沫产生装置入口处的管道应用管卡固定在支架上，其出口管道在储罐上的开口位置和尺寸应符合设计及产品要求。

（7）泡沫混合液主管道上留出的流量监测仪器安装位置应符合设计要求。

（8）泡沫混合液管道上试验检测口的设置位置和数量应符合设计要求。

2. 液下喷射和半液下喷射泡沫管道的安装

液下喷射和半液下喷射泡沫管道的安装应符合下列规定。

（1）液下喷射泡沫管的长度和泡沫喷射口的安装高度，应符合设计要求。当液下喷射设有 1 个喷射口且设在储罐中心时，其泡沫喷射管应固定在支架上；当液下喷射和半液下喷射设有 2 个及以上喷射口，并沿罐周均匀设置时，其间距偏差不宜大于 100mm。

（2）固定式系统的泡沫管道，在防火堤外设置的高背压泡沫产生器快装接口应水平安装。

（3）液下喷射泡沫管道上的防油品渗漏设施宜安装在止回阀出口或泡沫喷射口处；半液下喷射泡沫管道上防油品渗漏的密封膜应安装在泡沫喷射装置的出口；安装应按设计要求进行，且不应损坏密封膜。

3. 泡沫液管道的安装

泡沫液管道的安装除应符合以上的规定外，其冲洗及放空管道的设置尚应符合设计要求，当设计无要求时，应设置在泡沫液管道的最低处。

4. 泡沫喷淋管道的安装

泡沫喷淋管道的安装除应符合以上的规定外，尚应符合下列规定。

（1）泡沫喷淋管道支、吊架与泡沫喷头之间的距离不应小于 0.3m，与末端泡沫喷头之间的距离不宜大于 0.5m。

（2）泡沫喷淋分支管上每一直管段、相邻两泡沫喷头之间的管段设置的支、吊架均不宜少于 1 个，且支、吊架的间距不宜大于 3.6m；当泡沫喷头的设置高度大于 10m 时，支、吊架的间距不宜大于 3.2m。

5. 阀门的安装

阀门的安装应符合下列规定。

（1）泡沫混合液管道采用的阀门应按相关标准进行安装，并应有明显的启闭标志。

（2）具有遥控、自动控制功能的阀门安装，应符合设计要求；当设置在有爆炸和火灾危险的环境时，应按相关标准安装。

（3）液下喷射和半液下喷射泡沫灭火系统泡沫管道进储罐处设置的钢质明杆闸阀和止回阀应水平安装，其止回阀上标注的方向应与泡沫的流动方向一致。

（4）高倍数泡沫产生器进口端泡沫混合液管道上设置的压力表、管道过滤器、控制阀宜安装在水平支管上。

（5）泡沫混合液管道上设置的自动排气阀应在系统试压、冲洗合格后立式安装。

（6）连接泡沫产生装置的泡沫混合液管道上控制阀的安装应符合下列规定。

① 控制阀应安装在防火堤外压力表接口的外侧，并应有明显的启闭标志。

② 环境温度为 0℃及以上的地区采用铸铁控制阀时，若管道设置在地上，铸铁控制阀应安装在立管上；若管道埋地或在沟内设置，铸铁控制阀应安装在阀门井内或地沟内，并应采取防冻措施。

（7）当储罐区固定式泡沫灭火系统同时又具备半固定系统功能时，应在防火堤外泡沫混合液管道上安装带控制阀和带闷盖的管牙接口，并应符合（6）的有关规定。

（8）泡沫混合液立管上设置的控制阀，其安装高度宜为 1.1 ~ 1.5m，并应有明显的启闭标志；当控制阀的安装高度大于 1.5m 时，应设置操作平台或操作凳。

（9）消防泵的出液管上设置的带控制阀的回流管，应符合设计要求，控制阀的安装高度距地面宜为 0.6 ~ 1.2m。

（10）管道上的放空阀应安装在最低处。

6. 泡沫消火栓的安装

泡沫消火栓的安装应符合下列规定。

（1）泡沫混合液管道上设置泡沫消火栓的规格、型号、数量、位置、安装方式、间距应符合设计要求。

（2）地上式泡沫消火栓应垂直安装，地下式泡沫消火栓应安装在消火栓井内泡沫混合液管道上。

（3）地上式泡沫消火栓的大口径出液口应朝向消防车道。

（4）地下式泡沫消火栓应有永久性明显标志，其顶部与井盖底面的距离不得大于 0.4m，且不小于井盖半径。

（5）室内泡沫消火栓的栓口方向宜向下或与设置泡沫消火栓的墙面成 90°，栓口离地面或操作基面的高度宜为 1.1m，允许偏差为 ±20mm，坐标的允许偏差为 20mm。

（二）管道、阀门和泡沫消火栓安装安全文明操作施工总结

（1）管道安装的允许偏差应符合表 8-9 的要求。

表 8-9　管道安装的允许偏差

项目			允许偏差 /mm
坐标	地上、架空及地沟	室外	25
		室内	15
	泡沫喷淋	室外	15
		室内	10
	埋地		60
标高	地上、架空及地沟	室外	±20
		室内	±15
	泡沫喷淋	室外	±15
		室内	±10
	埋地		±25
水平管道平直度		DN ≤ 100	2*L*‰，最大 50
		DN > 100	3*L*‰，最大 80
立管垂直度			5*L*‰，最大 30
与其他管道成排布置间距			15
与其他管道交叉时外壁或绝热层间距			20

注：*L* 为管段有效长度；DN 为管子公称直径。

（2）管道支、吊架安装应平整牢固，管墩的砌筑应规整，其间距应符合设计要求。

（3）当管道穿过防火堤、防火墙、楼板时，应安装套管。穿防火堤和防火墙套管的长度不应小于防火堤和防火墙的厚度，穿楼板套管长度应高出楼板50mm，底部应与楼板底面相平；管道与套管间的空隙应采用防火材料封堵，管道穿过建筑物的变形缝时，应采取保护措施。

（4）管道安装完毕后应进行水压试验，并应符合下列规定。

① 试验应采用清水进行，试验时，环境温度不应低于5℃；当环境温度低于5℃时，应采取防冻措施。

② 试验压力应为设计压力的1.5倍。

③ 试验前应将泡沫产生装置、泡沫比例混合器（装置）隔离。

（5）管道试压合格后，应用清水冲洗，冲洗合格后，不得再进行影响管内清洁的其他施工，并应进行记录。

（6）地上管道应在试压、冲洗合格后进行涂漆防腐。

第九章

高处作业安全文明施工

第一节　临边与洞口作业安全文明操作

一、临边作业安全文明操作

对于临边高处作业，应采取防护措施，即设置安全防护设施。临边作业安全防护设施主要有防护栏杆（图 9-1）、安全网和安全门。防护栏杆是应用最多的临边防护设施。

临边作业设置防护栏杆的具体范围：基坑周边、尚未安装栏杆或栏板的阳台、无女儿墙的屋面周边、框架工程楼层的周边、斜马道两侧边、料台与挑平台周边、雨篷与挑檐边等处，都必须设置防护栏杆，并且挂密目网进行封闭。

图 9-1　临边采用防护栏杆防护

（一）临边作业安全文明操作要点

1. 防护栏杆的种类及连接

防护栏杆的材质有钢管（扣件）、钢筋（镀锌钢丝）、圆木（圆钉、镀锌钢丝）、毛竹（镀锌钢丝）等。上述括号中是连接材料。

（1）钢管（图 9-2）。我国施工现场普遍使用直径为 48mm 的钢管，因此，钢管横杆及栏杆柱均采用 ϕ48mm×（2.75 ～ 3.5）mm 的管材，以扣件或电焊固定。

图 9-2　采用钢管栏杆进行临边防护

（2）毛竹。毛竹横杆小头有效直径不应小于 72mm，栏杆柱小头直径不应小于 80mm，并须用不小于 16 号的镀锌钢丝绑扎，不应少于 3 圈，并无滑落。

（3）圆木横杆上杆梢径不应小于 70mm，下杆梢径不应小于 60mm，栏杆柱梢径不应小于 75mm。并须用相应长度的圆钉钉紧，或用不小于 12 号的镀锌钢丝绑扎，要求表面平顺和稳固无动摇。

（4）钢筋横杆上杆直径不应小于 16mm，下杆直径不应小于 14mm，栏杆柱直径不应小于 18mm，采用电焊或镀锌钢丝绑扎固定。

2. 防护栏杆安全文明搭设

（1）防护栏杆应由上、下两道横杆及栏杆柱组成（图 9-3），上杆离地高度为 1.0 ～ 1.2m，下杆离地高度为 0.5 ～ 0.6m。坡度大于 1 ： 22 的屋面，防护栏杆应高 1.5m，并加挂安全立网。除经设计计算外，横杆长度大于 2m 时，必须加设栏杆柱。

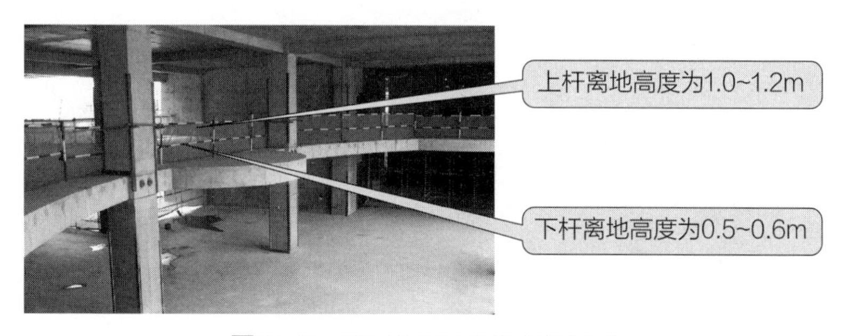

图 9-3　施工现场防护栏杆的组成

（2）栏杆柱的固定（图 9-4）及其与横杆的连接，其整体构造应使防护栏杆在上杆任意处都能经受任何方向的 1000N 外力。当栏杆所处位置有发生人群拥挤、车辆冲击或物件碰撞等可能时，应加大横杆截面或加密柱距。

（二）临边作业安全文明施工总结

（1）防护栏杆必须自上而下用安全立网封闭，或在栏杆下边设置严密固定的高度不低于 18cm

的挡脚板或 40cm 的挡脚笆。挡脚板与挡脚笆上如有孔眼，不应大于 25mm。板与笆下边距离底面的空隙不应大于 10mm。

（2）当临边的外侧面临街道时，除防护栏杆外，敞口立面必须采取满挂安全网或其他可靠措施做全封闭处理。

当在基坑四周固定时，可采用钢管并打入地面50~70cm深。钢管离边口的距离不应小于50cm。当基坑周边采用板桩时，钢管可打在板桩外侧。

图 9-4　防护栏杆柱的固定

二、洞口作业安全文明操作

洞口分为平行于地面的，如楼板、人孔、梯道、天窗、管道沟槽、管井等处的洞口，称为平面洞口；垂直于地面的，如墙壁和窗台墙等处的洞口，称为竖向洞口。

（一）洞口作业安全文明操作要点

1. 板与墙洞口安全防护设置

（1）板与墙的洞口，必须根据具体情况（较小的洞口可临时砌死）设置牢固的盖板、钢筋防护网、防护栏杆与安全平网或其他防坠落的防护设施。

（2）楼板面等处边长为 25 ~ 50cm 的洞口（图 9-5）、安装预制构件时的洞口以及缺件临时形成的洞口，可用竹、木等作盖板，盖住洞口。

盖板应能保持四周搁置均衡，并有固定其位置的措施。

图 9-5　楼板面的洞口

（3）洞口采用钢筋防护网防护如图 9-6 所示。边长为 50 ~ 150cm 的洞口，必须设置以扣件扣接钢管而成的网格，并在其上满铺竹笆或脚手板。

边长在150cm以上的洞口，四周设防护栏杆，洞口下张设安全平网
也可采用贯穿于混凝土板内的钢筋构成防护网，钢筋网格间距不得大于20cm。

图 9-6　洞口采用钢筋防护网防护

2. 电梯井口安全防护设置

电梯井各层门口必须设置防护栏杆或固定格栅门（图 9-7）；电梯井内应每隔两层，最多隔 10m，设一道安全平网（图 9-8），平网内无杂物，网与井壁间隙不大于 10cm。当防护高度超过一个标准层时，不可采用脚手板等硬质材料做水平防护。防护栏杆和固定格栅门应整齐，固定需牢固，应采用工具式、定型化防护设施（其装拆方便，便于周转和使用）。

图 9-7　门口采用固定格栅门防护

3. 通道口安全防护设置

结构施工自二层起，在建工程地面出入口处的通道口（包括物料提升机、施工用电梯的进出通道口）、施工现场在施工人员流动密集的通道上方，应搭设防护棚（图 9-9），防止因落物而产生的物体打击事故。出入口处的防护棚宽度应大于出入口，长度应根据建筑物的高度而设置，符合坠落半径的尺寸要求。

图 9-8　安全平网设置

（二）洞口作业安全文明操作施工总结

（1）暂不通行的楼梯口、通道口和暂不使用的电梯井口，均应临时进行封闭，封闭要牢固严密。

（2）楼梯口、通道口、电梯井口和坑、井处要有醒目的示警标志，夜间要设红灯来示警。

（3）洞口防护栏杆的杆件及其搭设与临边作业防护栏杆的搭设相同，具体搭设见临边作业防护栏杆的设置；防护栏杆的力学计算与临边防护栏杆的力学计算相同。

防护棚顶部材料可采用5cm厚木板或相当于厚木板强度的其他材料，材料强度需能承受10kPa的均布静荷载；防护棚上部严禁堆放材料，如果因场地狭小，防护棚兼作物料堆放架时，则应经计算确定，按设计图样来进行验收。

图 9-9　通道口防护棚搭设

第二节　攀登与悬空作业安全文明操作

一、攀登作业安全文明操作

攀登作业是指借助登高用具或登高设施，在攀登条件下进行高处作业。

施工现场登高可借助建筑结构或脚手架上的登高设施，也可采用载人垂直运输设备、梯子、钢柱、钢梁、钢屋架或者其他攀登设施。攀登作业使用的用具，结构构造上必须牢固可靠。

（一）攀登作业安全文明操作要点

（1）柱、梁和行车梁等构件吊装所需的直爬梯及其他登高用拉攀件，应在构件施工图或说明内作出规定。

（2）攀登的用具，结构构造上必须牢固可靠。供人上下的踏板其使用荷载不应大于 1100N。当梯面上有特殊作业，重量超过上述荷载时，应按实际情况加以验算。

（3）梯脚底部应坚实，不得垫高使用。梯子的上端应有固定措施。立梯工作角度以 75° ± 5° 为宜，踏板上下间距以 30cm 为宜，不得有缺档。

（4）梯子如需接长使用，必须有可靠的连接措施，且接头不得超过 1 处。连接后梯梁的强度不应低于单梯梯梁的强度。

（5）折梯使用时上部夹角以 35° ～ 45° 为宜，铰链必须牢固，并应有可靠的拉撑措施。

（6）固定式直爬梯（图 9-10）应采用金属材料制成。

（7）使用直爬梯进行攀登作业时，攀登高度以 5m 为宜。超过 2m 时，宜加设护笼；超过 8m 时，必须设置梯间平台。

（8）作业人员应从规定的通道上下，不得在阳台之间等非规定通道进行攀登，也不得任意利用吊车臂架等施工设备进行攀登。

梯宽不应大于50cm，支撑应采用不小于L70mm×6mm的角钢，埋设与焊接均必须牢固。梯子顶端的踏棍应与攀登的顶面齐平，并加设1~1.5m高的扶手。

图 9-10　固定式直爬梯

（二）攀登作业安全文明操作施工总结

（1）登高安装钢柱时，应使用钢挂梯或设置在钢柱上的爬梯。钢柱的接柱应使用梯子或操作台。操作台横杆高度，当无电焊防风要求时，其高度不宜小于 1m；有电焊防风要求时，其高度不宜小于 1.8m。

（2）登高安装钢梁时，应视钢梁高度，在两端设置挂梯或搭设钢管脚手架。梁面上需行走时，其一侧的临时护栏横杆可采用钢索，当改用扶手绳时，绳的自然下垂度不应大于绳长的 1/20，并应控制在 10cm 以内。

二、悬空作业安全文明操作

在无立足点或无牢靠立足点的条件下进行的高处作业统称为悬空作业。

在悬空作业无立足点时，应适当地建立牢靠的立足点，如搭设操作平台、脚手架或吊篮等，方可进行施工。

（一）悬空作业安全文明操作要点

（1）构件吊装和管道安装时的悬空作业必须遵守的规定如下。

① 吊装钢结构时，构件应尽可能在地面组装，并应搭设进行临时固定、电焊、高强螺栓连接等工序的高空安全设施，随构件同时上吊就位。拆卸时的安全措施亦应一并考虑和落实。高空吊装预应力钢筋混凝土屋架、桁架等大型构件前，也应搭设悬空作业中所需的安全设施。

② 悬空安装大模板（图 9-11）、吊装第一块预制构件、吊装单独的大中型预制构件时，必须站在操作平台上操作。吊装中的大模板和预制构件以及石棉水泥板等屋面板上，严禁站人和行走。

图 9-11　悬空安装大模板

③ 安装管道时必须有已完结构或操作平台为立足点，严禁在安装中的管道上站立和行走。

（2）模板支撑和拆卸时的悬空作业必须遵守的规定如下：

① 支模应按规定的作业程序进行，模板未固定前不得进行下一道工序。严禁在连接件和支撑件上攀登上下，并严禁在上下同一垂直面上装、拆模板。结构复杂的模板，装、拆应严格按照施工组织设计的措施进行。

② 支设高度在 3m 以上的柱模板，四周应设斜撑，并应设立操作平台。低于 3m 的可使用马凳

操作。

③ 支设悬挑形式的模板时，应有稳固的立足点。支设临空构筑物模板时，应搭设支架或脚手架。模板上有预留洞时，应在安装后将洞盖没。混凝土板上拆模后形成的临边或洞口，应按本书有关章节进行防护。

图 9-12　悬空绑扎立柱钢筋

（3）钢筋绑扎时的悬空作业必须遵守的规定如下。

① 绑扎钢筋和安装钢筋骨架时，必须搭设脚手架和马道。

② 绑扎圈梁、挑梁、挑檐、外墙和边柱等处钢筋时，应搭设操作台架和张挂安全网。悬空大梁钢筋的绑扎，必须在满铺脚手板的支架或操作平台上操作。

③ 绑扎立柱和墙体钢筋（图 9-12）时，不得站在钢筋骨架上或攀登骨架上下。

（二）悬空作业安全文明操作施工总结

（1）浇筑离地 2m 以上框架、过梁、雨篷和小平台时，应设操作平台，不得直接站在模板或支撑件上操作。

（2）浇筑拱形结构，应自两边拱脚对称地相向进行。浇筑储仓，下口应先行封闭，并搭设脚手架以防人员坠落。

（3）安装门窗（图 9-13）、油漆作业及安装玻璃时，严禁操作人员站在樘子、阳台栏板上操作。门、窗临时固定，封填材料未达到强度，以及电焊时，严禁手拉门、窗进行攀登。

在高处外墙安装门、窗，无外脚手时，应张挂安全网。无安全网时，操作人员应系好安全带，其保险钩应挂在操作人员上方的可靠物件上。

图 9-13　外窗安装

第三节　操作平台与交叉作业安全文明操作

一、操作平台安全文明操作

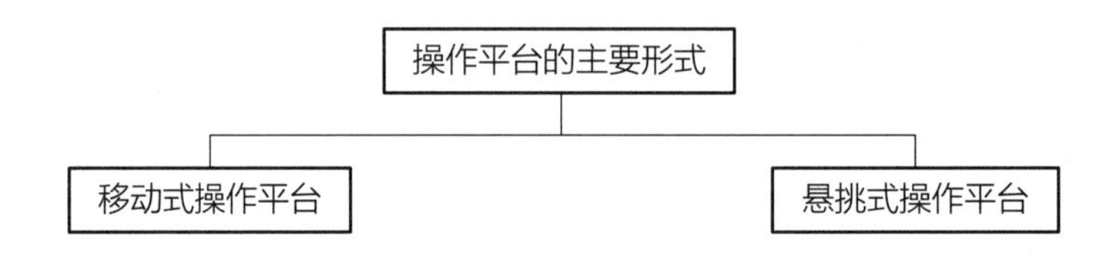

（一）操作平台安全文明操作要点

1. 移动式操作平台安全文明操作要点

（1）操作平台（图 9-14）应由专业技术人员按现行的相应规范进行设计，计算书及图纸应编入施工组织设计。

操作平台的面积不应超过10m^2，高度不应超过5m。还应进行稳定验算，并采取措施减小立柱的长细比。

装设轮子的移动式操作平台，轮子与平台的接合处应牢固可靠，立柱底端离地面不得超过80mm。

图 9-14　移动式操作平台

（2）操作平台可采用 ϕ（48 ~ 51）×3.5mm 钢管以扣件连接，亦可采用门架式或承插式钢管脚手架部件，按产品使用要求进行组装。平台的次梁，间距不应大于 40cm，台面应满铺 3cm 厚的木板或竹笆。

（3）操作平台四周必须按临边作业要求设置防护栏杆，并应布置登高扶梯。

2. 悬挑式钢平台安全文明操作要点

（1）悬挑式钢平台（图 9-15）应按现行的相应规范进行设计，其结构构造应能防止其左右晃动，计算书及图纸应编入施工组织设计。

悬挑式钢平台的搁支点与上部拉结点必须位于建筑物上，不得设置在脚手架等施工设备上。

应设置4个经过验算的吊环。吊运平台时应使用卡环，不得使吊钩直接钩挂吊环。吊环应用甲类3号沸腾钢制作。

图 9-15　悬挑式钢平台

（2）斜拉杆或钢丝绳，构造上宜两边各设前后两道，两道中的每一道均应做单道受力计算。

（3）钢平台安装时，钢丝绳应采用专用的挂钩挂牢，采取其他方式时卡头的卡子不得少于 3 个。建筑物锐角利口围系钢丝绳处应加衬软垫物，钢平台外口应略高于内口。

（4）钢平台左右两侧必须安装固定的防护栏杆。

（5）钢平台吊装（图 9-16）时，须待横梁支撑点电焊固定，接好钢丝绳，调整完毕，经过检查验收，方可松卸起重吊钩，上下操作。

图 9-16　悬挑式钢平台吊装

（二）操作平台安全文明操作施工总结

（1）钢平台使用时，应有专人进行检查，发现钢丝绳有锈蚀损坏应及时调换，焊缝脱焊应及时修复。

（2）操作平台上应显著地标明容许荷载值。操作平台上人员和物料的总重量严禁超过设计的容许荷载，且应配备专人加以监督。

（3）钢平台应制成定型化、工具化的结构，无论采用钢丝绳吊拉或型钢支撑，都应能简单合理地与建筑结构连接。悬挑式钢平台的安装与拆卸应简单、方便。

二、交叉作业安全文明操作

交叉作业安全文明操作的要点如下。

（1）支模、粉刷、砌墙等各工种进行上下立体交叉作业时（图 9-17），不得在同一垂直方向上操作。下层作业的位置，必须处于依上层高度确定的可能坠落范围半径之外。不符合以上条件时，应设置安全防护层。

图 9-17　交叉作业

（2）钢模板、脚手架等拆除时，下方不得有其他操作人员。

（3）钢模板部件拆除后，临时堆放处离楼层边缘不应小于 1m，堆放高度不得超过 1m。楼层边口、通道口、脚手架边缘等处，严禁堆放任何拆下的物件。

（4）结构施工自二层起，凡人员进出的通道口（包括井架、施工用电梯的进出通道口），均应搭设安全防护棚。高度超过 24m 的楼层上的交叉作业，应设双层防护。

（5）由于上方施工可能坠落物件或处于起重机把杆回转范围之内的通道，在其受影响的范围内，必须搭设顶部能防止穿透的双层防护廊（图 9-18）。

图 9-18　双层防护廊

第十章

安全文明施工管理

第一节　施工现场管理

一、现场调度

（一）现场施工调度的任务

现场施工调度任务的主要内容如下。

（1）监督、检查计划和工程合同的执行情况，掌握和控制施工进度，及时进行人力、物力平衡，调配人力，督促物资、设备的供应，促进施工的正常进行。

（2）及时解决施工现场出现的矛盾，协调各单位及各部门之间的协作配合。

（3）监督工程质量和安全施工。

（4）检查后续工序的准备情况，布置工序之间的交接。

（5）定期组织施工现场调度会，落实调度会的决定。

（二）现场施工调度的要求

现场施工调度要求的主要内容如下。

（1）调度工作的依据要正确，这些依据有施工过程中检查和发现出来的问题，计划文件、设计文件、施工组织设计、有关技术组织措施、上级的指示文件等。

（2）调度工作要做到“三性”，即及时性（指反映情况及时、调度处理及时）、准确性（指依据准确、了解情况准确、分析问题原因准确、处理问题的措施准确）、预防性（即对工程中可能出现的问题，在调度上要提出防范措施和对策）。

（3）采用科学的调度方法，即逐步采用新的现代调度方法和手段，广泛应用电子计算机技术。

（4）为了加强施工的统一指挥，必须给调度部门和调度人员应有的权力。

（5）调度部门无权改变施工作业计划的内容，但在遇到特殊情况无法执行原计划时，可通过一定的批准手续，经技术部门同意，按下列原则进行调度。

① 一般工程服从于重点工程和竣工工程。

② 交用期限迟的工程，服从于交用期限早的工程。

③ 小型或结构简单的工程，服从于大型或结构复杂的工程。

二、现场平面管理

现场平面管理各方面的工作要点如下。

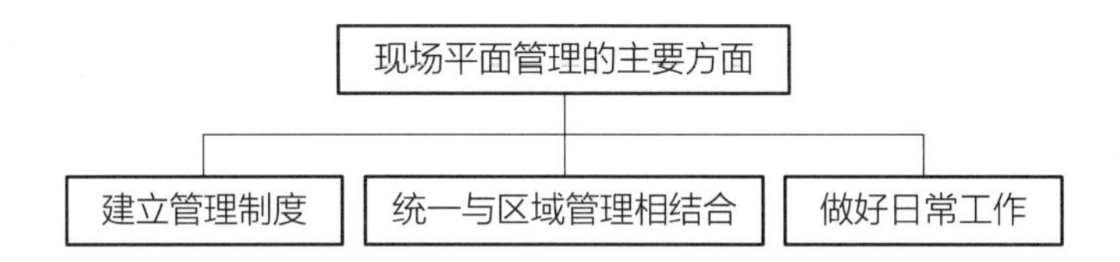

1. 建立管理制度

以施工总平面规划为依据，进行经常性的管理工作，若有总包，则应根据工程进度情况，由总包单位负责施工总平面图的调整、补充、修改工作，以满足各分包单位不同时间的需要。进入现场的各单位应尊重总包单位的意见，服从总包单位的指挥。

2. 统一与区域管理相结合

在施工现场施工总平面管理部门统一领导下，划分各专业施工单位或单位工程区域管理范围，确定各个区域内部有关道路、动力管线、排水沟渠及其他临时工程的维修养护责任。

3. 做好日常工作

做好现场平面管理的日常性工作，如：审批各单位需用场地的申请，根据不同时间和不同需要，结合实际情况，合理调整场地；做好土石方的平衡工作，规定各单位取弃土石方的地点、数量和运输路线；审批各单位在规定期限内，对清除障碍物、挖掘道路、断绝交通、断绝水电动力线路等的申请报告；对运输大批材料的车辆，做出妥善安排，避免拥挤堵塞交通；大型施工现场在施工管理部门内应设专职组负责平面管理工作，一般现场也应指派专人负责此项工作。

三、现场场容管理

施工现场场容管理的主要内容如下。

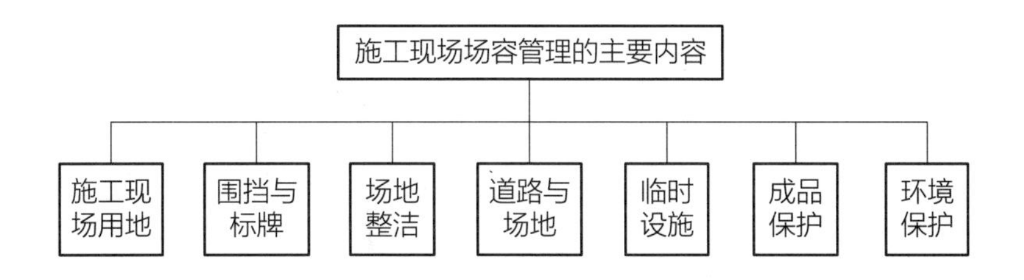

1. 施工现场用地

施工现场用地（图 10–1）应以城市规划管理部门批准的工程建设用地的范围为准，也就是通常所说的建筑红线以内。如果建筑红线以内场地过于狭小，无法满足施工需要，需在批准的范围以外临时占地时，应会同建设单位按规定分别向规划、公安交通管理部门另行报批。一旦经批准后，应在批准的时间期限和占地范围内使用，不得超时间、超面积占用。

图 10–1　施工现场用地

如果临时占地范围内有绿地、树木，应采取妥善措施加以保护，必要时应与园林绿化部门取得联系；如果临时占地范围内有铺装步道或其他正式路面的，应与当地市政管理部门联系；因施工需要临时停水、停电和断路，必须申报主管部门批准；因停水、停电、断路，影响附近单位、居民正常工作、生活的，要事先通告受影响单位和所在地居民委员会，在断路的周围要设置明显的标志；因施工或断路影响垃圾、粪便清运的，要事先报告当地市容环境卫生管理部门，并采取妥善措施后再行施工。

2. 围挡与标牌

原则上所有施工现场均应设围挡，禁止行人穿行及无关人员进入。根据工程性质和所在地区的不同情况，可采用不同标准的围挡措施，但均应封闭严密、完整、牢固、美观，上口要平，外立面要直，高度不得低于 1.8m。

施工现场必须设置明显的标牌（图 10–2），标明工程项目名称、建设单位、设计单位、施工单位、项目经理和施工现场总代表人的姓名、开工和竣工日期、施工许可证批准文号等。

标牌字体应书写正确规范、工整美观，并经常保持整洁完好。标牌尺寸不得小于 0.7m × 0.5m。

图 10–2　施工现场标牌

施工现场大门内还应有施工总平面布置图、消防平面布置图，以及安全生产管理制度板、消防保卫管理制度板、场容卫生环保制度板。平面图要布置合理并与现场实际相符；制度板要求内容详细，字迹工整、规范、清晰。

3. 场地整洁

施工现场要加强管理、文明施工。整个施工现场和门前及围墙附近应保持整洁，不得有垃圾、废弃物及痰迹。工人操作工作面上要做到活完、料净、脚下清。

施工中产生的垃圾废料要及时清除。砂浆、混凝土在搅拌、运输、使用过程中要做到不撒、不漏、不剩、不倒。撒漏的要及时清理，避免剔凿。砂浆、混凝土倒运时，应用容器或铺垫板。浇筑混凝土时，应采取防撒落措施。对已产生的施工垃圾要及时清理集中，及时运出。

对施工垃圾应进行分拣，回收可利用的材料及废旧金属等。经过分拣以后不能利用的垃圾要及时运走，卸到指定地点，其中单块的长、宽、高均不得超过 30cm。超标的大块要先行破碎才准卸倒。

4. 道路与场地

施工现场的道路与场地是施工生产的基本条件之一。一般基础及地下室的工程完成后，应进行二次场地平整，包括沟槽回填、余土清运、场地和道路的修整，经检查验收合格后，方准进入结构施工。位于主要街道两侧现场的主要出入口应设专人指挥车辆，防止发生交通事故。

对道路（图 10–3）的基本要求是现场应有循环道路，并做到平整、坚实、畅通，为了保证任何时候都能通过消防车辆，道路上不准堆放物料，宽度不得小于 3.5m。现场道路可用焦渣、砂石作路面。道路应起拱，有排水措施。

图 10–3　施工现场标准道路

5. 临时设施

现场的临时设施应根据施工组织设计进行搭设。各种临时设施均应做到安全、实用、整齐。不得采用荆笆、苇席作外墙。现场临时设施尽量采用非易燃材料支搭。由于条件限制需在现场搭建易燃设施时，应符合消防部门的有关规定。卷扬机棚应保证视线良好；搅拌机棚前后台应整洁，前台有排水措施，在冬季施工期间应封闭严密；各种库房应防雨、防潮，门窗加锁；办公室、更衣室应门窗整齐，不得墙皮脱离，破烂不齐。

施工现场的临设工程是直接为工程施工服务的设施，不得改变用途，移作他用（如家属住宿，开办商业、服务业网点或转租转售给其他单位和个人）。施工现场的各种临设工程应根据工程进展逐步拆除；遇有市政工程或其他正式工程施工时，必须及时拆除；全部工程竣工交付使用后，即将其拆除干净，最迟不得超过一个半月。

6. 成品保护

施工现场应有严格的成品保护措施和制度。凡成型后不再抹灰的预制楼梯板（图 10–4）在安装以后即应采取护角措施。建筑物内使用手推车运输材料的，木门口应进行保护。各种大理石、水磨石及木质台板、踏步等在安装后要进行保护，避免磕碰。不准在各种成品地面上抹灰。铝合金门窗要及时粘贴保护膜，避免砂浆污染，并严防受到外力而变形。要教育全体施工人员爱护成品和半成品，禁止在建筑物上涂抹。每一道工序都要为下一道工序以至最终产品创造质量优良的条件。

7. 环境保护

施工中要注意环境保护，避免污染。注意控制和减少噪声扰民。多层高层建筑的垃圾、渣土应尽量使用临时垃圾桶装运，或用灰斗、小车吊下，严禁自楼上向下抛洒，以免尘土飞扬。熬制沥青应采用无烟沥青锅，各种锅炉应有消烟除尘设备。含有水泥等污物的废水不得直接排出场外或直接排入市政污水管道，应在现场内设沉淀池（图 10–5），经沉淀后的废水方准排出。

图 10-4　预制楼梯成品保护

运输水泥、白灰等散体材料以及清运渣土、垃圾时，必须采取严密遮盖、围护措施，不得到处遗撒、飞扬。进行土方机械作业的现场应注意装车不可过满，必要时应派专人将车上表面的浮土拍实。车辆出门前的道路应设置一段焦渣路面或铺上草袋，有条件的要用水冲刷车轮（图 10-6），防止车轮将泥砂带出场外。施工现场生活区要保持环境卫生，不乱扔乱倒废弃物，不随地吐痰，不随地大小便，不乱泼、乱倒脏水。

图 10-5　施工现场内沉淀池

图 10-6　运输车辆车轮冲刷

第二节　施工现场安全文明施工管理

一、施工现场安全文明施工管理要点

（一）现场文明施工的基本要点

1. 现场场容管理要点

（1）工地主要入口要设置简朴规整的大门，门旁必须设立明显的标牌，标明工程名称、施工单位和工程负责人姓名等内容。

（2）建立文明施工责任制，划分区域，明确管理负责人，实行挂牌制，做到现场清洁整齐。

（3）施工现场场地平整，道路坚实畅通，有排水措施，基础、地下管道施工完后要及时回填平整，清除积土。

（4）施工现场的临时设施，包括生产、办公、生活用房、仓库、料场、临时上下水管道以及照明、动力线路，要严格按施工组织设计确定的施工平面图布置、搭设或埋设整齐。

（5）工人操作地点和周围必须清洁、整齐，做到活完脚下清、工完场地清，丢撒在楼梯、楼板上的砂浆、混凝土要及时清除，落地灰要回收过筛后使用。

（6）砂浆、混凝土在搅拌、运输、使用过程中，要做到不撒、不漏、不剩，使用地点盛放砂浆、混凝土必须有容器或垫板，如有撒、漏要及时清理。

（7）施工现场不准乱堆垃圾及余物。应在适当地点设置临时堆放点，并定期外运。清运渣土垃圾及流体物品，要采取遮盖防漏措施，运送途中不得遗撒。

2. 现场机械管理要点

（1）现场使用的机械设备，要按平面布置规划固定点存放，遵守机械安全规程，经常保持机身及周围环境的清洁，机械的标记、编号明显，安全装置可靠。

（2）在用的搅拌机、砂浆机旁必须设有沉淀池，不得将浆水直接排放至下水道及河流等处。

总之，要从安全防护、机械安全、用电安全、保卫消防、现场管理、料具管理、环境保护、环境卫生等八个方面进行定期检查。每个方面的检查都有现场状况、管理资料和职工应知三个方面的内容。

3. 现场安全色标管理要点

（1）安全色。安全色是表达信息含义的颜色，用来表示禁止、警告、指令、指示等，其作用在于使人们能迅速发现或分辨安全标志，提醒人们注意，预防事故发生。

（2）安全标志。安全标志是指在操作人员容易产生错误，有造成事故危险的场所，为了确保安全所采取的一种标示。此标示由安全色、几何图形和符号构成，是用以表达特定安全信息的特殊标志，设置安全标志的目的是引起人们对不安全因素的注意，预防事故的发生。

（二）文明施工的组织与管理要点

1. 组织和制度管理

（1）施工现场应成立以项目经理为第一责任人的文明施工管理组织。分包单位应服从总包单位的文明施工管理组织的统一管理，并接受监督检查。

（2）各项施工现场管理制度应有文明施工的规定，包括个人岗位责任制、经济责任制、安全检查制度、持证上岗制度、奖惩制度、竞赛制度和各项专业管理制度等。

（3）加强和落实现场文明检查、考核及奖惩管理，以促进施工文明管理工作质量的提高。检查范围和内容应全面周到，包括生产区、生活区、场容场貌、环境文明及制度落实等内容。检查发现的问题应采取整改措施。

2. 建立收集文明施工资料及其保存的措施

相关措施依据如下：

（1）上级关于文明施工的标准、规定、法律法规等资料。

（2）施工组织设计（方案）中对文明施工的管理规定，各阶段施工现场文明施工的措施。

（3）文明施工教育、培训、考核计划的资料和文明施工活动各项记录资料。

3. 加强文明施工的宣传和教育

在坚持岗位练兵基础上，要采取派出去、请进来、短期培训、上技术课、登黑板报、广播、看录像、看电视等方法重点抓教育工作，专业管理人员应熟悉掌握文明施工的规定。

二、安全事故的处理与调查

（一）常见伤亡事故的类型与处理

1. 常见伤亡事故的类型

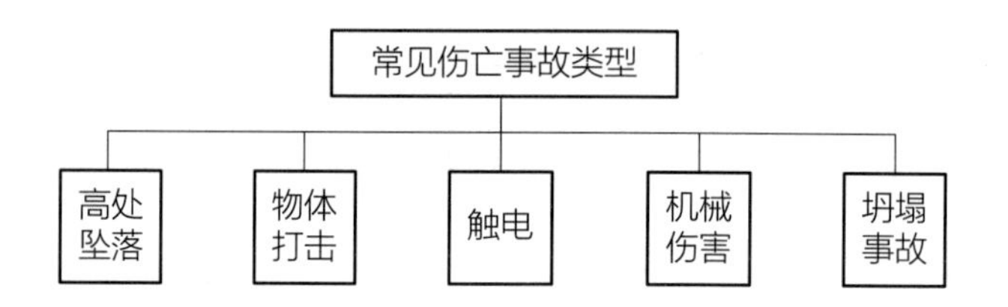

2. 常见伤亡事故的处理

（1）伤亡事故处理的程序如下。

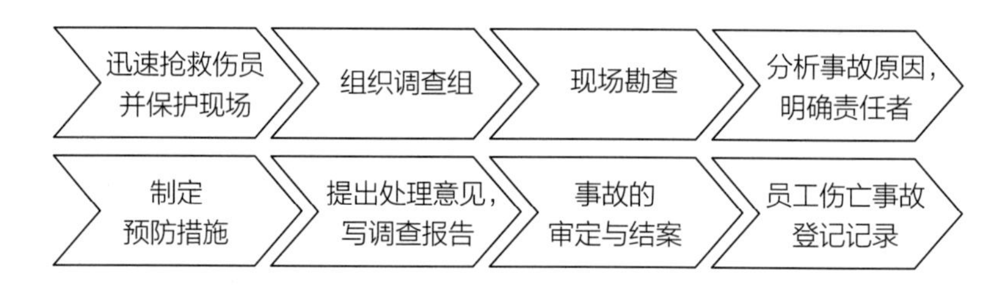

（2）事故处理后需保存的资料如下。

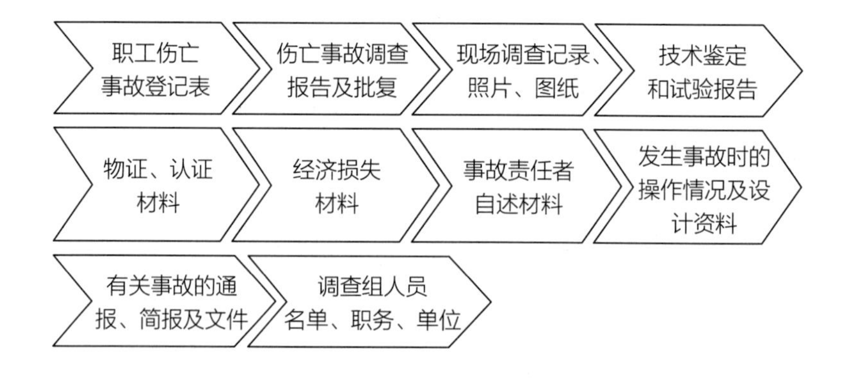

（二）重大事故的分级和报告程序

1. 重大事故分级

重大事故的分级如表 10-1 所示。

表 10-1　重大事故的分级

级别	具备条件
一级	具备下列条件之一者为一级重大事故： ①死亡 30 人以上； ②直接经济损失 300 万元以上
二级	具备下列条件之一者为二级重大事故： ①死亡 10 人以上，29 人以下； ②直接经济损失 100 万元以上，不满 300 万元
三级	具备下列条件之一者为三级重大事故： ①死亡 3 人以上，9 人以下； ②重伤 20 人以上； ③直接经济损失 30 万元以上，不满 100 万元
四级	具备下列条件之一者为四级重大事故： ①死亡 2 人以下； ②重伤 3 人以上，19 人以下； ③直接经济损失 10 万元以上，不满 30 万元

2. 重大事故的报告程序

重大事故的报告程序如下。

（1）重大事故发生后，事故发生单位必须以最快方式，将事故的简要情况向上级主管部门和事故发生地的市、县级建设行政主管部门及检察、劳动（如有人身伤亡）部门报告；事故发生单位属于国务院部委的，应同时向国务院有关主管部门报告。

（2）事故发生地的市、县级建设行政主管部门接到报告后，应当立即向人民政府和省、自治区、直辖市建设行政主管部门报告；省、自治区、直辖市建设行政主管部门接到报告后，应当立即向人民政府和住房和城乡建设部门报告。

（三）重大事故的调查

1. 事故调查的基本要求

（1）重大事故的调查由事故发生地的市、县级以上建设行政主管部门或国务院有关主管部门组织成立调查组负责进行。

（2）一、二级重大事故由省、自治区、直辖市建设行政主管部门提出调查组组成意见，报请人民政府批准；三、四级重大事故由事故发生地的市、县级建设行政主管部门提出调查组组成意见，报请人民政府批准。

2. 调查组人员的组成与工作要求

（1）调查组由建设行政主管部门、事故发生单位的主管部门和劳动等有关部门的人员组成，并应邀请人民检察机关和工会派员参加。必要时，调查组可以聘请有关方面的专家协助进行技术鉴定、事故分析和财产损失的评估工作。

（2）调查组有权向事故发生单位、各有关单位和个人了解事故的有关情况，索取有关资料，任何单位和个人不得拒绝和隐瞒。

（3）事故处理完毕后，事故发生单位应当尽快写出详细的事故处理报告，按程序逐级上报。

第三节　施工现场安全教育管理

一、安全教育的内容

为贯彻安全生产的方针，加强建筑业企业职工安全培训教育工作，增强职工的安全意识和安全防护能力，减少伤亡事故的发生，施工现场安全教育应该贯穿于整个建筑施工生产经营全过程，体现全面、全员、全过程的原则。施工现场所有人员均应接受安全培训和教育，确保他们先接受安全教育并懂得相应的安全知识后才能上岗。

施工现场安全教育培训的类型应包括岗前教育、日常教育、年度继续教育，以及各类证书的初审、复审培训。

在建筑施工现场，对全体员工的安全教育通常包括以下内容。

（一）安全生产法规教育

通过对建筑企业员工进行安全生产、劳动保护等方面的法律、法规的宣传教育，使每个人都能够依据法规的要求做好安全生产管理。因为安全生产管理的前提条件就是依法管理，所以安全教育的首要内容就是法规的教育。

（二）安全生产思想教育

通过对员工进行深入细致的思想工作，提高他们对安全生产重要性的认识。各级管理人员，特别是企业管理人员要加强对员工安全思想的教育，要从关心人、爱护人、保护人的生命与健康出发，重视安全生产，做到不违章指挥；操作工人也要增强安全生产意识，从思想上深刻认识安全生产不仅仅涉及自身生命与安全，同时也和企业的利益和形象，甚至国家的利益紧紧联系在一起。

（三）安全生产知识教育

安全生产知识教育是让企业员工掌握施工安全中的安全基础知识、安全常识和劳动保护要求，这是经常性、最基本和最普通的安全教育。

安全生产知识教育的主要内容有：本企业生产经营的基本情况；施工操作工艺；施工中的主要危险源的识别及其安全防护的基本知识；施工设施、设备、机械的有关安全操作要求；电气设备安全使用常识；车辆运输的安全常识；高处作业的安全要求；防火安全的一般要求及常用消防器材的正确使用方法；特殊类专业（如桥梁、隧道、深基础、异形建筑等）施工的安全防护基本知识；工伤事故的简易施救方法和事故报告程序及保护事故现场等规定；个人劳动防护用品的正确使用和佩戴常识等。

（四）安全生产技能教育

安全生产技能教育是在安全生产知识教育基础上，进一步开展的专项安全教育，其侧重点是在安全操作技术方面，是通过结合本工种特点、要求，以培养安全操作能力而进行的一种专业性的安全技术教育，主要内容包括安全技术要求、安全操作规程和职业健康等。

根据安全生产技能教育的对象不同，分为一般工种和特殊工种的安全生产技能教育。

（五）安全事故案例教育

安全事故案例教育是指通过一些典型的安全事故实例的介绍进行事故的分析和研究，从中找出引起事故的原因以及正确的预防措施。用事实来教育职工引以为戒，提高广大员工的安全意识。这是一种借用反面教材但行之有效的教育形式。但需要注意的是在选择案例时一定要具有典型性和教育性，使员工明确安全事故的偶然性与必然性的关系，切勿过分渲染事故的血腥和恐怖。

以上安全教育的内容可以根据施工现场的具体情况单项进行，也可几项同时进行。

由此可见，安全教育是安全管理工作的重要环节。安全教育的目的是提高全员的安全意识、安全管理水平和防止事故发生，实现安全生产。安全教育是提高全员安全素质，实现安全生产的基础。通过安全教育，提高企业各级管理人员和广大职工搞好安全工作的责任感和自觉性，增强安全意识，掌握安全生产的科学知识，不断提高安全管理水平和安全操作水平，增强自我保护能力。

二、安全教育管理的要求

（一）安全教育的对象与要求

1. 三类人员

依据住房和城乡建设部《建筑施工企业主要负责人、项目负责人和专职安全生产管理人员安全生产考核管理暂行规定》的要求，为贯彻落实《中华人民共和国安全生产法》《建筑工程安全生产管理条例》和《安全生产许可证条例》，提高建筑施工企业主要负责人、项目负责人、专职安全生产管理人员安全生产知识水平和管理能力，保证建筑施工安全生产，对建筑施工企业三类人员进行考核认定。三类人员应当经建设行政主管部门或者其他有关部门考核合格后方可任职，考核内容主要是安全生产知识和安全管理能力。

（1）建筑施工企业主要负责人。建筑施工企业主要负责人指对本企业日常生产和对安全生产全面负责、有生产经营决策权的人员，包括企业法定代表人、经理、企业分管安全生产工作的副经理等。其安全教育的重点如下：

① 国家有关安全生产的方针政策、法律法规、部门规章、标准及有关规范性文件，本地区有关安全生产的法规、规章、标准及规范性文件；

② 建筑施工企业安全生产管理的基本知识和相关专业知识；

③ 重特大事故防范、应急救援措施，报告制度及调查处理方法；

④ 企业安全生产责任制和安全生产规章制度的内容、制定方法；

⑤ 国内外安全生产管理经验；

⑥ 典型事故案例分析。

（2）建筑施工企业项目负责人。建筑施工企业项目负责人指由企业法定代表人授权，负责建设工程项目管理的项目经理或负责人等。其安全教育的重点如下：

① 工程项目安全生产管理的基本知识和相关专业知识；

② 重大事故防范、应急救援措施，报告制度及调查处理方法；

③ 企业和项目安全生产责任制和安全生产规章制度内容、制定方法；

④ 施工现场安全生产监督检查的内容和方法。

（3）建筑施工企业专职安全生产管理人员。建筑施工企业专职安全生产管理人员指在企业专职从事安全生产管理工作的人员，包括企业安全生产管理机构的负责人及其工作人员和施工现场专职安全生产管理人员。其安全教育的重点如下：

① 重大事故防范、应急救援措施，报告制度，调查处理方法以及防护、救护方法；

② 企业和项目安全生产责任制和安全生产规章制度；

③ 施工现场安全监督检查的内容和方法。

2. 特种作业人员

特种作业人员必须按照国家有关规定，经过专业的安全作业培训，并取得特种作业资格证书后，方可上岗作业。专业的安全作业培训，是指由有关主管部门组织的针对特种作业人员的培训，也就是特种作业人员在独立上岗作业前，必须进行与本工种相适应的、专业的安全技术理论学习和实际操作训练。经培训考核合格，取得特种作业操作合格证书后，才能上岗作业。特种作业人员还要接受每两年一次的再教育和审核，经再教育和审核合格后，方可继续从事特种作业。特种作业操作资格证书在全国范围内有效，离开特种作业岗位 6 个月及以上时间，应当按照规定重新进行实际操作考核，经确认合格后方可上岗作业，特种作业资格证的有效期为 6 年。依据《建设工程安全生产管理条例》第六十二条规定，作业人员或者特种作业人员，未经安全教育培训或者经考核不合格从事相关工作造成重大安全事故，构成犯罪的，对直接责任人员，依照刑法的有关规定追究刑事责任。

3. 入场新工人

入场新工人必须接受首次三级安全生产方面的基本教育。三级安全教育一般是由施工企业的安全、教育、劳动、技术等部门配合进行的。受教育者必须经过考试，合格后才准予进入施工现场作业；考试不合格者不得上岗工作，必须重新补课，并进行补考，合格后方可工作。

三级安全培训教育的内容包括以下几方面。

（1）公司安全培训教育，主要内容如下：

① 国家和地方有关安全生产、劳动保护的方针、政策、法律、法规、规范、标准及规章；

② 企业及其上级部门（主管局、集团、总公司、办事处等）印发的安全管理规章制度；

③ 安全生产与劳动保护工作的目的和意义等。

（2）项目部安全培训教育，主要内容如下：

① 建设工程施工生产的特点，施工现场的一般安全管理规定、制度和要求；

② 施工现场主要安全事故的类别，常见多发性事故的特点、规律及预防措施，事故的教训；

③ 本工程项目施工的基本情况（工程类型、施工阶段、作业特点等），施工中应当注意的安全事项。

（3）作业班组安全培训教育，主要内容如下：

① 本工种的安全操作技术要求；

② 本班组施工生产概况，包括工作性质、职责和范围等；

③ 本人及本班组在施工过程中，所使用和遇到的各种生产设备、设施、机械、工具的性能、作用、操作和安全防护要求等；

④ 个人使用和保管的各类劳动防护用品的正确穿戴、使用方法及劳动防护用品的基本原理与主要功能；

⑤ 发生伤亡事故或其他事故，如火灾、爆炸、机械伤害及管理事故等，应采取的措施（救助抢险、保护现场、事故报告等）要求。

为加深新工人对三级安全教育的感性认识和理性认识，一般规定，在新工人上岗工作 6 个月后，还要进行安全知识再教育。再教育的内容可以从入岗前三级安全教育的内容中有针对性地选择，再教育后要进行考核，合格后方可继续上岗。考核成绩要登记到本人劳动保护教育卡上。

4. 变换工种的工人

建筑施工现场由于其产品、工序、材料及自然因素等特点的影响，作业工人经常会发生岗位的变更，这也是施工现场一种普遍的现象。此时，如果教育不到位，安全管理跟不上，就可能给转岗工人带来伤害。因此，按照有关规定，企业待岗、转岗、换岗的职工，在从事新工作前，必须接受一次安全培训和教育，时间不得少于 20 学时，其安全培训教育的内容如下：

（1）本工种作业的安全技术操作规程；

（2）本班组施工生产的概况介绍；

（3）施工区域内各种生产设施、设备、机具的性能、作用、安全防护要求等。

施工企业必须给每一名职工建立职工劳动保护（安全）教育卡，教育卡应记录包括三级安全教育、变换工种安全教育等的教育及考核情况，并由教育者与受教育者双方签字后入册，作为企业及施工现场安全管理资料备查。

（二）安全教育的类型与方式

具备安全教育培训条件的建筑施工企业，应当以自主培训为主；也可以委托具备安全培训条件的机构对从业人员进行安全培训。不具备安全培训条件的建筑施工企业，应当委托具备安全培训条件的机构对从业人员进行安全培训。

安全教育培训的方法多种多样，各有特点，在实际应用中，要根据建筑施工企业的特点、培训内容和培训对象灵活选择。

1. 安全教育的类型

安全教育的类型较多，一般有经常性教育、季节性教育和节假日加班教育等几种。

（1）经常性教育。经常性的安全教育是施工现场进行安全教育的主要形式，目的是时刻提醒和告诫职工遵规守章，加强安全意识，杜绝麻痹思想。经常性安全教育可以采用多种形式，比如每日班前会、安全技术交底、安全活动日、安全生产会议、各类安全生产业务培训班，张贴安全生产招贴画、宣传标语和标志以及举办安全文化知识竞赛等。具体采用哪一种，要因地制宜，视具体情况而定，但不要摆花架子、搞形式主义。经常性安全教育的主要内容如下：

① 安全生产法规、标准、规范等；

② 企业和上级部门下达的安全管理新规定；

③ 各级安全生产责任制及相关管理制度；

④ 安全生产先进经验介绍，最新的典型安全事故案例；

⑤ 新技术、新工艺、新材料、新设备的使用及相关安全技术要求；

⑥ 近期安全生产方面的动态，如新的法规、文件、标准、规范等；

⑦ 本单位近期安全工作回顾、总结等。

（2）季节性教育。季节性教育主要是指夏季和冬季施工前的安全教育。

夏季高温、炎热、多雷雨，是触电、雷击、坍塌等事故的高发期。闷热的气候容易使人中暑，高温使得职工夜间休息不好，打乱了人体的“生物钟”，往往容易使人乏力、瞌睡、注意力不集中，较易引起安全事故。因此，夏季施工安全教育的重点如下：

① 用电安全教育，侧重于防触电事故教育；

② 预防雷击安全教育；

③ 大型施工机械、设施常见事故案例教育；

④ 基础施工阶段的安全防护教育，特别是基坑开挖的安全和支护安全教育；

⑤ 高温时间，“做两头、歇中间”，保证职工有充沛的精力；

⑥ 劳动保护的宣传教育。合理安排好作息时间，注意劳逸结合。

冬季气候干燥、寒冷，为了施工和取暖需要，使用明火、接触易燃易爆物品的机会增多，容易发生火灾、爆炸和中毒事故；寒冷又使人们衣着笨重、反应迟钝、动作不灵敏，也容易发生安全事故。因此，冬季施工安全教育应从以下几方面进行：

① 针对冬季施工的特点，注重防滑、防坠落安全意识的教育；

② 防火安全教育；

③ 现场安全用电教育，侧重于预防电器火灾教育；

④ 冬季施工，工人往往为了取暖，而紧闭门窗、封闭施工区域，因此，在员工宿舍、地下室、地下管道、深基坑、沉井等区域就寝或施工时，应加强作业人员预防中毒的自我防护意识教育，要求员工识别中毒的症状，掌握急救的常识。

（3）节假日加班教育。节假日由于多种原因，会使加班员工思想不集中、注意力分散，给安全生产带来隐患。节假日加班应从以下几个方面进行安全教育：

① 重点做好员工的安全思想教育，稳定操作人员的工作情绪，增强安全意识；

② 注意观察员工的工作状态和情绪，进行严禁酒后进入施工操作现场的教育；

③ 班组长和相关人员应做好班前安全教育，强调安全操作规程，提高防范意识；

④ 对较危险的部位，进行针对性的安全教育。

2. 安全教育的方式

一般安全教育的方式如表 10–2 所示。

表 10–2　一般安全教育的方式

方式	主要内容
召开会议	如安全培训、安全讲座、报告会、先进经验交流、安全现场会、展览会、知识竞赛等
报刊宣传	订阅或编制安全生产方面的书报或刊物，也可编制一些安全宣传的小册子等
音像制品	如电影、电视、视频等
文艺演出	如小品、相声、短剧、快板、评书等
图片展览	如安全专题展览、板报等
悬挂标牌或标语	如悬挂安全警示标牌、标语、宣传横幅等
现场观摩	如现场观摩安全操作方法、应急演练等

安全教育的方式应当结合建筑生产的特点和员工的文化水平而定，尽可能采取丰富多彩、行之有效的教育方式，使安全教育深入每个员工的内心。

第四节　施工现场安全检查管理

一、安全检查管理概述

（一）安全检查的目的

1. 及时发现和纠正不安全行为

安全检查就是要通过监察、监督、调查、了解、查证，及早发现不安全行为，并通过提醒、说服、劝告、批评、警告，直至处分、调离等，消除不安全行为，提高工艺操作的可靠性。

2. 及时发现不安全状态，改善劳动条件，提高安全程度

设备因腐蚀、老化、磨损、龟裂等原因，易发生故障；作业环境温度、湿度、整洁程度等也因时而异；建筑物、设施的损坏、渗漏、倾斜，物料变化，能量流动等也会产生各种各样的问题。安全检查就是要及时发现并排除隐患，或采取临时辅助措施，对于危险和毒害严重的劳动条件提出改造计划，并督促实现。

3. 及时发现和弥补管理缺陷

计划管理、生产管理、技术管理和安全管理等的缺陷都可能影响安全生产。安全检查就是要直接查找或通过具体问题发现管理缺陷，并及时纠正、弥补。

4. 发现潜在危险，预设防范措施

按照事故发生的逻辑关系，观察、研究、分析会否发生重大事故，发生重大事故的条件，可能波及的范围及遭受的损失和伤亡，制定相应的防范措施和应急对策。这是从系统、全局出发的安全检查，具有宏观指导意义。

5. 及时发现并推广安全先进经验

安全检查既是为了检查问题，又可以通过实地调查研究，比较分析，发现安全生产先进典型，推广先进经验，以点带面，开创安全工作新局面。

6. 结合实际，宣传贯彻安全生产方针政策和法规制度

安全检查的过程就是宣传、讲解、运用安全生产方针、政策、法规、制度的过程，结合实际进行安全生产的宣传、教育，容易深入人心，收到实效。

（二）安全检查的要求

1. 检查标准

上级已制定有标准的，执行上级标准；还没有制定统一行业标准的，应根据有关规范、规定，制定本单位的“企业标准”，做到检查考核和安全评价有衡量准则，有科学依据。

2. 检查手段

尽量采用检测工具进行实测实量，用数据说话。有些机器、设备的安全保险装置还应进行动作试验，检查其灵敏度与可靠性。检查中发现有危及人身安全的即发性事故隐患，应立即指令停止作

业，迅速采取措施排除险情。

3. 检查记录

每次安全检查都应认真、详细地做好记录，特别是检测数据，这是安全评价的依据。同时，还应将每次对各单项设施、机械设备的检查结果分别记入单项安全台账，目的是根据每次记录情况对其进行安全动态分析，强化安全管理。

4. 安全评价

检查人员要根据检查记录认真、全面地进行系统分析，定性、定量地进行安全评价。要明确哪些项目已达标，哪些项目需要完善，存在哪些隐患等，要及时提出整改要求，下达隐患整改通知书。

5. 隐患整改

隐患整改是安全检查工作的重要环节。隐患整改工作包括隐患登记、整改、复查、销案。隐患应逐条登记，写明隐患的部位、严重程度和可能造成的后果及查出隐患的日期。有关单位、部门必须及时按“三定”（即定措施、定人、定时间）要求，落实整改。负责整改的单位、人员完成整改工作后，要及时向安全部门汇报；安全部门及有关部门应派人进行复查，符合安全要求后销案。

（三）安全检查的内容

安全大检查和企业自身的定期安全检查应着重检查表10-3中的几方面情况。

表10-3　安全检查应着重检查的内容

检查项目	具体内容
查思想	主要检查建筑企业的各级领导和职工对安全生产工作的认识。检查企业的安全时，要首先检查企业领导是否真正重视劳动保护和安全生产，即检查企业领导对劳动保护是否有正确的认识，是否真正关心职工的安全与健康，是否认真贯彻了国家劳动保护方针、政策、法规、制度。在检查的同时，要注意宣传这些法规的精神，批判各种忽视工人安全与健康、违章指挥的错误思想与行为
查制度	查制度就是监督检查各级领导、各个部门、每个职工的安全生产责任制是否健全并严格执行；各项安全制度是否健全并认真执行；安全教育制度是否认真执行，是否做到新工人入厂“三级”教育、特种作业人员定期训练；安全组织机构是否健全，安全员网络是否真正发挥作用；对发生的事故是否认真查明事故原因、教育职工、严肃处理、制定防范措施，是否做到“四不放过”等
查管理	查管理就是检查工程的安全生产管理是否有效；企业安全机构的设置是否符合要求；目标管理、全员管理、专管成线、群管成网是否落实；安全管理工作是否做到了制度化、规范化、标准化和经常化
查纪律	查纪律就是监督检查生产过程中的劳动纪律、工作纪律、操作纪律、工艺纪律和施工纪律。生产岗位上有无迟到早退、脱岗、串岗、打盹睡觉；有无在工作时间干私活，做与生产、工作无关的事；有无在施工中违反规定和禁令的情况，如不办动火票就动火，不经批准乱动土、乱动设备管道，车辆随便进入危险区，施工占用消防通道，乱动消火栓和乱安电源等
查隐患	查隐患指检查人员深入施工现场，检查作业现场是否符合安全生产、文明生产的要求。如安全通道是否畅通；建筑材料、半成品的存放是否合理；各种安全防护设施是否齐全。要特别注意对一些要害部位和设备的检查，如脚手架、深基坑、塔机、施工电梯、井架等
查整改	主要检查对过去提出问题的整改情况。如整改是否彻底，安全隐患消除情况，避免再次出现安全隐患的措施，整改项目是否落实到人等

（四）安全检查的方法

建筑工程安全检查在正确使用安全检查表的基础上，可以采用“听”“问”“看”“量”“测”“运转试验”等方法进行，具体内容见表 10–4。

表 10–4 安全检查的主要方法

方法	具体内容
“听”	听取基层管理人员或施工现场安全员汇报安全生产情况，介绍现场安全工作经验、存在的问题以及发展方向
“问”	主要是指通过询问、提问，对以项目经理为首的现场管理人员和操作工人进行的应知应会抽查，以便了解现场管理人员和操作工人的安全知识和安全素质
“看”	主要是指查看施工现场安全管理资料和对施工现场进行巡视。例如：查看项目负责人、专职安全管理人员、特种作业人员等的持证上岗情况；现场安全标志设置情况；劳动防护用品使用情况；现场安全防护情况；现场安全设施及机械设备安全装置配置情况等
“量”	主要是指使用测量工具对施工现场的一些设施、装置进行实测实量。例如：对脚手架各种杆件间距的测量；对现场安全防护栏杆高度的测量；对电气开关箱安装高度的测量；对在建工程与外电边线安全距离的测量等
“测”	主要是指使用专用仪器、仪表等监测器具对特定对象关键特性技术参数的测试。例如：使用漏电保护器测试仪对漏电保护器漏电动作电流、漏电动作时间的测试；使用地阻仪对现场各种接地装置接地电阻的测试；使用兆欧表对电机绝缘电阻的测试；使用经纬仪对起重机、外用电梯安装垂直度的测试等
“运转试验”	主要是指由具有专业资格的人员对机械设备进行实际操作、试验，检验其运转的可靠性或安全限位装置的灵敏性。例如：对起重机力矩限制器、变幅限位器、起重限位器等安全装置的试验；对施工电梯制动器、限速器、上下极限限位器、门连锁装置等安全装置的试验；对龙门架超高限位器、断绳保护器等安全装置的试验等

二、安全检查标准

为了科学地评价建筑施工安全生产情况，提高安全生产工作和文明施工的管理水平，预防伤亡事故的发生，确保职工的安全和健康，实现检查评价工作的标准化、规范化，住房和城乡建设部于 2011 年发布了《建筑施工安全检查标准》（JGJ 59—2011）（以下简称《标准》）。该标准适用于房屋建筑工程施工现场安全生产的检查评定。

（一）检查分类

依据《标准》规定，对建筑施工中易发生伤亡事故的主要环节、部位和工艺等的完成情况做安全检查评价时，应采用检查评分表的形式，分为安全管理、文明施工、脚手架、基坑工程、模板支架、高处作业、施工用电、物料提升机与施工升降机、塔式起重机与起重吊装和施工机具共 10 个分项、19 个检查评分表和 1 张检查评分汇总表。

（二）安全检查的评分方法

1. 汇总表

对 10 个分项内容检查的结果进行汇总，即得汇总表中所得分值，以此来确定和评价工程项目的安全生产工作情况，见表 10–5。汇总表满分也是 100 分。各分项检查表在汇总表中所占的满分分值应分别为：文明施工 15 分，安全管理、脚手架、基坑工程、模板支架、高处作业、施工用电、物料提升机与施工升降机、塔式起重机与起重吊装分别均为 10 分，施工机具为 5 分。

表 10-5　建筑施工安全检查评分汇总表

单位工程（施工现场）名称	建筑面积 /m^2	结构类型	总计得分（满分分值 100 分）	项目名称及分值									
				安全管理（满分 10 分）	文明施工（满分 15 分）	脚手架（满分 10 分）	基坑工程（满分 10 分）	模板支架（满分 10 分）	高处作业（满分 10 分）	施工用电（满分 10 分）	物料提升机与施工升降机（满分 10 分）	塔式起重机与起重吊装（满分 10 分）	施工机具（满分 5）

2. 汇总表中分值的计算方法

（1）汇总表中各项实得分数计算方法：

各分项实得分 =（某分项在汇总表中应得满分值 × 某分项在检查评分表中实得分）÷ 100

[例 1]“文明施工”检查评分表实得 88 分，换算在汇总表中“文明施工”分项实得分为多少？

分项实得分 =（15 × 88）÷ 100 = 13.20（分）

（2）汇总表中遇有缺项时，汇总表总分计算方法：

总得分 =（实际检查项目实得分总和 ÷ 实际检查项目应得分总和）× 100

[例 2] 某工地没有起重机，则起重机在汇总表中有缺项，其他各分项检查在汇总表的实得分为 86 分，计算该工地汇总表实得分为多少？

缺项在汇总表总得分 =（86 ÷ 90）× 100 ≈ 95.56（分）

（3）检查评分表中遇有缺项时，评分表合计分计算方法：

评分表得分 =（某子项目实得分值之和 ÷ 某子项目应得分值之和）× 100

[例 3]“施工用电”检查评分表中，“外电防护”缺项（该项应得分值为 20 分），其他各项检查实得分为 65 分，计算该评分表实得多少分？换算到汇总表中应为多少分？

缺项的“施工用电”评分表得分 =65 ÷（100–20）× 100 = 81.25（分）

汇总表中“施工用电”分项实得分 =10 × 81.25 ÷ 100 ≈ 8.13（分）

（4）对有保证项目的检查评分表，当保证项目中有一项不得分时，该评分表为零分；如果保证项目缺项时，保证项目小计得分不足 40 分，评分表为零分，具体计算方法：实得分与应得分之比＜ 66.7%（40/60 ≈ 66.7%）时，评分表得零分。

[例 4] 在施工用电检查表中，外电防护这一保证项目缺项（该项为 20 分），其余的“保证项目”检查实得分合计为 22 分（应得分值为 40 分），该分项检查表是否能得分？

因为（其余的保证项目实得分 ÷ 其余的保证项目应得分）× 100 =（22 ÷ 40）× 100%=55% ＜ 66.7%，所以该“施工用电”检查表为零分。

（5）在检查评分表中，遇有多种脚手架、塔式起重机、龙门架、井字架时，则该项得分应为各单项实得分数的算术平均值。

[例 5] 某工地有多种脚手架和多台起重机，落地式脚手架实得分为 85 分，悬挑脚手架实得分为 78 分；甲起重机实得分为 92 分，乙起重机实得分为 87 分。汇总表中脚手架、起重机实得分为

多少？

① “脚手架”检查表实得分 =（85+78）÷ 2=81.50（分）

换算到汇总表中“脚手架”项分值 =（10 × 81.50）÷ 100=8.15（分）

② “起重机”检查表实得分 =（92+87）÷ 2=89.50（分）

换算到汇总表中“起重机”项分值 =（10 × 89.50）÷ 100=8.95（分）

3. 评价等级划分

建筑施工安全检查评分，应以汇总表的总得分及保证项目达标与否，作为对一个施工现场安全生产情况的评价依据，分为优良、合格、不合格三个等级。评价等级具体划分的规则如下。

（1）优良：分项检查评分表无零分，汇总表得分值应在 80 分及以上。

（2）合格：分项检查评分表无零分，汇总表得分值应在 80 分以下，70 分及以上。

（3）不合格。检查结果满足下列之一的，即评价为不合格：

① 当汇总表得分值不足 70 分时；

② 当有一分项检查评分表得零分时。

需要注意的是，“检查评分表未得分”与“检查评分表缺项”是不同的概念，“缺项”是指检查工地无此项检查内容，而“未得分”是指有此项检查内容，但实得分为零分。

另外，需要说明的是建筑施工现场经过检查评定如果确定为不合格，说明在工地的安全管理上存在着重大安全隐患，这些隐患如果不及时整改，可能诱发重大事故，直接威胁员工的生命、财产安全和企业利益。因此，被《标准》评定为不合格的工地必须立即限期整改，达到合格标准后方可继续施工。

第五节　专项施工方案的编制

一、专项施工方案的组成要素

专项施工方案编制过程中的组成要素如下。

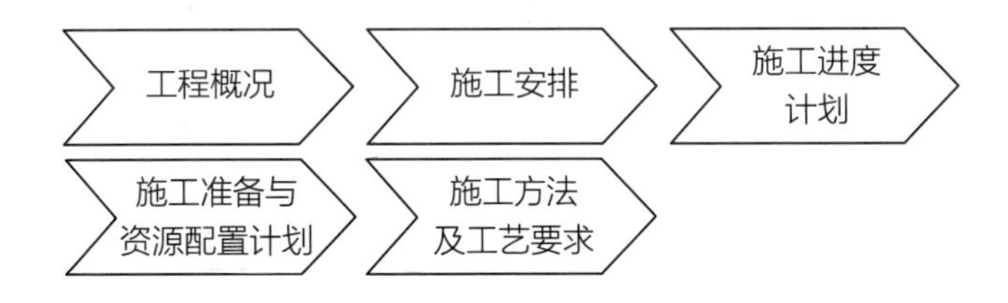

二、编制专项施工方案的具体要求

（一）工程概况

（1）工程概况应包括工程主要情况、设计说明和工程施工条件等。

（2）工程主要情况应包括分部（分项）工程或专项工程名称，工程参建单位的相关情况，工程的施工范围，施工合同、招标文件或总承包单位对工程施工的重点要求等。

（3）设计说明应主要介绍施工范围内的工程设计内容和相关要求。

（4）工程施工条件应重点说明与分部（分项）工程或专项工程相关的内容。

（5）装配式混凝土结构施工除了应编制相应的施工方案外，还应把专项施工方案进行细化，具体内容如下：

① 储存场地及道路方案；

② 吊装方案（叠合板的吊装 、预制墙板的吊装、楼梯的吊装）；

③ 叠合板的排架方案（独立支撑）；

④ 转换层施工，钢筋的精确定位方案；

⑤ 墙板的支撑方案（三角支撑）；

⑥ 叠合层的浇筑、拼缝方案；

⑦ 叠合层与后浇带养护方案；

⑧ 注浆施工方案；

⑨ 外挂架使用方案。

（二）施工安排

（1）工程施工目标包括进度、质量、安全、环境和成本等目标，各项目标应满足施工合同、招标文件和总承包单位对工程施工的要求。

（2）工程施工顺序及施工流水段应在施工安排中确定。

（3）针对工程的重点和难点，进行施工安排并简述主要管理和技术措施。

（4）工程管理的组织机构及岗位职责应在施工安排中确定并符合总承包单位的要求。

（三）施工进度计划

（1）分部（分项）工程或专项工程施工进度计划应按照施工安排，并结合总承包单位的施工进度计划进行编制。施工进度计划的编制应内容全面、安排合理、科学实用，在进度计划中应反映出各施工区段或各工序之间的搭接关系，施工期限和开始、结束时间。同时，施工进度计划应能体现和落实总体进度计划的目标控制要求，通过编制分部（分项）工程或专项工程进度计划进而体现总进度计划的合理性。

（2）施工进度计划可采用网络图或横道图表示，并附必要说明。

（四）施工准备与资源配置计划

1. 施工准备

（1）施工准备应包括表 10-6 的内容。

表 10-6　施工准备的内容

项目名称	主要内容
技术准备	包括施工所需技术资料的准备、图纸深化和技术交底的要求、试验检验和测试工作计划、样板制作计划以及与相关单位的技术交接计划等
现场准备	包括生产、生活等临时设施的准备以及与相关单位进行现场交接的计划等
资金准备	编制资金使用计划等

2. 资源配置计划

资源配置计划应包括下列内容。

（1）劳动力配置计划：确定工程用工量并编制专业工种劳动力计划表。

（2）物资配置计划：包括工程材料和设备配置计划、周转材料和施工机具配置计划以及计量、测量和检验仪器配置计划等。

（五）施工方法及工艺要求

（1）明确分部（分项）工程或专项工程施工方法并进行必要的技术核算，对主要分项工程（工序）明确施工工艺要求。施工方法是工程施工期间所采用的技术方案、工艺流程、组织措施、检验手段等。它直接影响施工进度、质量、安全以及工程成本。本条所规定的内容应比施工组织总设计和单位工程施工组织设计的相关内容更细化。

（2）对易发生质量通病、易出现安全问题、施工难度大、技术含量高的分项工程（工序）等应做出重点说明。

（3）对开发和使用的新技术、新工艺以及采用的新材料、新设备应通过必要的试验或论证并制订计划。对于工程中推广应用的新技术、新工艺、新材料和新设备，可以采用目前国家和地方推广的，也可以根据工程具体情况由企业创新；对于企业创新的技术和工艺，要制定理论和试验研究实施方案，并组织鉴定评价。

（4）对季节性施工应提出具体要求。根据施工地点的实际气候特点，提出具有针对性的施工措施。在施工过程中，还应根据气象部门的预报资料，对具体措施进行细化。

第六节　主要施工管理计划

一、主要施工管理计划的组成

主要施工管理计划主要涉及进度、质量、安全和成本等方面内容，具体内容如下。

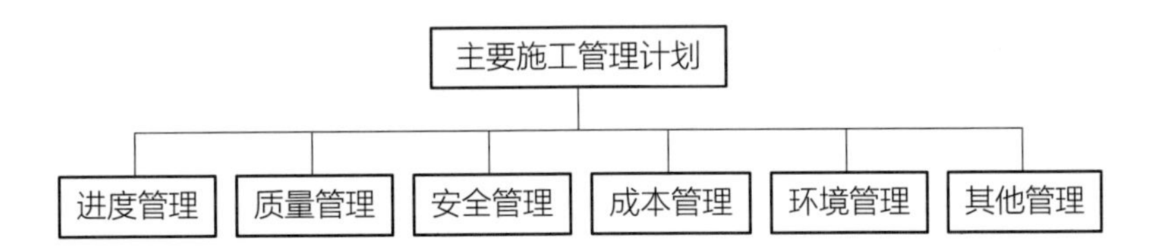

二、主要施工管理计划的具体内容

（一）进度管理计划

（1）项目施工进度管理应按照项目施工的技术规律和合理的施工顺序实施，保证各工序在时间上和空间上的顺利衔接。

不同的工程项目其施工技术规律和施工顺序不同。即使是同一类工程项目，其施工顺序也难以做到完全相同。因此必须根据工程特点，按照施工的技术规律和合理的组织关系，解决各工序在时间和空间上的先后顺序和搭接问题，以达到保证质量、安全施工、充分利用空间、争取时间、实现经济合理安排进度的目的。

（2）进度管理计划应包括的内容如下。

① 对项目施工进度计划进行逐级分解，通过阶段性目标的实现保证最终工期目标的完成。在施工活动中通常是通过对最基础的分部（分项）工程的施工进度控制来保证各个单项（单位）工程或阶段工程进度控制目标的完成，进而实现项目施工进度控制总体目标。因而需要将总体进度计划进行一系列从总体到细部、从高层次到基础层次的层层分解，一直分解到在施工现场可以直接调度控制的分部（分项）工程或施工作业过程为止。

② 建立施工进度管理的组织机构并明确职责，制定相应管理制度。施工进度管理的组织机构是实现进度计划的组织保证，它既是施工进度计划的实施组织，又是施工进度计划的控制组织，既要承担进度计划实施赋予的生产管理和施工任务，又要承担进度控制目标，对进度控制负责，因此需要严格落实有关管理制度和职责。

③ 针对不同施工阶段的特点，制定进度管理的相应措施，包括施工组织措施、技术措施和合同措施等。

④ 建立施工进度动态管理机制，及时纠正施工过程中的进度偏差，并制定特殊情况下的赶工措施。面对不断变化的客观条件，施工进度往往会产生偏差，当实际进度比计划进度超前或落后时，控制系统就要做出应有的反应，分析偏差产生的原因，采取相应的措施，调整原来的计划，使施工活动在新的起点上按调整后的计划继续运行，如此循环往复，直至预期计划目标的实现。

⑤ 根据项目周边环境特点，制定相应的协调措施，减少外部因素对施工进度的影响。项目周边环境是影响施工进度的重要因素之一，其不可控性大，必须重视诸如环境扰民、交通组织和偶发意外等因素，采取相应的协调措施。

（二）质量管理计划

质量管理计划应包括下列内容。

（1）按照项目具体要求确定质量目标并进行目标分解，质量指标应具有可测量性；应制定具体的项目质量目标，质量目标应不低于工程合同明示的要求；质量目标应尽可能地量化和层层分解到最基层，建立阶段性目标。

（2）建立项目质量管理的组织机构并明确职责。应明确质量管理组织机构中各重要岗位的职责，与质量有关的各岗位人员应具备与职责要求匹配的相应知识、能力和经验。

（3）制定符合项目特点的技术保障和资源保障措施，通过可靠的预防控制措施，保证质量目标的实现。这些措施包含但不局限于：原材料、构配件、机具的要求和检验，主要的施工工艺、主要的质量标准和检验方法，夏期、冬期和雨期施工的技术措施，关键过程、特殊过程、重点工序的质量保证措施，成品、半成品的保护措施，工作场所环境以及劳动力和资金保障措施等。

（4）建立质量过程检查制度，并对质量事故的处理做出相应规定。按质量管理八项原则中的过程方法要求，将各项活动和相关资源作为过程进行管理，建立质量过程检查、验收以及质量责任制等相关制度，对质量检查和验收标准做出规定，采取有效的纠正和预防措施，保障各工序和过程的质量。

（三）安全管理计划

（1）安全管理计划应包括的内容如下。

① 确定项目重要危险源，制定项目职业健康安全管理目标；

② 建立有管理层次的项目安全管理组织机构并明确职责；

③ 根据项目特点，进行职业健康安全方面的资源配置；

④ 建立具有针对性的安全生产管理制度和职工安全教育培训制度；

⑤ 针对项目重大危险源，制定相应的安全技术措施；对达到一定规模的危险性较大的分部（分项）工程和特殊工种的作业应编制专项安全技术措施计划；

⑥ 根据季节、气候的变化制定相应的季节性安全施工措施。

（2）施工单位应对从事预制构件吊装作业的相关人员进行安全培训与交底，明确预制构件进场、卸车、存放、吊装、就位各环节的作业风险，并制定防止危险情况的处理措施。

（3）预制构件卸车时，应按照规定的装卸顺序进行，确保车辆平衡，避免由于卸车顺序不合理导致车辆倾覆。

（4）预制构件卸车后，应将构件按编号或按使用顺序，合理有序存放于构件存放场地，并应设置临时固定措施或采用专用插放支架存放，避免构件失稳造成构件倾覆。水平构件吊点进场时必须进行明显标识。构件吊装和翻身扶直时的吊点必须符合设计规定。异形构件或无设计规定时，应经计算确定并保证构件起吊平稳。

（5）安装作业开始前，应对安装作业区进行围护并做出明显的标识，拉警戒线，并派专人看管，严禁与安装作业无关的人员进入。

（6）已安装好的结构构件，未经有关设计和技术部门批准不得用作受力支承点和在构件上随意凿洞开孔，不得在其上堆放超过设计荷载的施工荷载。

（7）对起吊物进行移动、吊升、停止、安装时的全过程应用旗语或者通用手势信号进行指挥，信号不明不得启动，上下相互协调联系应采用对讲机。

（8）吊机吊装区域内，非作业人员严禁进入。吊运预制构件时，构件下方严禁站人，应待预制构件降落至距地面 1m 以内方准作业人员靠近，就位固定后方可脱钩。

① 吊起的构件应确保在起重机吊杆顶的正下方，严禁采用斜拉、斜吊，严禁起吊埋于地下或黏结在地面上的构件。

② 开始起吊时，应先将构件吊离地面 200 ~ 300mm 后停止起吊，并检查起重机的稳定性、制动装置的可靠性、构件的平衡性和绑扎的牢固性等，待确认无误后，方可继续起吊。已吊起的构件不得长久停滞在空中。

（9）装配式结构在绑扎柱、墙钢筋时，应采用专用高凳作业，当高于围挡时，作业人员应佩戴穿芯自锁保险带。

（10）遇到雨、雪、雾天气，或者风力大于 5 级时，不得进行吊装作业。事后应及时清理冰雪并采取防滑和防漏电措施。雨雪过后作业前，应先试吊，确认制动器灵敏可靠后方可进行作业。

（四）成本管理计划

（1）成本管理计划应以项目施工预算和施工进度计划为依据编制。

（2）成本管理计划应包括如下内容。

① 根据项目施工预算，制定项目施工成本目标；

② 根据施工进度计划，对项目施工成本目标进行阶段分解；

③ 建立施工成本管理的组织机构并明确职责，制定相应管理制度；

④ 采取合理的技术、组织和合同等措施，控制施工成本；

⑤ 确定科学的成本分析方法，制定必要的纠偏措施和风险控制措施。

（3）必须正确处理成本与进度、质量、安全和环境等之间的关系；成本管理是与进度管理、质量管理、安全管理和环境管理等同时进行的，是针对整体施工目标系统所实施的管理活动的一个组成部分。在成本管理中，要协调好与进度、质量、安全和环境等的关系，不能片面强调成本节约。

（五）环境管理计划

（1）环境管理计划应包括的内容如下。

① 确定项目重要环境因素，制定项目环境管理目标；

② 建立项目环境管理的组织机构并明确职责；

③ 根据项目特点进行环境保护方面的资源配置；

④ 制定现场环境保护的控制措施；

⑤ 建立现场环境检查制度，并对环境事故的处理做出相应的规定。

一般来讲，建筑工程常见的环境因素包括如下内容：大气污染；垃圾污染；光污染；放射性污染；生产、生活污水排放；建筑施工中建筑机械发出的噪声和强烈的振动。

（2）现场环境管理应符合国家和地方政府部门的要求。

（3）预制构件运输过程中，应保持车辆整洁，防止对场内道路的污染，并减少扬尘。

（4）现场各类预制构件应分别集中存放整齐，并悬挂标识牌，严禁乱堆乱放，不得占用施工临时道路，并做好防护隔离。

（5）夹芯保温外墙板和预制外墙板内保温材料，采用粘接板块或喷涂工艺的保温材料，其组成原材料应彼此相容，并应对人体和环境无害。

（6）预制构件施工中产生的粘接剂、稀释剂等易燃、易爆化学制品的废弃物应及时收集送至指定储存器内并按规定回收，严禁丢弃未经处理的废弃物。

（7）在预制构件安装施工期间，应严格控制噪声，遵守《建筑施工场界环境噪声排放标准》（GB 12523—2011）的规定，加强环保意识的宣传。采取有力措施控制人为的施工噪声，严格管理，最大限度地减少噪声扰民。

（8）现场各类材料分别集中堆放整齐，并悬挂标识牌，严禁乱堆乱放，不得占用施工临时道路，并做好防护隔离。

（六）其他管理计划

（1）其他管理计划宜包括绿色施工管理计划、防火保安管理计划、合同管理计划、组织协调管理计划、创优质工程管理计划、质量保修管理计划以及对施工现场人力资源、施工机具、材料设备等生产要素的管理计划等。

（2）其他管理计划可根据项目的特点和复杂程度加以取舍。

（3）各项管理计划的内容应有目标，有组织机构，有资源配置，有管理制度和技术、组织措施等。

参考文献

[1] GB 50300—2013，建筑工程施工质量验收统一标准 [S].

[2] GB 50202—2018，建筑地基基础工程施工质量验收标准 [S].

[3] GB 50203—2011，砌体工程施工质量验收规范 [S].

[4] GB 50204—2015，混凝土结构工程施工质量验收规范 [S].

[5] GB 50207—2012，屋面工程质量验收规范 [S].

[6] GB 50208—2011，地下防水工程质量验收规范 [S] .

[7] 土木在线 . 图解安全文明现场施工 [M]. 北京：机械工业出版社，2014.

[8] 北京建工集团有限责任公司 . 建筑分项工程施工工艺标准（上、下册）[M]. 3 版 . 北京：中国建筑工业出版社，2008.